李炳彦 孙兢 著

谋定天下

220—280

说三国话权谋

新时代出版社

图书在版编目（CIP）数据

谋定天下：说三国话权谋 / 李炳彦等著 . -- 北京：
新时代出版社, 2025. 9. -- ISBN 978-7-5042-2665-5
Ⅰ . E892.36
中国国家版本馆 CIP 数据核字第 2025CH4532 号

※

新时代出版社 出版发行

（北京市海淀区紫竹院南路 23 号　邮政编码 100048）
雅迪云印（天津）科技有限公司印刷
新华书店经售

*

开本 710×1000　1/16　印张 22¾　字数 318 千字
2025 年 9 月第 1 版第 1 次印刷　　定价 78.00 元

（本书如有印装错误，我社负责调换）

国防书店：（010）88540777　　书店传真：（010）88540776
发行业务：（010）88540717　　发行传真：（010）88540762

写在前面的话

《说三国话权谋》一书，自1986年由解放军出版社出版发行以来，再版十数次，1988年获全国优秀图书奖，后又被中国台湾出版商和大陆出版商购得版权，在海峡两岸发行。上世纪八九十年代，该书同我编著的《三十六计新编》《兵家权谋》《军事谋略学》等著作的先后出版发行，在图书市场引发了谋略图书热。随之，对《三国演义》的研究也引起广大学者的热情，文学界、史学界乃至教育界的学者，从不同的角度，以不同的眼光，对《三国演义》进行评说，各类三国图书齐聚中国文化殿堂，"三国热"至今仍然处于高涨期。

面对世界百年不遇之大变局，人们更关注历史大势的走向，时代潮流的变化，更需要放远战略眼光，提升谋略思维。基于读者新的需求，新时代出版社与作者商定，把《说三国话权谋》一书重新修订出版，更名为《谋定天下：说三国话权谋》。

一部伟大的战争文学作品，可以说是一所内容丰富的军事学校。事实证明，文学家笔下所揭示的战争指导规律，有时候远比一部兵书对人们的影响更为深刻。一直为群众喜闻乐见、脍炙人口的历史小说《三国演义》就是这样一部具有很大军事价值的文学作品。

权谋一词，出自《汉书·艺文志》，即指谋略。我从学科建设出发，对谋略理解为："在人与人（包括集团与集团，国家与国家）竞争对抗中，决策者预测未来，把握势机，修道保法，趋利避害，统筹策划的过程和思维结晶。"谋略服务的主体是决策者，环境是人与人竞争对抗活动。军事对抗是人类竞争对抗的最高形式，来自战争实践的兵权谋，更具有普遍意义。竞争对抗活动是研究谋略的逻辑起点，服务于决策是谋略的使命和价值体现。大凡人类发展史上，那些竞争对抗活动最激烈的时代，也是军事谋略创造和运用最辉煌的时代。我国历史上的三国时期，英雄辈出，谋士云集。《三国演义》十分形象地概括、揭示出了这个伟大历史时期杰出的军事谋略成就，这也正是我们写作此书的思想动因。

新的修订版对原书进行了分编，在每编之前，新增了"点睛"之言；末编"成败综论"中，新收录多篇研究三国战略的历史文献5万余字，部分取自我为《中国军事科学》杂志写的学术文章，部分引自我主编的《中国历代大战略》三国部分。原书《说三国话权谋》因多家出版，有数个不同版本。新时代出版社的编辑，对多个版本认真比较、优化，重新设计，展现出新的面貌。全书编排，坚持历史发展的脉络，一些内容略有改动。全文抓住《三国演义》中所描写的一个个斗智斗谋的故事，包括示形、用奇、伐交、应变、用间、励士、攻心，以及将帅修养等，分别评说军事谋略运用之妙。在对这些具体故事评说之后，又对魏、蜀、吴三家的战略指导得失，逐一进行了分析。同时，为便于读者从整体上看清《三国演义》中军事家们施谋用计的全貌，最后一篇对全书中斗智斗谋的特点进行了综合分析。

本书采取札记、随笔、纵横谈兵的形式，从研究谋略故事着手，事理结合，夹叙夹议，力求给读者一些谋略思维的启迪，给我们军事谋略学的研究增添一些形象的借鉴。为了便于对问题进行比较深入的研究，每篇对所评说的《三国演义》中的故事情节，都与真实的历史材料进行了对照和考证。另外，在分析这些故事中所含的兵法韬略思想时，对它的文学艺术价值略作点评。由于我们的水平所限，特别在文艺评论方面是个外行，文章难免有不妥之处，希望能得到专家和广大读者的指正。

本书这次修订之前，我的战友即原书第二作者孙兢同志，因病逝世，借此书再版发行，以志永怀。

李炳彦

2025年3月20日于北京

《三国演义》是一部形象的兵书
——序言之一

"少不看《水浒》，老不看《三国》。"这句在社会上流传很久的话，我们是小时候听说的。其实，这是封建社会统治者的一种愚民术。他们认为青少年血气方刚，看了《水浒》会造反；年长者饱经世故，看了《三国》会变得更加老奸巨猾。现在，这种偏见早已被打破，《三国》《水浒》成了社会提倡阅读的优秀历史小说。袁阔成在电台上讲《三国》，吸引了千千万万听众的心；研究《三国》《水浒》的书刊、文章汗牛充栋；以它们为底本改编的电影、电视、戏剧令人目不暇接。中华民族，可以说从三尺孩童到银须飘拂的老人，常常喜欢在闲暇之际谈《三国》、论《水浒》。

然而，直到今天，人们讲《三国》、评《三国》，都没有超出文学评论、文艺欣赏、历史考证的范围。有的评论文章甚至把其中揭示的"诡诈权谋"之术，一股脑地作为糟粕弃之于历史的"废纸篓"。许多人公开反对那种"读了三国学诡道"的"不良"倾向，但一部《三国演义》还是以"诡道权谋"之术影响了读者和听众。

其实，读《三国》，学"诡道"，这并不可怕，并不奇怪，相反是顺理成章的事。因为这部优秀的历史小说，地地道道是一部形象的兵书。在兵书中，"诡道"是智慧的代名词。罗贯中正是以他超人的艺术之笔，在历代人们的精神世界里，播下了"智慧"的种子。诸葛亮这一谋略家的艺术形象对我们民族的影响之深，超过了中外所有艺术佳品的社会效果。倘若我们能以形象的兵书观之，把无意中学到的"诡道权谋"之术用于敌，那么，"废料"

回收，"糟粕"也是可以变为财富的。

长达七十余万言的《三国演义》，描写了从东汉末年到晋朝初年近一个世纪接连不断的战争。作者运用变化无穷的文学笔法，描绘出一连串战役交战的始末，具体形象地反映了我国古代的兵法思想。它不只是史书中记载的简单的战争方式的扩大，而且渗入了作者自己的生活经验、战争知识和满腹文韬武略。作者写战争，不是千篇一律地写双方对阵，"白刃交兮宝刀折"的厮杀，而是在斗勇中充满了斗谋；在斗力中贯穿了斗法。大大小小、无数次战斗千变万化，各具特色；军阀间的矛盾交错，军事、政治、经济、外交融为一体，更使得灵活机动的战略战术表现出多样化；古代兵法中示形、造势、用术、谋攻、庙算、诡道、出奇、用间等思想都充分、真实、形象地展现在读者眼前；栩栩如生的兵法家、谋略家的音容笑貌处处可见。细读这部小说，就如同走进了一个生动形象的军事教学的大课堂。

《三国演义》一百二十回，在描写军阀兼并的战争过程中，自始至终贯穿着"上兵伐谋"的思想。作者在描写战争时，拓展开人物活动的广阔场面，把军事角逐的双方怎样利用政略、策略、经济、外交等手段，以及如何适情、适势、适事、适机、适时地用兵，巧妙地结合起来加以描绘，成功地写出了像官渡之战、赤壁之战、夷陵之战等许多以少胜多、以劣胜优的精彩战例。与此同时，书中还集中塑造了一大批以诸葛亮为代表的神机妙算的人物。他们料事如神，多谋善断，运筹帷幄，决胜千里，令读者肃然起敬。书中虽在少数地方用"奇门遁甲""六甲六丁"等败笔来烘托渲染谋略家的广大神通和先知先觉，但瑕不掩瑜，其绝大部分还是描写他们运用朴素的军事辩证法，合于实际地进行创造性的思维，随机应变、巧施计谋的军事本领，对于我们今天的军人，不无借鉴意义。

在我国漫长的古代军事史上，有两个比较光辉的历史时期——春秋战国时期和三国时期。这两个时期都是诸侯割据、军阀争雄、天下大乱的时代。连年的战乱，破坏了生产，民生凋敝；但另一方面，则是旧秩序随之分崩离析，束缚人们头脑的某些传统观念受到了猛烈的冲击。战争的实践迫切要求发展军事理论，同时也为军事理论的发展提供了丰富的原料，由此便造成了这两个时期军事学术思想上的繁荣。在春秋战国时期的混战中，产生了著名的《孙子》《吴子》和《司马法》等军事著作。同样，在三国时期，也造就了曹操、诸葛亮等军事天才，曹操所著的《孟德新书》虽无所考，但曹操第一个注《孙子》，以及诸葛亮所著的《将苑》等兵家要书，都闪耀着千古不灭的光辉。

俗话说："乱世出英雄"。在军阀争雄的战争角逐中，浪起滔翻，必然会涌现出一大批能军治国的人才。像春秋战国时期的孙武、吴起、管仲、乐毅、司马穰苴、孙膑等人，三国时期的曹操、诸葛亮、周瑜、司马懿、陆逊等，都是风云际遇，大显身手，各自留下了不可磨灭的史迹。《三国演义》在详细地记述魏、蜀、吴三方纵横捭阖、龙争虎斗的历史情形中，刻画了军事家们气壮山河、叱咤风云的英雄风貌，对于我们学习和研究这段军事斗争史，有着极为重要的参考价值。

诚然，《三国演义》是一部"七分事实，三分虚构"的文学作品，但也不能不承认，这部文学作品所写的战略战术，进攻与防御、失败与成功以及军事上的虚实奇正等，基本上是合于军事科学原则和战争规律的。许多虚构的故事，如"草船借箭""空城计"等，不仅在同时代可以找到真实的影子，而且其前后也能找出与其十分相似的战例。可见，这些虚构，源于战争生活，又高于战争生活，更能深刻地反映某些战争指导规律。

《三国演义》的作者，还得心应手地将许多写在经史典籍上的合纵连横、远交近攻、进退攻守等方面的经验，写进了"演义"矛盾斗争的画面之中，这就更能帮助读者通过艺术形象，深入浅出地认识军事斗争的许多重要原则。正因为如此，《三国演义》问世后，明、清两代农民起义军的领袖张献忠、李自成、洪秀全等人，都曾把此书当成指导作战的"玉帐唯一之秘本"（黄摩西《小说小话》），清朝统治者也以此书来教导他们的将军。清朝刘銮在《五石瓠》中写道：张献忠"日使人说《三国》《水浒》诸书，凡埋伏攻袭皆效之。"张德坚在污蔑太平天国革命的《贼情汇纂》中也提到："'贼'之诡计果何所依据？盖由二三'黠贼'采稗官野史中军情仿之，行之往往有效，遂宝为不传之秘诀。其裁取《三国演义》《水浒传》为尤多。"可见，《三国演义》这部文学作品在军事领域里的影响之深和作用之大。

　　这本文集，正是笔者借助身着戎衣之便，通过分析作品中描述的"伐谋""伐交"等军事斗争故事，来探讨《三国演义》的军事价值，论说谋略在军事斗争中的重要作用及某些规律，目的在于能给读者留下一点施计用谋的启示，同时使我们自己也从中得到一些教益。

罗贯中是一位杰出的谋略家
——序言之二

每读《三国》，脑海里总会泛起层层涟漪。我们惊叹书中那一幕幕扣人心弦的斗智斗谋的画面，更惊叹作者——罗贯中的艺术之笔。我们可以作这样毫不夸张的评价，中外描写军事斗争的历史小说虽然浩如烟海，但在反映军事家施计斗谋、指挥艺术、用兵才能等方面，概莫超出《三国演义》。作品在这方面的成功，当然与作者掌握了十分丰富的历史材料有关，采金矿炼出的是金子，采铁矿炼出的当然是铁了。罗贯中采集的是金矿石，同时他还有一套"炼金术"，包括他本人的军事理论水平，军事谋略才能。

正像一个不懂点生意经的文学家，难以活灵活现地写出社会经济领域中你死我活的激烈竞争一样，罗贯中若不是深谙兵法，精于权谋，《三国演义》哪会有如此之高的军事价值？

研究中国古代战争史可以看出，从商周到三国，战事频繁，兵家层出。他们著书立说，自成一体。《汉书·艺文志》把汉代以前的军事著作，分为"兵权谋家""兵形势家""兵阴阳家""兵技巧家"四大类。所谓"权谋"，就是指"以正守国，以奇用兵，先计而后战"。像产生于春秋战国时期的《孙子兵法》《孙膑兵法》，都属于"兵权谋"一类。如果从军事上评论《三国演义》，可以说它是一部体现"兵权谋"的范本。演义中形象地刻画了一大批谋略人才，如魏国的曹操、郭嘉、荀彧、荀攸、贾诩、司马懿、邓艾；蜀国的诸葛亮、庞统、法正、姜维；吴国的周瑜、鲁肃、吕蒙、陆逊等。他们足智多谋，遇机善变，在复杂激烈的斗争中，充分显示了智慧和才华。在那种群雄争立的形势下，真是得士者昌，失士者亡，没有运筹帷幄的谋略家，只凭战场上的匹夫之勇，是不会有所作为的。

其实，罗贯中就是一个军事谋略家，就是一个兵权谋派。作家是艺术人物之母，而艺术人物又必然是作家的精神之子。没有满腹韬略的罗贯中，不会有演义中那些安天下定乾坤的智囊团、谋略群的精彩形象。

关于罗贯中的生平事迹，我们知道得很少。在官修的史书里，不仅没有给他立传，就连有关他的片言只语也没有。只是在一些散碎的史料中，知其生平梗概。

罗贯中名本，贯中是他的字，别号湖海散人，家居山西太原（还有东原、武林、庐陵等不同说法）。他生活在元末明初（约1330~1400年间）。当时，外族入侵，人民流离失所，生产力衰败，广大劳动群众陷于极端困苦的生活境地。这与三国时代那种军阀混战、民不聊生的社会情况很相似。动乱之际思英雄。罗贯中所生活的时代，三国的故事已在民间广为流传，人民极力推崇刘备、关羽、张飞、诸葛亮这些英雄人物。罗贯中收集了很多流传在民间的三国故事。据分析，这些故事不仅为罗贯中的艺术创作准备了材料，也成了他研读兵法战策的第一位教师。

元末各种社会矛盾十分尖锐，农民起义风起云涌，罗贯中后来被直接卷入了这场斗争的旋涡，罗贯中是一位"有志图王者"，抱负非凡。在元末民族革命起义的高潮中，他参加了农民起义军，曾在义军领袖张士诚帐下充当过幕僚，亲身经历和耳闻目睹了当时一些重大的军事斗争。

和罗贯中同时代，有一位著名的军事谋略家叫刘基（字伯温），他是一个诸葛亮式的人物。据《明史·刘基传》载，他博通百家，料事如神，论天下大事，义形于色，并精通于天文气象之学。"西蜀赵天泽论江左人物，首称基，以为诸葛孔明俦（同一类型）也。"刘基起初在家乡浙江青田散居，有孔明高卧隆中之风，后经朱元璋多次聘请，他才出山。他参加指挥了当时有名的"鄱阳湖大战"，轰动一时。这次战役类似"赤壁大战"。朱元璋称刘基为"吾之子房"，封他为"诚意伯"。有一本兵书叫《百战奇略》，就是后人假借刘基之名所作，可见他的声誉之高。罗贯中在农民起义军中，虽没有成为刘伯温式的人物，但现实中发生的这些重大事件和刘基这类的人物，不仅对他后来的艺术创作有重大影响，而且也毫无疑义地锻炼了他的军事素养。在《三国演义》中，"官渡之战""赤壁鏖兵""猇亭之役"，这些有数十万人参加的大战，描写得有声有色，层次分明；"过关斩将""偷袭荆州""街亭失败"等规模较小的战斗，也写得真实可信；陆战、水战、山地战、平原战、伏击、劫寨、火攻、水淹等，各有特色。可以说这既是罗贯中艺术天才的再现，也是他兵权谋思想的表露。

《三国演义》基本是取材于陈寿的《三国志》。《三国演义》与《三国志》有密切的血缘关系。但是，如果把《三国志》和《三国演义》两部书的轮廓、面貌加以对照，就可以看出后者绝不是对前者简单的通俗演述。陈寿编写的《三国志》，是从事实出发，比较真实地记录了三国时代的历史面貌。罗贯中则根据《三国志》中的历史事件，吸收了大量的民间传说，进行了巧妙的艺术夸张和综合加工。例如对诸葛亮的刻画，可以说就是作者把众人的智慧集中于他一身，才塑造出了一个未卜先知、料事如神的典型人物。为了刻画诸葛亮这个人物，作者有时甚至把他在历史上的失败，也大胆地写成胜利（这方面后面的文章将专门谈及），使诸葛亮至今仍然活在人们的心中。作者进行这种艺术加工的过程，也就同时融进了自己高超的智慧和丰富的知识。

《三国演义》将魏、蜀、吴之间的谋略斗争描写到如此出神入化的地步，本身就说明罗贯中确实是一位不凡的谋略家和兵法家。

第一编　群雄逐鹿

  围师必阙 /3
  由曹操献刀想到的 /5
  十八路诸侯为何没灭掉董卓 /7
  假途伐虢的形象注解 /9
  从美人计说到连环计 /12
  缠战——以劣胜优之一法 /13
  小议二虎竞食之计 /15
  浅说驱虎吞狼之计 /17
  孙策的战略眼光 /19
  声东击西与将计就计 /21
  追击中的哲学 /23
  从陈登的欺诈术谈到指挥员的辨别力 /25
  陈宫的三策 /28
  张飞的反伏击作战 /30
  卑而骄之 /32
  只缘身在此山中 /34
  乌巢劫粮的启示 /36
  虚张声势意在分敌 /38
  要有点政治家的气量 /40
  程昱的十面埋伏计 /43
  简析袁绍的败北 /44
  曹操的两次隔岸观火 /47
  孔明高卧隆中，全知天下大事 /49
  简析《隆中对》的战略价值 /51

第二编　赤壁鏖战

诸葛亮初出茅庐的两把火 /59

虚不露怯 /61

蒋干盗书与反间计 /63

草船借箭考议 /65

周瑜打黄盖 /67

从借东风说到战场气象考察 /69

从孔明智算华容想到的 /72

赤壁之战中的伐交 /74

曹仁南郡败周瑜的启示 /77

以虚对虚，以诈还诈 /79

孔明的乘虚术 /80

孔明的一箭双雕 /82

孔明为何以借为名占荆州 /84

谋略家的预见力——从诸葛亮的"三个锦囊"谈起 /86

孙权上表刘备为荆州牧的用意——再谈军事

斗争中的"伐交" /89

从周瑜之死说开去 /91

第三编　三国鼎立

有感于鲁肃荐庞统 /97

诸葛亮一着活全盘 /98

马超增兵，曹操为何喜形于色 /100

马超失败的原因 /102

值得寻味的刘备待张松 /104

从鸿门宴谈到"涪关宴" /107

庞统的三策与刘备的选择 /110

落凤坡前的遗憾 /112

张飞夺巴郡引出的思索 /114

诸葛亮审势治蜀的教益 /116

琐谈曹操巧夺阳平关 /118

析曹操的知难而退 /120

诸葛亮为何要割让三郡 /123

用人也是一种艺术 /125

指挥员要善于激励士气 /127

善用自己的弱点欺骗敌人 /129

激将法的妙用 /131

从蜀军攻打定军山谈反客为主之计 /133

第四编　荆襄之失

从黄忠智斩夏侯渊谈击其惰归之法 /139

从赵云的"空营计"谈指挥员的胆略 /141

机械照搬者的悲剧——徐晃"背水列阵"的失败原因 /143

谋贵用疑 /146

被动来自两面作战 /149

为将者要善用天时地利——关羽水淹七军杂议 /151

吕蒙称病和陆逊的谦恭 /154

一次真正的突然袭击——吕蒙白衣袭荆州的成功经验 /156

四面楚歌的翻新 /159

常胜将军的悲剧 /161

移祸之计的互用 /163

兵事不可为私而用——刘备在关羽死后的错误军事决策 /165

为摆脱被动要勇于忍辱负重——荆襄之战后孙权选择策略的高明之处 /167

兵不可失机——曹丕在吴、蜀猇亭之战前后决策上的失误 /169

后发制人用其"阴"——陆逊在猇亭之战中的谋略思想 /172

见好即收也是明智之举 /175

八阵图的奥秘 /177

以计代战一当万 /180

第五编 南征北战

孔明开发西南与吴、蜀再次联盟 /185

假手于人,坐享其利——孔明的另一种"借术" /187

攻心为上,心战为上——马谡对开发西南的正确建议 /190

从七擒孟获说力胜与智胜 /192

从诸葛亮火烧藤甲军谈伏击作战 /195

凡战者,以正合,以奇胜——魏延对北伐中原的重要建议 /198

兵不厌诈 /202

以己度敌,破彼之破——析蜀、魏渭河之西相互
反偷袭战斗 /205

司马懿的决断与妙算 /207

失街亭中的王平和马谡 /210

空城计略考 /213

要善于利用"后台"演戏 /216

算在敌先,引敌就范 /218

孔明对退避三舍的新用 /221

将在外,君不疑者胜 /224

孔明效虞诩之法 /226

虚设疑兵,因粮于敌 /229

用兵命将,以信为本 /231

从木牛流马说到科学技术出战斗力 /234

力的较量与意志的比赛 /237

关于撤退的艺术 /240

略谈祁山之战中的吴、蜀联盟 /243

第六编　三分归一

攻其必救与围点打援 /249

急与缓的辩证法 /251

示形·用诈·料敌 /253

将军要熟知战场情况 /258

灭虢取虞与声东击西 /260

注意弥补防御空间差 /263

奇兵冲其腹心——邓艾阴平渡险的启示 /266

兵有先声而后实者——邓艾的"李左车之计" /269

羊祜的怀柔之计 /271

晋灭吴之战中的木马计 /274

第七编　成败综论

得士者昌，失士者亡——西蜀兴亡的重要原因兼论诸葛亮隆中对策的战略设想 /279

无进取则难以自保——东吴战略指导上致命弱点 /285

先弱后强，各个击破——魏晋战略指导上的成功之处 /289

乱世务边——孙策建立东吴政权的战略指导以及吴国灭亡的教训 /295

争据上游之势——刘备建立蜀汉政权之方略及蜀汉灭亡原因简析 /299

占中腹以制四宇——曹操建立魏政权及司马氏统一中国之方略 /302

重势养力以用天时之道——曹操统一北方之方略 /308

用才尚计举地利之要——孙权雄踞江东之方略 /317

宽仁收心以握人和之贵——刘备鼎足西蜀之方略 /326

军事家要善于在广阔的场景中思维——演义描写兵家斗智斗法之特点综述 /335

第一编
群雄逐鹿

战黄巾引发诸侯自立，历史大变局拉开序幕。

远谋方有深韬略。秦失其鹿，天下共逐之。乱世风云，是对英雄们志向、胸怀、眼光、预见力和决策力的考验，只有那些透过重重迷雾看清未来路途而谋高一筹者，才有成功的希望。

围师必阙

"穷寇勿迫""围师必阙",这是古人用兵的重要谋略原则。《阵纪·卷二·众寡》中说:"大抵围师必阙,阙之前面多有险伏,兵厚处必敌根本之地也,观其不治而冲之者,不但欲出,更乱其营,所谓一击而百万破。"就是说,在攻坚战中,不对敌人实行四面包围,先故意留下一个缺口,使敌人抱侥幸逃脱、不战而求生的幻想,而在缺口之处设下"口袋",便能一击破敌。

"围师必阙"的实质在于欲擒故纵,欲歼故放,先从精神上给对方造成败势,使难打之敌变成好打之敌。

《三国演义》第二回刘备跟随朱儁"围剿"黄巾军一段故事,就是"围师必阙"之一例。书中这样写道:

> 时贼据宛城,儁引兵攻之,赵弘遣韩忠出战。儁遣玄德、关、张攻城西南角。韩忠尽率精锐之众,来西南角抵敌。朱儁自纵铁骑二千,径取东北角。贼恐失城,急弃西南而回。玄德从背后掩杀,贼众大败,奔入宛城。朱儁分兵四面围定,城中断粮,韩忠使人出城投降,儁不许。玄德曰:"昔高祖之得天下,盖为能招降纳顺,公何拒韩忠耶?"儁曰:"彼一时,此一时也。昔秦、项之际,天下大乱,民无定主,故招降赏附,以劝来耳。今海内一统,惟黄巾造反,若容其降,无以劝善。使贼得利恣意劫掠,失利便投降。此

长寇之志，非良策也。"玄德曰："不容寇降是矣。今四面围如铁桶，贼乞降不得，必然死战。万人一心，尚不可当，况城中有数万死命之人乎？不若撤去东南，独攻西北。贼必弃城而走，无心恋战，可即擒也。"儁然之，随撤东南二面军马，一齐攻打西北。韩忠果引军弃城而奔。儁与玄德、关、张率三军掩杀，射死韩忠，余皆四散奔走。

这段故事一方面表现了朱儁的政治见解，同时作者着意透露了刘备的军事素养。"围师必阙"是一个传统的军事思想，问题在于如何从实际出发灵活运用。刘备在我优敌劣，我处主动、有利地位，敌处被动、不利地位的态势下，敏锐地看出：敌劣中有优，我优中存劣；敌不利之势亦有转化为有利的可能，我有利之势也包含着向不利方面转化的因素；四面包围而又不接受敌人的投降，就必然迫使敌人决一死战，这样，朱儁虽然能取胜，但要付出大的代价。这些精辟的见解，说明刘备很善于运用"围师必阙"的指挥原则。有些军事指挥员在看到胜利之光时，往往就不再注意研究最佳方案，不再去思考能否用最小的代价去换取同样的胜利硕果。应该说，"胜利"二字并不是军事斗争中最完全的目标，最完全的目标还应包括自己所付出的损失最小。

在古代，由于生产力不发达，没有什么远射兵器，攻坚能力极弱，即使在绝对优势情况下，战斗中也很难达成一举突破。因此，军事家都主张"上兵伐谋，其次伐交，其次伐兵，其下攻城；攻城之法，为不得已。""围师必阙"，就是根据这样一个策略选择的序列，避其坚而攻其弱。

核查《三国志》等历史材料，刘备并没有跟随朱儁打黄巾军，《三国志·刘先主传》只是说："先主（刘备）率其属从校尉邹靖讨黄巾贼有功。"关于朱儁打韩忠的事情，《资治通鉴·汉纪五十》是这样记载的：宛城交战中，朱儁"鸣鼓攻其西南"，韩忠忙率众守御西南，朱儁却悄悄率领精兵"掩其东北，乘城而入"。韩忠被迫退入内城，派人出城乞降。朱儁拒之，令部队四面围攻，结果连战不克，损伤惨重。后来，朱儁登上土山，瞭望内城，对站在他身旁的张超说道："贼今外围周固，内营逼急，乞降不受，欲出不得，所以死战也。万人一心，犹不可当，况十万乎！不如撤围，并兵入城，忠见解围，势必自出，自出则意散，破之道也。"于是传令撤围，退出外城。韩忠果然带兵倾城追出。朱儁则分兵断其归路，前后夹攻，把韩忠打得大败。

显然，这一"围师必阙"之计，是《三国演义》的作者，为着意刻画刘备，故意张冠李戴的，但却给我们研究军事谋略问题留下了一份形象生动的材料。

由曹操献刀想到的

《三国演义》第四回"废汉帝陈留践位，谋董卓孟德献刀"中，讲了一个曹操行刺董卓的故事。汉灵帝死后，董卓乘机专断朝政，私自废黜少帝，立陈留王为献帝，引起满朝文武的愤恨。当时任骁骑校尉的曹操，见义勇为，从司徒王允那里借来一口宝刀，前去刺杀董卓。

书中对这段故事叙述得很细腻，并着意描绘了曹孟德临危不惧，随机应变的本领。当曹操身佩宝刀，来到相府时，"见董卓坐于床上，吕布侍立于侧。"后来，董卓让吕布去牵马，曹操感到时机已至，"暗忖曰：'此贼合死！'即欲拔刀刺之，惧卓力大，未敢轻动。"无奈董卓身宽体胖，不能久坐，且又不把曹操放在眼里，便躺在床上，并转身朝着墙壁，这时，"操又思曰，'此贼当休矣！'急掣宝刀在手，恰待要刺，不想董卓仰面看衣镜中，照见曹操在后拔刀，急回身问曰：'孟德何为？'时吕布已牵马至阁外。"曹操见大势不妙，急中生智，"乃持刀跪下曰：'操有宝刀一口，献上恩相。'"献刀之后，曹操一出门便逃之夭夭了。

在《三国演义》中，描写权谋家随机应变的故事有许多处，曹操献刀，要算是比较突出的一例了。当然，随机应变用于正常的政治生活中，是一种奸诈的表现，不足取。像曹操这种企图通过暗杀手段达到一定政治目的的做法，更与我们今天的观念相悖。但倘若把随机应变用于军事斗争之中，它就是兵书中讲的一种"诡诈"之术，而"诡诈"则是一个军事指挥员所应当具备的护身、制胜的法宝。通观演义全书，曹操在复杂的军事斗争中，用兵、遣将、施术，确实是一个非常善于权变的人物。"献刀"一节，应该说是他整个权变性格的陪衬。

凡要成大功者，须冒风险。而行动于风险之中，对突然来临的危机，各种意外的情况，需要你在瞬时作出抉择和反应，改变原来的行动方向，这确实是一件不易的事。在这种形势下，若能泰然自若、顺情变意，从急中生出智来，就可能化险为夷，转危为安。否则，稍有差池，就会前功尽弃，胜利和成功的希望都将成为泡影。

随机应变，首先是随机。随机者，包含有借题发挥、触景生情、顺水推舟、将计就计之意也。"持刀"行刺，顺势改为跪倒"献刀"，这是借物随机。曹操与刘备青梅煮酒论英雄，刘备借雷鸣电闪，来掩饰内心的恐惧，这是随天时之机。在现代文艺作品《智取威虎山》中，侦察英雄杨子荣在百鸡宴前舌战"小炉匠"，是利用敌之矛盾，随"座山雕"的心理之机。假如你有兴趣的话，还可以从《平原游击队》《渡江侦察记》等反映革命战争生活的文艺作品中，找到许多英雄人物随机应变的事例。只要你对这些事例稍作剖析就会发现：其运用之妙，都在于能顺从自然，因时、因势、因情、因敌意而灵活变通。

随机应变、急中生智，是一种突发性的思维方式。事前毫无准备，事中却能像电子计算机一样，自动作出快速反应。人脑的这种功能曾使许多研究者百思不解。现代心理学已经从理论上解开了突发性思维的秘密，这里毋庸赘言。值得一提的是，突发性思维的成功，须借助于平时长期养成的习惯。

换句话说，在急中生智的偶然性中，则藏有必然性。政治上奸诈、军事上诡诈的曹操，原来从小就是个"大猾头"。

《三国演义》第一回，曹操刚出场，作者就讲了一个他小时候的故事："操有叔父，见操游荡无度，尝怒之，言于曹嵩（曹操的父亲）。嵩责操。操忽心生一计：见叔父来，诈倒于地，作中风之状。叔父惊告嵩，嵩急视之，操故无恙。嵩曰：'叔言汝中风，今已愈乎？'操曰：'儿自来无此病，因失爱于叔父，故见罔耳。'嵩信其言。后叔父但言操过，嵩并不听。因此，操得恣意放荡。"

南朝梁代殷芸的《小说》里也有一个故事，"魏武（曹操）少时，常与袁绍好为游侠，观人新婚。因潜入主人园中，夜叫乎云：'有偷儿至。'庐中人皆出观，帝（曹丕即位后，追加曹操为魏武帝）抽刃劫新妇，与绍还出，失道（迷路），坠枳棘中，绍不能动，帝复大呼：'偷儿今在此！'绍惶迫，自掷出，俱免。"

可见，许多诡道权诈之术，并非全出自兵书。

关于曹操献刀的事，史料中无此记载。作者虚构出这段故事，更突出了曹操善于权变的性格。

十八路诸侯为何没灭掉董卓

《三国演义》第五回，"发矫诏诸镇应曹公，破关兵三英战吕布"中讲道，自曹操刺杀董卓未遂，逃出洛阳后，几经风险，来到陈留。他在陈留一面招兵买马，一面向各镇（古代设于州、郡的治所为镇）发出了讨伐董卓的檄文。檄文一发出，各镇诸侯纷纷起兵响应。

据演义所记述，当时起兵的诸侯有：南阳太守袁术、冀州刺史韩馥、豫州刺史孔伷、兖州刺史刘岱、河内郡太守王匡、陈留太守张邈、东郡太守乔瑁、山阳太守袁遗、济北相鲍信、北海太守孔融、广陵太守张超、徐州刺史陶谦、西凉太守马腾、北平太守公孙瓒、上党太守张扬、乌程侯长沙太守孙坚、祁乡侯渤海太守袁绍，再加上曹操，一共十八路[1]，人马数十万。公推袁绍为盟主，各带兵马，浩浩荡荡杀奔洛阳。

然而，军事力量比董卓强得多、曾歃血盟誓要"剿戮"董贼的各路诸侯，最后却让董卓安然逃出了洛阳，并携皇帝百姓把都城迁到了长安。从此，出现了诸侯争雄，军阀混战的局面。

十八路诸侯为什么没灭掉董卓？从《三国演义》的叙述来看，其原因主要有这样几点：一、济北相鲍信为了争抢头功，暗派其弟鲍忠抄小路赶在先锋孙坚之前，攻取汜水关，丧身殒命，这样先乱了十八路诸侯的阵脚。二、先锋孙坚屯兵于汜水关前，初战获胜，遭到担任后援的袁术的嫉妒。由此，这个存有道道"裂纹"的军事联盟就开始不战自乱了。三、虎牢关吕布战败之后，董卓见势不妙，挟汉帝将都城由洛阳迁往长安。曹操欲乘势直追，灭掉董卓，但袁绍却以"诸兵疲困，进恐无益"为由按兵不动。曹操孤军深入，不幸中了埋伏，大败而回。曹操深感袁绍无能，"竖子不足于谋"，一气之下，引军自投扬州去了。公孙瓒见曹操一走，也率兵自行归去，联盟开始走向分裂。四、孙坚进兵洛阳，得到了传国玉玺，梦想自"登九五（皇位）"，便私自背约，急返江东。袁绍十分气愤，写信密令刘表截击孙坚，结果引起了孙、刘之间一场恶战，双方互结怨仇。五、刘岱与乔瑁两军，因粮草发生火拼。六、袁绍见各路诸侯间矛盾四起，无法统率，干脆自己领兵拔寨，离开洛阳，投向关东。十八路诸侯从此四分五裂，土崩瓦解，接踵而

---

[1] 据《资治通鉴》《三国志》记载，公元190年，在山东等地，确实发生过讨伐董卓的事件。不过讨伐董卓是十四路诸侯，孔融、陶谦、马腾和公孙瓒四人并未参加。真正的发起人不是曹操，而是东郡太守乔瑁。

来的是一场争城夺地的军阀混战。

其实，这个军事联盟的破裂是一定的。十八路诸侯十八颗心，他们各自从自己的利益和目的出发，都想浑水摸鱼，乘机取利，相互勾心斗角，不可能形成巩固的联盟。当董卓成了矛盾的焦点，威胁到各路诸侯的共同利益时，他们可以一哄而起，暂时联合起来。一旦董卓势败，便纷纷各自争立，开始抢夺地盘，割地称雄了。

战争史上常有这样的事，由于"统一战线"的破裂，军事联盟的破坏，而不能以多胜少，甚至终被对方各个吃掉。战国时期，东方六国多次嚷嚷过"合纵"，结果合合分分，最后还是被秦国的"连横"所破。

世界上没有永恒的敌人，也没有永恒的朋友，只有永恒的利益。今天，多极化的国际局势，虽与封建诸侯割据争雄不可同日而语，但东西方相互间竞争与争夺，对话与对抗，致使不断出现新的分化与组合的现象，却与战国和三国时期很相似。弱小者通过联盟打击强敌，求得生存，是它的基本策略。但联盟不会是永恒的，如同商品社会中，价格围绕着价值上下波动一样。这种联盟也是围绕着利益转化线，不断出现分久必合、合久必分的变动。

假途伐虢的形象注解

提起"假途伐虢"都很熟悉。《三十六计》中第二十四计便是。春秋时期，虞和虢毗邻，可谓唇齿相依的兄弟之邦。强大的晋国早有吞并它们的企图。公元前658年，晋献公采用荀息之谋，以名马、宝玉为诱饵，向虞国借路，让晋军过境去打虢国。这年夏天，晋军占领了虢国的下阳。时过三年，晋献公又向虞国借道伐虢，虞公不听大夫宫之奇的劝告，再次应允。结果，晋军灭亡虢国之后，回师途中，顺势把虞国也灭掉了。

晋献公一举而兼并两国，其成功的经验颇为兵家所重视。自此之后，"假途伐虢"竟成了一个"成方"，被后人反复套用。但有用之成功者，也有用之失败者。《三国演义》中就有这样两个例子。

第七回"袁绍磐河战公孙，孙坚跨江击刘表"中讲道，袁绍自离开洛阳后，率军驻扎在河内（今河南武涉西南），由于缺少粮草，他对钱粮广盛的冀州十分垂涎，只苦于无良计取之。谋士逢纪献策说："可暗使人驰书公孙瓒，令进兵取冀州，约以夹攻，瓒必兴兵。韩馥（冀州牧）无谋之辈，必请将军领州事，就中取事，唾手可得。"袁绍听后，马上给公孙瓒写信，约他"共攻冀州，平分其地"。同时又派人密报韩馥，说公孙瓒将要起兵攻打冀州。韩馥得知此讯，大惊失色，不顾手下文武劝谏，急忙差人到河内来请袁绍，帮他共同御敌。"绍入冀州，以馥为奋威将军，以田丰、沮授、许攸、逢纪分掌州事，尽夺韩馥之权"。结果，"馥懊悔无及，遂弃下家小，匹马往投陈留太守张邈去了。"接着，袁绍又同他的"盟友"公孙瓒撕破了脸皮，一场兵戎相见，自己独占了冀州。

第五十六回"曹操大宴铜雀台，孔明三气周公瑾"中讲，周瑜为夺荆州，也使出了"假途伐虢"之计。赤壁大战后，刘备根据诸葛亮的谋划，趁周瑜与曹兵激战之机，用巧计"借得"了荆州。后来，东吴几次派人索要，都没有要回。开始，诸葛亮曾许愿"取下西川便还荆州"，到后来，又以"益州刘璋是我主人之弟""若要兴兵去取他城池时，恐被外人唾骂"为由，一再推托。周瑜气愤不已，想出一计："若刘氏不忍去取西川，我东吴起兵去取"。妄图借兵取西川路过荆州，刘备出城劳军之时，"乘势杀之"，以武力夺取荆州。不想周瑜这一计，却被足智多谋的诸葛孔明识破了。于是，孔明将计就计，设下圈套。当周瑜率军来到荆州城下，突然伏兵四起，将东吴人马团团围住，"喊声远近震动百余里，皆言要捉周瑜"。周瑜知道中计，"在马上大叫一声，箭疮复裂，坠于马下"。

使用同一计谋，为何效果各异？抛开封建军阀间勾心斗角的政治糟粕不谈，单从军事谋略学的角度研究，确有值得寻味之处。

大凡用谋贵奇，贵新。若袭用前人用过的"成方"，需灵活变通才能取胜。袁绍用逢纪之策，先使公孙瓒攻打冀州，迫韩馥来求援，而后乘机灭韩。这是顺应韩的渴求而行动，虽是借机而入，却无"假道"之嫌，自然用之成功。相反，周瑜在急于夺荆州，而荆州小心提防东吴的情况下，照搬"假途伐虢"之计，稍有头脑的将领都会看破其中的机关，更何况对手是博古通今的孔明呢！由此可见，指挥员在战场上施谋用术，比智斗法，要因时、因地、因人而异，即所谓"运用之妙，存乎一心"。

在军事谋略中，将计就计是最妙的。攻方所用计谋，一旦被防御者看穿，局势就会发生逆转。所以指挥员不仅要学会用计，更要善于识计。

据查，袁绍计夺冀州在历史上确有其事，而周瑜施谋欲取荆州，被诸葛亮活活气死之说却属虚无。《资治通鉴·汉纪五十八》记载：赤壁之战后，"周瑜诣京见权曰：'今曹操新败，忧在腹心，未能与将军连兵相事也（即从事战事）。乞与奋威俱进，取蜀而并张鲁，因留奋威固守其地，与马超结援，瑜还与将军据襄阳以蹙操，北方可图也'。权许之。"后来"周瑜还江陵为行装，于道病困"，不幸"卒于巴丘"。周瑜进取西川，是因为江东与曹操无战事，意在取蜀而并张鲁，结援马超，以图北方，不幸病死在途中。《三国演义》挪用材料，改造史实，想象和虚构出这段故事，显然是作者为了歌颂诸葛亮，讥讽周瑜，但作者无意中对"假途伐虢"之计，作了形象的注解。

从美人计说到连环计

在《三十六计》的"败战计"中,"美人计"被列为首条。基于识计和用计同属军事谋略学研究的范围,对此,我们不必回避它,而应当研究它。"好汉难过美人关"。谁也不能说无产阶级的队伍里,就没有这样的意志薄弱者。

《六韬·文伐》中提到:对于直接用军事行动不能征服的敌国,"养其乱臣以迷之,进美女、淫声以惑之……"这是指"美人计"在战略上的运用。

翻阅中国封建社会军阀混战的历史,施展"美人计"成功者可谓多矣。春秋末年,越国灭吴,就有美女西施的功劳。《三国演义》第八回讲道,当十八路诸侯讨董失利之后,司徒王允智献美女貂蝉,挑起董卓、吕布父子不和,从而借吕布之手,除掉了董卓。京剧《凤仪亭》把这个故事描写得有声有色,十分精彩,充分表现出貂蝉的聪明和智慧。

据考证,"貂蝉"本来是汉代初年兴起的一种武官的帽子,"附蝉为文,貂尾为饰,谓之赵惠文冠"。(《后汉书·舆服志》)后来逐渐衍变为官职名称。至于三国时代究竟有没有貂蝉这个女子?正史里没有记载。不过,历史真实和文学真实毕竟不是一回事,这里无须过多考究。

值得研究的倒是,《三国演义》中王允智献貂蝉并不是当成"美人计",而是作为"连环计"来说的。"王司徒巧使连环计,董太师大闹凤仪亭",题目点得很明确。

演义中为什么把王允进献貂蝉称作"连环计"?看来还得对"连环计"稍加分析。

"连环计"在《三十六计》中也属于"败战计"一类（这个分类不准确），书中解语说："将多兵众，不可以敌，使其自累，以杀其势。"意思是敌军兵力强大，不能和它硬拼，应当运用计谋使他们互相钳制，借以削弱其力量。可见，这是一个给敌人甩（或制造）包袱，把敌方的力量连成一个"矛盾"体，使其互相牵制，互相掣肘，互相残杀，以削弱其力量的谋略。

还有一种解释是：我以一计累敌，一计攻敌，两计并用，相映成辉，方能制胜。显然，王允献貂蝉，属于前一种，是通过貂蝉把董卓、吕布连成一对矛盾。既然符合"连环计"的内容，罗贯中并没有发生笔误。

当然，作为"连环计"来说，它的表现形式更丰富、更多样。赤壁大战中，庞统巧献"连环计"，把曹操的战船连在一起，为周瑜进行成功的"火攻"创造了条件。这和前边的解释相比，"连环计"表现得非常直观。

缠战
——以劣胜优之一法

《三国演义》第九回讲道，董卓被吕布杀掉之后，他的部将李傕、郭汜、张济、樊稠连夜逃往凉州。接着又派人到长安，上表求赦。司徒王允依仗有吕布辅佐，断然拒绝。李傕、郭汜等被逼得走投无路，在当地聚众数万，并带领本部人马，分为四路，杀向长安，欲决一死战，为董卓报仇。王允令吕布出城迎战，那李傕、郭汜、张济、樊稠哪里是吕布的对手，只一战就被杀得败退五十余里。

双方就实力而言，李傕、郭汜等人处于明显的劣势。然而，狡诈的李傕却想出了一个以劣胜优的战法——缠战。

罗贯中以精彩之笔写道：

> 却说吕布勒兵到山下，李傕引军搦战。布忿怒冲杀过去，傕退走上山。山上矢石如雨，布军不能进。忽报郭汜在阵后杀来，布急回战。只闻鼓声大震，汜军已退。布方欲收军，锣声响处，傕军又来。未及对敌，背后郭汜又领军杀到。及至吕布来时，却又擂鼓收军去了。激得吕布怒气填胸。一连如此几日，欲战不得，欲止不得。正在恼怒，忽然飞马报来，说张济、樊稠两路军马，竟犯长安，京城危急。布急领军回，背后李傕、郭汜杀来。……

四路人马左右牵制，来回拉锯，把具有万夫不当之勇的吕布杀得损兵折将，只得弃却家小，引百余骑飞奔出关，投袁术去了。

看到这段故事，不由想起了《聊斋志异》中的一则寓言，说的是两个牧童进深山，入狼窝，发现了两只小狼崽。他俩各抱一只分别爬上两棵大树，相距数十步。片刻，老狼回来，寻找其子。一个牧童在树上掐小狼的耳朵，弄得那畜生嗥叫连天。老狼闻声奔来，气急败坏地在树下乱咬乱抓。此时，另一棵树上的牧童急忙拧怀中小狼的腿，这只小狼也连声嗥叫，老狼又闻声赶去……这样调动老狼奔波于两树之间，往返数十次，终于累得它气绝身亡。

以此喻彼，把《聊斋志异》中的这则寓言，同李傕、郭汜等人战吕布的故事联系起来看，可以使我们更深刻地感到，在广阔的战场上，以逸待劳者胜。兵法讲："逸能劳之"。劳敌之法，莫过于调动敌人，使其疲于奔命，在乱冲乱闯中失掉行动的自由，丧失主动和优势。这也就是上述所讲缠战的奥妙。

古人讲"百战"，其中只讲到"劳战"，并没有提到"缠战"。这是笔者新造的概念。缠战虽然目的也在于劳敌，但与劳战不完全相同。古人讲劳战，过于拘泥于兵法"先处战地以待敌者逸，后处战地而趋战者劳"之言，而缠战所实行的劳敌之法，则应是多种多样的，非"先处""后处"所能囊括。李傕、郭汜战吕布，是缠战之一术；刘、关、张三英战吕布，是缠战之一法。敌手的机动力强，但经不起跑的路长；敌手的力量大，但一手难挡四面风,一将难敌四面兵。"缠"者纠缠、缠绕之意,使敌进退不能。战场的主动权,常常来自力量的协调与平衡,而协调平衡的实现,又往往靠巧妙地运用牵制来达到。缠战,正是多角度、多方位地来牵制敌人,使敌陷于被动挨打的地位。缠战是以柔克刚,它不是靠硬打硬拼夺先,而是用灵活机动取胜。你看,那李傕、郭汜二人,一个在山上,一个在阵后。这边鼓声大震,汜军已退;那边锣声响处,傕军又来。一连几日,纠缠不休。搞得吕布欲战不得,欲止不能,首尾不可相顾。而张济、樊稠两军却乘机直取长安,吕布仓皇撤兵,李傕、郭汜又从背后掩杀,终使吕布的优势兵力损耗殆尽。这种战法多么灵活!

可见,"百战"之外有缠战,兵家不可不晓。我们从这段小故事可以悟出,进行缠战不能局限于某一个战场,只有正面战场与敌后战场对称呼应,才可能有效地调动敌人。

这段生动的缠战故事,史书中无详细描述,但吕布被李傕等打败,投奔袁术的事是有的。《三国志·吕布传》载:"布自杀卓后,畏恶凉州人,凉州人皆怨。由是李傕等遂相结还攻长安城。布不能拒,傕等遂入长安。"吕布被打败后,"将数百骑出武关,欲诣袁术"。

小议二虎竞食之计

在《三国演义》中,多处用到"二虎竞食"之计。例如第十四回:"曹孟德移驾幸许都,吕奉先乘夜袭徐郡"。书中讲道,曹操战败吕布之后,便乘着军阀混战之机将汉献帝迎到了许昌。自此，曹操挟天子以令诸侯，比之其他军阀势力，在政治上赢得了主动。当时，刘备率领人马驻扎在徐州，收留了被曹操打败的吕布，并把徐州附近的小沛让与吕布屯兵。曹操生怕刘、吕二人联合起来对付自己，便召集手下文武，共商大计。武将许褚首先自告奋勇，要领精兵五万攻打徐州，誓斩刘备、吕布。谋士荀彧坚决反对："将军勇则勇矣，不知用谋。今许都新定，未可造次用兵。彧有一计，名曰'二虎竞食'之计。今刘备虽领徐州，未得诏命。明公可奏请诏命实授备为徐州牧，因密与一书，教杀吕布。事成则备无猛士为辅，亦渐可图；事不成，则吕布必杀备矣：此乃'二虎竞食'之计也。"

从荀彧的具体策划看，所谓"二虎竞食"之计，就是投之以小利，引起两支敌对势力的争斗，使其两败俱伤，达到鹬蚌相争，渔人得利的目的。

"二虎竞食"，类似于"卞庄刺虎"之计。春秋时期，有个叫卞庄子的农民，看见两只老虎吃牛，准备立即把老虎刺死。有人劝阻他说，两只老虎刚开始吃牛，都在兴头上，等一会他们必然相争。二虎相斗，两败俱伤。到那时你再去刺虎，就能一举两得。卞庄子照计而行，果然得到两只老虎。兵家从这个历史典故中悟出了一个施谋定策的道理："使两寇相弊，吾乘其后，此卞庄子之策也。"（《兵法集鉴》）

一加一大于二，一减一等于零，刘备和吕布两只老虎若联合起来，对曹操确实威胁很大。曹操企图把一个毫无实际意义的诏命——"徐州牧"，当作一块骨头扔出去，引诱刘备去杀吕布，不想被刘备识破用意，主动把曹操的书信给吕布看了。结果，"二虎"各自安歇，没有争斗起来。

制造矛盾，利用矛盾，在政治交易里争取获得战场上难以获取的东西，是曹操使用权谋之术的一大特点。一个空诏命，一封离间书，算得了什么？倘若成功，则可收得"兵不钝而利可全"的效果；即使失败了，自己也没有什么损失。且皇帝在曹操的掌握之中，有使用这套把戏条件。

在演义第五十八回中，曹操如法炮制，又搬出了这一套。那是在曹操计杀马腾之后，担心马腾之子马超前来兴兵报仇，便给西凉太守韩遂写信，"若将马超擒赴许都，即封汝为西凉侯"。韩遂因与马腾是结拜兄弟，不忍加害马超，也把信送给马超看了，并斩了曹操的来使。

曹操这两次使用"二虎竞食"之计，表面上都没有成功，但由于各军事集团间的利益冲突，两次离间信都在实际中发生着效果。刘备把曹操的书信拿给吕布看，企图以"赤诚"之心取得吕布的信任，但同时又在吕布心中埋下了一颗"疑虑"的种子，这颗种子一遇时机就会发芽。韩遂尽管斩了曹操的来使，并与马超一同起兵进攻曹操，但二人之间还是留下了一道相互猜忌的裂痕。只要形势稍一变化，裂痕就会不断加深。事实正是如此，由于各自利益的冲突，吕布不久便偷袭了徐州；韩遂后来在战场上也同马超反目，投靠了曹操。固然这主要是由其他原因造成的，但不能说同此计没有一点关系。

浅说驱虎吞狼之计

曹操施展"二虎竞食"之计，未能立竿见影破坏刘、吕联合。于是，他再向谋士荀彧问计。荀彧眉头一皱，立刻想出了一条"驱虎吞狼"之计。此计的内容是：一方面派人密往袁术处通报，说刘备上表，欲夺袁术的南郡。"术闻之，必怒而攻备"；另一方面假天子之诏，传令刘备讨伐袁术，促其"两边相并"。这样，吕布"必生异心"。曹操依计而行，果然引起了刘备和袁术之间的一场大战。吕布趁着张飞醉酒之时，与曹豹里应外合，袭取了徐州。

曹操使用此计的目的，还是想拆散刘、吕二人的联合，同时又造成刘、袁之间的纷争，以利于自己各个击破。

从荀彧所说的这条计谋看，"虎"指的是刘备、袁术二人，"狼"则是指吕布。曹操的所谓"驱虎吞狼"，就是利用造谣挑拨的手段，制造矛盾，驱使刘备、袁术二"虎"相斗，给吕布这条"狼"造成机会，一举吞并徐州。一计投出，挑起了刘备、袁术、吕布三方之间矛盾的连锁反应。

使人难解的是，为什么只要挑起刘、袁之争，吕布就会"必生异心"呢？原来，吕布本就不甘心屈居于刘备的羽翼之下。当吕布被曹操打败投靠刘备时，刘备曾想把徐州让给吕布。吕布安然自得，毫不客气，只是正待要接牌印时，却"见玄德背后关、张二公各有怒色"，才没有敢接。于是故作谦让一番，领兵前往小沛"安身"去了。可见，吕布早有占据徐州的"异心"。吕布为人反复无常，这个"三姓家奴"①在演义中是一个争利忘义的人物。按照小说中的人物性格进行逻辑推理，就会发现，当袁术与刘备动起干戈后，即便不发生张飞醉酒鞭曹豹之事，吕布也会乘机夺徐州的。曹豹只是吕布反目击刘的导火索，不过是偶然性为必然性开辟了道路而已。

这段故事交织着军事斗争、政治斗争和外交斗争，把曹操、刘备、吕布、袁术相互争权夺势，尔虞我诈的面目刻画得淋漓尽致。实际上，在充满着血与火的战场上，敌对势力间从来没有什么仁义道德可言，而军事斗争从来不是孤立的。战争是政治的继续，伐谋与伐交相连。既然"兵不钝而利可全"是军事谋略的最高目标，那么从战场以外寻求制胜之策就是谋略家所独有的思维方式。曹操从使用"二虎竞食"之计，到巧施"驱虎吞狼"之策，潜心于刘、吕、袁之间的"缝隙"处作文章，制造矛盾，利用矛盾，不出兵而造成三家相互残杀，体现了"上兵伐谋"的作用。

美国海军少将亨利·艾克尔斯在他所著的《军事战略》一书中说，一个国家的价值标准在很大程度上决定政治利益所在，而政治利益又左右国家政策的目标。第二次世界大战中，美国和苏联是盟国。可是一俟德国军事上的失败成为定局，两国的联盟就变得不稳定而终于破裂。以今人的这一观点看

---

① 据演义描写，吕布曾先后称丁原、董卓和王允为义父。

古人，曹操"驱虎吞狼"之计的成功，关键在于"虎狼之间"存在着政治利益的冲突。

史书中并无"二虎竞食""驱虎吞狼"之计的记载。《三国志·吕布传》载："备东击术，布袭取下邳"，于是，"布自称徐州刺史"。

孙策的战略眼光

在《三国演义》中，作者对孙策这个人物着墨并不算多。给人印象最深的就是他膂力过人，武艺十分高强，堪称一员年轻的虎将。演义第十五回写道，孙策在与扬州刺史刘繇交战时，不到三合，便把刘的部将于糜生擒过去。敌阵另一员将樊能挺枪直追，孙策猛回头，大吼一声，吓得樊能翻身落马，破头而死。待孙策回到自己阵中，那于糜已被他活活挟死了。"一霎时挟死一将，喝死一将；自此，人皆呼孙策为'小霸王'。"孙策的威名由此大震。

演义描写孙策聪明才智的地方少于史书，只写了两个故事：一是他进取江东时，利用腿部中箭，制造阵亡假象，巧夺秣陵。二是随后诈取查渎，调动敌兵，大败王朗、严白虎。从《三国志》《资治通鉴》等史书的记载来看，孙策颇有战略头脑，是一位谋深计远的统帅。

史料上讲，孙坚战死在岘山时，孙策才十七岁。为了替父报仇，他毅然离开家乡，投奔袁术。孙策才智聪颖过人，作战屡建功勋，袁术曾暗暗自叹："使术有子如孙郎，死复何恨！"但袁术由于野心的驱使，始终不肯重用孙策。起初，袁术许愿孙策出任九江太守，当事到临头时，他又自食其言，半路改变主意，让丹阳人陈纪接任。后来，袁术又派孙策攻打庐江，许愿拿下此城便让他当太守。可是，孙策历经苦战攻克庐江后，袁术便召回孙策，把庐江太守这个职务委给了他的老部下刘勋。孙策自此怀恨在心。他仔细分析了当时的形势，认为汉室已经衰微，袁绍据河北，曹操占河南，各霸一方，自己依附袁术必然无所作为。于是，他下定决心脱离袁术，进击割据势力较为薄弱的江东地区。公元195年，孙策率领千余人和数十匹战马，渡过长江，一路苦战，破刘繇，逐王朗，杀许贡，队伍不断扩大，最后终于占据了吴、会稽等六郡，在江东一带建立起孙氏政权。这比起他的父亲孙坚来要强得多。何去非在《吴论》中讲道，在数路诸侯讨董之战中，孙坚曾占据南阳，已有数万人马，倘若把此地作为继续壮大实力、攻取洛阳的基地，那是会大有作为的。但是，孙坚轻易地把南阳让给了袁术，失去了立足之地。后来，他虽率孤军打进了洛阳，却不得不受制于他人，为人所用。而年轻的孙策却能胸怀全局，趁着曹操、袁绍、袁术、刘备等多路军阀逐鹿中原之际，果断地将矛头直指具有长江天险、物产富庶、割据势力较弱的江东地区，并一举获得成功，造成了东吴后来与魏、蜀争夺天下的鼎立之势。若非雄才大略之人，是不会有此战略远见的。

　　孙策在平定江东的作战中，也充分显示出统筹全局、灵活用兵的指挥才能。例如，他打败刘繇后，盘踞在当地的大大小小的土匪群盗，仍在作乱。有人建议先扫平这些匪寇，巩固后方，再行南下。孙策冷静地分析了敌情，认为盗贼素无大志，容易成擒，一俟会稽平定，还扫鼠辈，就如同摧枯拉朽了。于是，他率军直接南下，进取江东重镇会稽。待打下会稽后，才回兵剿匪，首先击败势力最大的严白虎，其余的不战自溃，很快取得了胜利。

　　兵法曰："自古不谋万世者，不足谋一时；不谋全局者，不足谋一域。"察全局、谋万世，正是孙策的高明之处。

　　《三国演义》对上述史实没有具体加以描述。然而，从罗贯中虚构的另一个故事中，也可略见孙策的战略眼光。演义中讲孙策决定进军江东时，手下无兵马，他便把父亲孙坚留下的传国玉玺作为"质当"（抵押品），向袁术借出"兵三千，马五百匹"。早在十八路诸侯讨伐董卓时，孙坚偶得传国玉玺，便认为"必有登九五（皇位）之分"，而孙策注重的是实力，是地盘，认为传国玉玺不过是件空物。此一点，就足见孙策比孙坚高明许多。

声东击西与将计就计

在《三国演义》中，贾诩要算是一位比较出色的战术谋略家了。在他投靠曹操之前，他就已经创造出了不少精彩的以智取胜的军事篇章。第十七回里，贾诩"慧眼"识破曹操攻城计，巧设陷阱，大破曹军的故事，给读者留下了深刻的印象。

建安三年（公元198年）夏，曹操假天子之命，兴兵第二次征伐南阳张绣。张绣不敌曹操，便退入南阳城内，死守城池。曹操攻打不下，曾亲自骑马围着南阳城转了三日。他发现"城东南角砖土之色，新旧不等，鹿角多半毁坏"，便心生一计，公开传令在城西北"堆积柴薪，会集诸将"，摆出了从此处进攻的架势，实际上却令军中密备锹镢等攻城器具，企图从东南袭入城内。谁知，曹操绕城三日，城中的贾诩也观察曹操三天。他识破了曹操的用意，于是便为张绣出谋划策，将计就计，令饱食轻装的精壮士兵，全部藏于城东南的房屋之内，却教老百姓假扮成军士，登上城西北角，摇旗呐喊。曹操见此光景，笑道："中吾计矣！"他白天在城西北虚张声势地佯攻了一阵，晚上却悄悄带领精兵从东南角爬入城内。结果，反中了贾诩之计，被杀得"奔走数十里""折兵五万余人",落了个偷鸡不成蚀把米的下场。

曹操采取的攻城之法,无非是对"声东击西"之计的一种搬用。《三十六计新编》对"声东击西"是这样解释的:此计是以假象造成敌人的错觉,来伪装攻击方向的谋略。通常是用灵活机动的军事行动,忽东忽西、即打即离;不攻而示之以攻,欲攻而示之以不攻;形似必然而不然、形似不然而必然;似可为而不为,似不可为而为之。

历史上无数战例证明,此计如果使用得当,可起很大作用;但倘若机械搬用,则非常容易被对方看出破绽。而看出此计破绽的奥妙,就在于从"知己"中去"知彼"。俗话说,自己知道自己的伤疤长在哪里。英雄所见略同。指挥者只要将心比心,从自己的弱点中分析敌手的对策,就容易找出正确答案。这次曹操战南阳,贾诩非常清楚自己防御的弱点在城东南,但曹操绕城三日,却把突破口选在西北方向。贾诩明白,像曹操这样精通兵法的将帅,是绝不会错选突破口,去故意碰钉子、啃骨头的。因此,他很快认清了曹操的本意:佯攻西北,实取东南。贾诩没有为曹操"示形"的假象所迷惑,这正是他的高明之处。历史上许多鲁莽的军事将领,孤立地判断敌情,常常被假象所迷惑,被对手的"示形""用佯"所调动,结果处处丧失主动。

同其他计谋一样,"声东击西"一旦被对手识破,那就会落入将计就计的陷阱之中。将计就计,可以说是破百计之大法,应万变之总术。

将计就计的实质,在于顺应敌意,因势利导,在敌人所设的圈套之外再设一套,在敌人所挖的陷阱之外再挖一阱,从而让敌人在实施自己的计划中落入我手。《纂辑武编》中说,"苟(假如)敌人料我,当顺其所料,伏兵待之,以诈示之,俟彼出师,则发伏收之(指用伏兵收拾它)。"将计就计没有固定的表现形式,只是适应着对方所施的计谋而灵活变通。在实施过程中,表面装作中了敌人的计,实际上是为了隐蔽自己的企图。当曹操"示形"于西北而攻其东南时,贾诩便迎合着曹操的心理,采取了虚守西北,设伏东南的对策。倘若贾诩没有西北之"虚形",曹操就会另作安排了。

将计就计,是一种"否定之否定"的应变决策,前提是看出了敌人企图。可见，指挥员在战争中与敌人斗智斗谋，识计和用计是相辅相成的，正像知己与知彼相辅相成一样。指挥员倘若只研究用计而不研究识计，纵然"锦囊"在身，也还是要受制于人的。

曹操声东击西和贾诩将计就计，史书中无记载。罗贯中以惊人的艺术之笔，表现了他自己高深的谋略思想。

追击中的哲学

《孙子兵法·军争篇》中说："归师勿遏"。意思是对于退却的敌军，一般不要进行阻拦或追击。过去有人批判说，这个观点与"宜将剩勇追穷寇"的思想相悖，是错误的。其实，一定的兵法原则，是一定历史条件下的产物，不进行历史分析，绝对肯定或绝对否定都会陷入片面性。

另外，兵法原则只是进行决策时分析问题的一般尺度，并不是不容改变的框框。对一支撤退的敌军是追或是不追，只能视情况而定。曹刿"视其辙乱，望其旗靡，故逐之"，这是在车战时代慎重追击的做法。步骑兵时代，两军在对峙中，敌方突然悄悄撤兵，我方无法"下视其辙，登轼而望之"，如何决定追还是不追，这就需要指挥员进行一番辩证思维了。《三国演义》第十八回中，有一段贾诩智追曹军的故事，就饱含着军事辩证法的哲理。

自张绣听从贾诩计策，在南阳打败曹操之后，荆州的刘表应张绣之约，乘机起兵欲断曹操后路。在安众一带，曹操施展计谋，打败了张、刘联军。

就在这时，忽报袁绍欲兴兵侵犯许都，曹操大惊，急忙撤军，返回许都。书中写道：

> 细作报知张绣，绣欲追之。贾诩曰："不可追也，追之必败。"刘表曰："今日不追，坐失机会矣。"力劝绣引军万余同往追之。约行十余里，赶上曹军后队。曹军奋力接战，绣、表两军大败而还。绣谓诩曰："不用公言，果有此败。"诩曰："今可整兵再往追之。"绣与表俱曰："今已败，奈何复追？"诩曰："今番追去，必获大胜；如其不然，请斩吾首。"绣信之。刘表疑虑，不肯同往。绣乃自引一军往追。曹兵果然大败，军马辎重，连路散弃而走。

看到这段精彩的描写，人们不禁要问：为什么第一次张、刘以精兵追退兵，贾诩言不可追，追之必败；而第二次以败卒追胜兵，贾诩却断定追之必获全胜？就连两次亲自参加追击的张绣也不知其中的奥妙，刘表在一旁更是如坠五里雾中。事后刘表请教贾诩，贾诩答道："将军虽善用兵，非曹操敌手。操军虽败，必有劲将为后殿，以防追兵；我兵虽锐，不能敌之也：故知必败。夫操之急于退兵者，必因许都有事；既破我追军之后，必轻车速回，不复为备；我乘其不备而更追之：故能胜也。"刘表、张绣听后恍然大悟，俱服其高见。

从这里可以看出，贾诩的辩证思维就在于他对敌我将领的秉性特点了如指掌，并能够全面分析当时的情况，把握胜负转化的规律。一般地讲，撤退乃被动之举，追击为主动之行。然而，富有经验的指挥员，撤退时总有"保屁股"的办法，这就在被动中隐藏了主动的契机。而胜利和主动的获得，又容易使人丧失警惕，这就又在主动中孕育着被动和失败的因素。当曹军撤退时，贾诩判断那熟读兵书战策的曹操一定会有防范，贸然追击就会转胜为败。但他懂得，战场上的情况瞬息万变。此一时为是，彼一时为非，一切矛盾都随时间、条件的变化而变化。因此，在第一次追曹失利的情况下，他主张趁曹操不备再行追击，结果转败为胜。这正是贾诩用兵的高明之处。

在这个故事中，刘表和张绣的决策方法，也颇有代表性。他们第一次追曹：只看到了敌退，却没有看到敌在退中设下的陷阱。然而，当吃了敌手的"回马枪"之后，却不分析情况的变化，再次错误地判断敌情。凭这种"直线"式的思维，只能从一个极端走向另一个极端，而绝不会想出奇谋良策。

这段"二次追曹"的故事，和正史中的记载基本相同，只是贾诩解释胜败之因时略有出入，不妨将史料引来，以便读者研究。"……诩曰：'此易知耳。将军虽善用兵，非曹公敌也。军虽新退，曹公必自断后；追兵虽精，将既不敌，彼士亦锐，故知必败。曹公攻将军无失策，力未尽而退，必国内有故，已破将军，必轻军速进，纵留诸将断后，诸将虽勇，亦非将军敌，故虽用败兵而战必胜也。'绣乃服。"（《三国志·贾诩传》）

从陈登的欺诈术谈到指挥员的辨别力

诈骗，在作战中有多种表现形式。一种是示形、造势和佯攻、佯动，属于战术诈骗。还有一种是传递假情报和失真的信息，诱敌上当，这可以称作情报诈骗。《三国演义》所描绘的战争画卷中，有很多情报诈骗的故事。其中，第十九回讲到吕布的谋士陈登暗结曹操，连施三诈，使吕布夜失三城的故事，就是比较典型的一例。

曹操被张绣第二次追击杀败后，沿途不敢停留，急急忙忙返回许都。袁绍见曹操已归，知道进攻许都占不到便宜，便把锋芒一转，北征公孙瓒去了。尽管曹操十分痛恨袁绍，但还是听从了谋士郭嘉和荀彧的建议，决定联合刘备，先扫清东南，除掉心腹大患吕布。谁知事机不密，走漏了风声，吕布先下手为强，打败刘备，攻占了小沛。同时，吕布派陈宫结连泰山寇贼孙观等人，欲东取兖州诸郡。曹操闻讯后，亲自率领大军行至肖关一带，来战吕布。

就在这时，早已暗地投靠曹操的陈登连施三着，把匹夫吕布骗得蒙头转向，接连丢城丧旅。

第一着，巧进"良言"，清除"耳目"。当肖关告急时，吕布欲带领陈登前去救应，留陈登的父亲陈珪守徐州。临行前，陈氏父子商议，如果吕布败回，便由陈珪占领徐州，不放吕布进城。但又恐"布妻小在此，心腹颇多"，不好下手。陈登心生一计，他对吕布说道："徐州四面受敌，操必力攻，我当先思退步：可将钱粮移于下邳，倘徐州被围，下邳有粮可救"。吕布果然中计，马上命令心腹保护妻小与钱粮"移屯下邳"，从而为陈珪后来占领徐州清除了障碍。

第二着，谎造军情，轻取两城。吕布同陈登带兵前往肖关，援救陈宫、孙观。行至半路，陈登又生一计，他自告奋勇，要先去肖关探个虚实，然后"主公方可行"。他来到肖关后，只同陈宫敷衍了一番。至晚陈登上关而望，见曹兵直逼关下，乘夜连写三封书信，拴在箭上，射下关去，第二天便飞马赶回。陈登见到吕布，煞有介事地说到，泰山寇贼孙观等人见曹兵势大，"皆欲献关"。吕布一听大惊，连忙命陈登先往肖关，"约陈宫为内应"，自己带领兵马随后赶来。这次陈登来到肖关，诳骗陈宫说，曹兵已抄小路入关，直逼徐州，"公等宜急回"。结果，使陈宫和吕布二军，夜间在半路相撞，自相残杀起来，曹兵则乘势轻而易举地夺取了肖关。吕布、陈宫直杀到天明，方知中计，连忙赶回徐州。这时，陈珪已公开降曹，占领了此城，吕布只得前往小沛。

第三着，假传将令，智夺小沛。正当吕布、陈宫厮杀时，陈登却悄悄溜走了。他连夜马不停蹄地赶到小沛，假报吕布"被围"，传令小沛守将高顺、张辽等"急来救解"。二将听令即行。这样，在陈登的接应下，曹军又兵不血刃地拿下了小沛。待吕布到达小沛时，"城上尽插曹兵旗号"。

陈登的三着，把吕布互为犄角的三支力量分别调出城来，不仅造成了他们自相残杀的内耗，而且使这三个实城变为空城，曹兵自然可以唾手而得。

克劳塞维茨在《战争论》中说："战争中得到的情报，很大一部分是相互矛盾的，更多的是假的，绝大部分是相当不确实的。这就要求军官具有一定的辨别能力，这种能力只有通过对事物和人的认识和判断才能得到。""通常，人们容易相信坏的，不容易相信好的，而且把坏的作某些夸大。以这种方式传来的危险的消息尽管像海浪一样会消失下去，但也会像海浪一样没有任何明显的原因就常常重新出现。指挥员必须坚持自己的信念，像屹立在海中的岩石一样，经得起海浪的冲击……"

陈登以伪装的面目从内部行诈，颇有一些新奇。而吕布这个有勇无谋之徒，对事对人都没有清醒的认识，不能在复杂的战争环境中进行独立思考，也就经受不住像海浪一样危险消息的冲击。

现代战场是"信息化战场"，大量的信息流将会通过多种渠道滚滚涌来，危险的假情报混杂其中，军事指挥员倘若随波逐流，缺乏独立辨别情况的能力，那自然会像演义中的吕奉先及其所属将领们一样，失去自我控制力，造成丧人失地。

正史中并没有关于陈登施三诈的记载。《先贤行状》中只是说，陈登"奉使到许，太祖（曹操）以登为广陵太守，令阴合众以图吕布"。后来，"太祖到下邳，登率郡兵为军先驱"。

陈宫的三策

演义第十九回"下邳城曹操鏖兵，白门楼吕布殒命"中讲道，曹操攻入下邳之后，来到白门楼上，将吕布、陈宫等俘虏押来审判。曹公见到五花大绑的陈宫，得意洋洋地说道："公自谓足智多谋，今竟何如？"陈宫看了一眼被押的吕布，忿忿答道："恨此人不从吾言！若从吾言，未必被擒也。"此话道出了真情。

通古达今的陈宫，聪明一世，却忘了一句古训："良鸟择树而栖，贤臣择主而事"。自从他投靠吕布之后，确实出了不少良计妙策。据演义描写，吕布先后与曹操、刘备等多次交战，凡听从陈宫计谋的就胜，不听的则必败。吕布夜失三城之后，被迫退到下邳这一弹丸之地。面对曹操大兵压境的困难局面，陈宫曾连献三策。

当吕布退守下邳，曹操领兵追来时，陈宫献计说："今操兵方来，可乘其寨栅未定，以逸击劳，无不胜者。"这条计策的中心意思是，乘敌立足未稳，变防御为进攻，迅速给敌当头一击。这是防御者在被动中争取主动的主要一招。特别是在古代军队机动能力较差的情况下，以逸待劳，打敌立足未稳，更容易奏效。《孙子兵法》中说："先处战地以待敌者逸，后处战地而趋战者劳"。而吕布却认为："吾方屡败，不可轻出。待其来攻而后击之，皆落泗水矣"。吕布消极待敌，结果，"过数日，曹兵下寨已定"，吕布白白丧失了有利的战机。

后来，曹操在下邳城下与吕布对峙，陈宫又献一计："曹操远来，势不能久。将军可以步骑出屯于外，宫将余众闭守于内。操若攻将军，宫引兵击其背；若来攻城，将军为救于后。不过旬日，操军食尽，可一鼓而破：此乃掎角之势也。"吕布虽当时表态"公言极是"，但因眷恋妻妾，归府后"踌躇未决，三日不出"。尽管陈宫一再提醒吕布，"操军四面围城，若不早出，必受其困"。但吕布却说："吾思远出不如坚守。"兵家历来认为，防御作战最忌在孤立无援的情况下死守一点。因为死守一点只有抗击却无钳制，不易形成对应力量。战场上力量的平衡，是在对敌人的钳制中实现的。战争史册上常有这种情况：当正面战场僵持不下时，敌后战场的突然开辟，往往会引起整个局势的改观。因此，正确处理防御兵力的集中和分散，造成掎角之势，可以增加防御弹性，充分发挥军队的整体合力。熟读兵书的陈宫深知这一点之重要，才提出了"互为掎角"之计。吕布却以庸夫之见，再次拒绝了陈宫的建议。

陈宫不甘心眼睁睁地看到兵败城失的悲惨结局，他审慎分析敌情，又向吕布献了最后一计："近闻操军粮少，遣人往许都去取，早晚将至，将军可引精兵往断其粮道。此计大妙。"孙子说过："军无辎重则亡，无粮食则亡，无委积则亡。"我为主，敌为客，断其粮道而饥之。采用这种一向被兵家视为"釜底抽薪"的法术，常可收到使敌不战自溃之效。可是，吕布却禁不住妻妾的哭泣，他疑虑重重，反对陈宫说："操军粮至者，诈也。操多诡计，吾未敢动。"陈宫最后长叹而出。

纵观陈宫所献的三条计策，贯穿着一个思想，就是要在防御中积极争取主动，力避被动。这一思想至今仍有借鉴意义。但吕布却依仗着有"方天画戟""赤兔马"和"谁敢近我"的匹夫之勇，一味地消极防守，被动挨打，使陈宫苦心运筹的妙策付诸东流。吕布一步一步地坐失良机，终于成为瓮中之鳖，最后落了个束手就擒的可悲下场。

陈宫的三策：史书中确有记载，演义比较真实地反映了这个情况。

张飞的反伏击作战

在罗贯中的笔下,张飞这个粗中有细的人物被刻画得颇为成功。作品刻画张飞的粗鲁,写得可笑又可爱;塑造他的细心,描绘得惟妙惟肖。不过在读者的心目中,还是看张飞粗的一面多,看细的一面少,"猛张飞"这个"雅号"也就成了鲁莽的代名词。其实,这是对《三国演义》研究得不够全面的表现。

张飞并不是那种四肢发达、头脑简单的典型。他有时出奇谋胜敌,真是心细如发。演义第二十二回中,张飞设计擒刘岱,就是一个非常有意思的谋略小故事。

话说曹操战败吕布之后,带刘备同回许都。刘备使用"韬晦之计","勉从虎穴暂栖身"。后来,他以"截击袁术"为名,从许都脱身。刘备打败袁术,接着斩了曹将车胄,重新夺回了徐州,然后又策动袁绍起兵讨曹。曹操闻讯大惊,一面亲领二十万大军对付袁绍,一面命刘岱、王忠二将打着"丞相"的旗号讨伐刘备。那刘岱、王忠怎敌得过武艺高强的刘、关、张三位英雄,王忠刚上阵,就被关羽活捉了。张飞一见关羽立了头功,也对刘备立下誓言,要"生擒刘岱"。书中写道:

却说刘岱知王忠被擒,坚守不出。张飞每日在寨前叫骂,岱听知是张飞,越不敢出。飞守了数日,见岱不出,心生一计:传令今夜二更去劫寨,日间却在帐中饮酒诈醉,寻军士罪过,打了一顿,缚在营中,曰："待我今夜出兵时，将来祭旗。"却暗使左右纵之去。军士得脱，偷走出营，径往刘岱营中来报劫寨之事。刘岱见降卒身受重伤，遂听其说，虚扎空寨，伏兵在外。是夜张飞却分兵三路，中间使三十余人，劫寨放火；却教两路军抄出他寨后，看火起为号，夹击之。三更时分，张飞自引精兵，先断刘岱后路；中路三十余人，抢入寨中放火。刘岱伏兵恰待杀入，张飞两路兵齐出。岱军自乱，正不知飞兵多少，各自溃散。刘岱引一队残军，夺路而走，正撞见张飞，狭路相逢，急难回避，交马只一合，早被张飞生擒过去。余众皆降。

张飞这次反伏击作战，很值得研究。一般来说，反伏击作战，都是在得到敌人准备伏击的情报后，将计就计而进行的。但这次张飞却是先诱使敌人设伏，就我所范，然后再进行反伏击，给敌以里应外合的夹攻，完全是拨动敌手的算盘以利于我。

张飞诱敌用得也很妙。你看，他以诈醉鞭打军士，巧妙地利用自己的习惯性弱点欺骗了敌人。因为张飞醉酒打士卒，世人皆知，所以使用此法敌手不会识破。他借此扬言，"待我今夜出兵时，将来祭旗"，顺理成章地暴露出一个假企图。接着又暗纵那军士逃往敌营。这一着似苦肉计，又像死间计①，灵活施展，达到了以假乱真，以虚乱实的目的……真是事情办得自然，手法用得纯熟，使人阅后有妙趣横生之快感。不仅如此，演义还描写了张飞在进行这一行动时，方案设计得很周全，他进行的偷袭、反伏击等步骤，环环入扣，形成了一个完整的智谋链条。

在古代，兵家论权谋，讲战法，一般都只讲伏击战，往往不大注意谈反伏击作战。而罗贯中却把张飞设计擒刘岱这场反伏击作战描写得引人入胜，不仅反映出了张飞胆大心细的性格特色，也证明作者的确不愧是一位擅长描写兵争将斗的谋略高手。其实，从历史材料来看，当时并没有发生过这场

---

① 所谓死间计，是指故意散布虚假情报，让我方逃跑到敌方的人员知道而传给敌人，敌人上当后，往往将其处死。

反伏击作战。关于刘备与刘岱、王忠交战的事情,《资治通鉴·汉纪五十五》中是这样记载的:"备众数万人,遣使与袁绍连兵,操遣司空长史沛国刘岱、中郎将扶风王忠击之,不克。"刘、王二将只是没有战胜刘备,但并未成为刘备帐内的"阶下囚"。关羽捉王忠,张飞擒刘岱等情节,不过是作者在其"尊刘抑曹"的创作思想指导下,想象和虚构出来的。然而,许多想象中的东西,也会包含着某些真理。像张飞这次反伏击作战,即使在变幻莫测的现代战场上,仍不失其借鉴意义。

卑而骄之

《孙子兵法·计篇》中,有一条谋略原则叫"卑而骄之",这是孙子十三诡道之一,意思是指敌人卑视我方就骄纵他。

骄敌可以使其放松警惕,在精神上解除武装。骄敌之法很多,譬如能而示之不能,有备示之无备,兵锐示之兵弱,以及用言语谦让敌人,对敌将歌功颂德等,都可以起到麻痹对手,使之掉以轻心的作用。在演义第二十六回中,讲到曹操率军诛文丑,就是骄敌之一例。

当曹操领兵救援刘延,解白马之围后,正欲收兵后撤,忽报河北名将文丑为报关羽斩颜良之仇,率大军,渡过黄河,追杀过来。曹操急忙传令:以后军为前军,以前军为后军;粮草先行,军兵在后,迎战文丑。众将士见曹操摆出这番奇怪的阵形,都很疑惑,吕虔问曹操:"粮草在先,军兵在后,何意也?"曹操回答:"粮草在后,多被剽掠,故令在前"。吕虔因不知曹公的葫芦里卖的是什么药,便又问道:"倘遇敌军劫去,如之奈何?"曹操说:"且待敌军到时,却又理会。"说罢,催军前行。粮草辎重行至延津,果然被文丑劫去,前军也被打散。探马飞报曹操,曹操却把军队引到一座土山上,令军士解衣卸甲休息,并尽放马匹。不一会,文丑领军追来。众将都劝说曹操赶快收马撤退,唯独荀攸说:"此正可以饵敌,何故反退?"曹操急忙投去一个眼色,不让荀攸再说下去。此刻,文丑军刚打了胜仗,夺了曹操的粮草车仗,正在趾高气昂之时,忽见这样多马匹,十分高兴,便一哄而上,抢起马来,"军士不依队伍,自相杂乱"。曹操见时机已至,突然命令军将一齐从土山上冲杀下来。敌军顷刻大乱,人马互相践踏,刀枪遗弃遍地,被称作河北名将的文丑,也在乱军中被关羽斩于马下。曹军很快取得了胜利,粮草马匹又全部夺回。后来,在庆功宴上曹操对吕虔说:"昔日吾以粮草在前者,乃饵敌之计也。惟荀公达知吾心耳。"众皆叹服。

这段故事,在罗贯中的笔下写得十分生动。但是,如果从军事谋略的角度来分析,应该说曹操在这里使用的以利诱敌、示弱骄敌的法术,并不特别高明,只是文丑这个作战对象有勇无谋,又急于报仇,不善于分析情况罢了。按一般情况来讲,像曹操这样会用兵的人,摆出一个"错误"的阵形,倘若对手有几分头脑,是会起疑心的。俗话说:戏演得过了头,也就不像了;过分地夸张,就无人相信了。史料中确有曹操设计斩文丑的记载,但曹操并没有使用这个"粮草先行,军兵在后"的队形。不过,在罗贯中的笔下,曹操终究是曹操,文丑终究是文丑。因为文丑只想着"颜良与我如兄弟,今被曹贼所杀,我安得不雪其恨",怒火填胸;再加上他贪小利,对曹操的此番诈行,当然不会作出正确的判断,自然就成了"上钩鱼"。

曹操示利诱敌、示弱骄敌,乱其阵,阻其行,似有连环计的形式。《三十六计新编》中的"连环计"里,曾引过这样一个战例:宋代的毕再遇和金人作战,他先采用流动游击的战法,忽而前进,忽而后退,调动和疲惫敌人。直到夜幕下垂,天色已晚,毕再退料定敌军马饥人乏,就把预先用香料煮好的黑豆撒在阵地上,又前往挑战,战不几合,故意败退,敌人乘胜来追。这时,金人那些饿急了的战马闻到豆子的香味，只顾抢着吃，任你鞭子抽打，也不肯走动。毕再遇乘机率军反击，大获全胜。毕再遇撒豆止骥，曹孟德撒马乱敌，都是通过向敌人甩包袱，缠住了对方的手脚。乱其阵、阻其行，最终取得胜利。

只缘身在此山中

在篮球比赛中常有这样的现象：双方健儿场上进行紧张而激烈的角逐，都不能清楚地看出对方的弱点而及时采用新的战术。然而，场外的教练却能冷静地观察分析全局情况，提出最恰当的对策。

在棋盘对弈时也有类似的情况，当双方杀得难解难分陷入困境时，局外的旁观者却常能看出一条走活残局的新路。

旁观者清，当事者迷。这是因为当事者被复杂的环境所限制，不能站在更高的层次上来观察形势。相反，旁观者立身局外，就可以摆脱许多复杂情况的迷惑。古诗云："横看成岭侧成峰，远近高低各不同，不识庐山真面目，只缘身在此山中。"（苏轼《题西林壁》）

战争也是同样，处在第一线的指挥员虽然对敌情我情了解得多、掌握得快，对战场环境最熟悉。但是，大量的战场信息超过了人们的主观承受量，就会使指挥员神经失常；指挥员需要迅速处理的情况愈多，就愈不容易把握战局转化的契机。克劳塞维茨说过，战场上"危险和痛苦的悲惨景象使感情很容易压倒理智的认识，而且在一切现象都模糊不清的情况下，要得出深刻而明确的见解是很困难的"。因此，只有处于战略地位的指挥员，才能通观全局，认清战局发展的趋势，引导战争的航船绕过暗礁，驶向胜利的彼岸。

《三国演义》第三十回"战官渡本初败绩，劫乌巢孟德烧粮"中，讲到袁、曹官渡对峙时，记述了一个发人深思的情节。

公元200年夏天，袁绍、曹操各自率领大军对峙于官渡。当时，袁绍人多粮足，兵力数倍于曹军，处于明显的优势[①]。曹军曾一度出击，没有获胜，只好退回，坚守营垒。此后，袁军接连发起进攻，曹军针锋相对，巧妙进行防御，双方在官渡相持数月之久。这时，曹军粮尽，士卒疲乏，且后方又很不安定。面对紧张的形势，曹操突然犹豫起来，"意欲弃官渡退回许昌"。他一时拿不定主意，便写信同留守在许昌的荀彧商议。荀彧立即给曹操写了一封回信，信中写道：

> 承尊命，使决进退之疑。愚以袁绍悉众聚于官渡，欲与明公决胜负，公以至弱当至强，若不能制，必为所乘：是天下之大机也。绍军虽众，而不能用；以公之神武明哲，何向而不济！今军实虽少，未若楚、汉在荥阳、成皋间也。公今画地而守，扼其喉而使不能进，情见势竭，必将有变。此用奇之时，断不可失。惟明公裁察焉。

据历史记载，荀彧确实给曹操写过这样内容的一封书信。荀彧的这封书信很有见地，他把当时的形势和袁、曹两军的情况分析得十分透彻，比曹操看得更深一步。就一般的用兵常识讲，两军在相持中，都在争取进攻的机会，哪一方若先要撤退，失败的后果就可能落在他们的头上。这一点，曹操应该明白，但因困难的环境所迫，就难免有点"局中迷"了。相反，荀彧虽远离战场，但不被环境所扰，能够从作战的全局出发，冷静地分析情况。官渡是许都的门户，在曹军"以至弱当至强"的形势下，如果后撤，必为袁绍所乘，一退而不可收拾。"情见势竭，必将有变。此用奇之时，断不可失"。荀彧断定，曹军以劣势兵力阻止敌人数月之久，虽然已经很困难了，但可以

[①] 演义中讲袁绍率军七十万，曹操起兵七万，而据史籍和一些战例材料来看，袁军只有十万，曹军只有两万左右。

肯定，袁绍的情况更困难，相持的局面很快就会发生变化，出奇制胜的良机就要到来。这封信对曹操来说，真如同拨云见日，在迷茫中看到了曙光，于大海中找到了航向。曹操看后茅塞顿开，他传令所有将士"效力死守"。后来，终于等到了战机，导演出"乌巢劫粮"这幕威武雄壮的活剧。

"不畏浮云遮望眼，自缘身在最高层。"（王安石《登飞来峰》）可见，无论在战役相持还是战略相持阶段，都是对指挥员的意志和信念严峻考验的时刻，这时最需要的是沉着和耐心，在坚持中等待和寻求战机的到来。要做到这一点，就不能被"身在此山中"的复杂情况所迷惑，而应站在"最高层"上，来观察认识问题。

乌巢劫粮的启示

在官渡相持中，粮草对袁、曹双方来说，都至关重要。真可以称得上：得粮草者昌，失粮草者亡。

当曹操听了荀彧的劝告后，采取了继续坚守、持重待机的策略。其间，虽然劫过一次粮草，但由于数量不大，对袁绍并没有形成真正的威胁。相反，这时曹军却已"军粮告竭"，危在旦夕。

就在这节骨眼上，袁绍手下的谋士许攸弃袁投曹。他向曹操献计说："袁绍军粮辎重，尽积乌巢，今拨淳于琼守把，琼嗜酒无备。公可选精兵，诈称袁将蒋奇领兵到彼护粮，乘间烧其粮草辎重，则绍军不三日将自乱矣。"

曹操闻计大喜。尽管许攸刚来投奔，张辽等部将都抱怀疑态度，劝曹操

"未可轻往",但老谋深算的曹操深知,"今吾军粮不给,难以久持,若不用许攸之计,是坐而待困也"。曹操丝毫没有动摇劫粮的决心。他对自己的营寨进行了一番周密的布置,令曹洪、荀攸等人率重兵守大寨,左右两侧皆设下伏兵,以防袁军攻打。然后,亲自率五千精兵,"打着袁军旗号",又"束草负薪",乘夜奔袭乌巢。

曹军半夜到达乌巢,立即围攻放火。袁绍得知后,却以为曹营空虚,便派主力直接攻打官渡阵地(由于曹操预有安排,袁军未能攻下),只以少数轻骑援救乌巢。当时,曹军正在攻打乌巢,袁军增援的轻骑已经迫近,曹操左右的人曾提出"分兵拒之"的意见,曹操却坚定地说:"诸将只顾奋力向前,待贼至背后,方可回战!"就这样,曹军握紧拳头,一鼓作气,大破乌巢守军。一时间,"火焰四起,烟迷太空",袁军的全部粮草被"尽行烧绝"。

乌巢被劫的消息传到前线,袁军顿时人心浮动,内部发生分裂。张郃因受到谋士郭图的猜忌和攻击,便与高览一同投降了曹操。战役从此发生了根本性的转变,曹胜袁败已成为定局。

官渡之战在历史上是一次很有名的战役,而乌巢劫粮又被历代兵家认为是战役转化的枢纽。演义对乌巢劫粮的叙述同历史材料的记载基本相符,只是在细节上有些出入。

分析乌巢劫粮这一战例,可以给人们这样几点启示:

一、正确地把握战役形势转化的关节点。在两军相持阶段,指挥员的坚持和忍耐固然十分重要,但这绝非目的,关键问题是要在坚持中寻求和捕捉战机,促成战局的转化。

敌我双方在广阔的战场上有许多交战地点,何处是引起战局转化的关节点呢?没有一双"慧眼"是看不出来的。许攸作为谋略家,且刚从袁绍大营投奔过来,他对危及袁军安危的要害处了如指掌。曹操本身就是位有"眼力"的军事家,所以,当许攸提出夜袭乌巢的建议后,他马上意识到此举的分量。正如此,他才亲自出马,带兵劫粮。

二、两军相持,采取釜底抽薪的办法,对于扭转战局最见功效。在古代战争中，粮草是军队的命脉。《百战奇略》中专记有"粮战"一条，其中讲道："凡与敌对垒，胜负未决，有粮则胜。若我之粮道，必须严加守护，恐为敌人所抄。若敌人之饷道，可分锐兵以绝之。敌既无粮，其兵必走，击之则胜。"曹操乌巢劫粮成功，使袁军上下慌乱，内部四分五裂，可见这是震动全局的一举，走活全盘的一着。

扬汤止沸，事倍功半；釜底抽薪，事半功倍。曹操赢得官渡之胜的一个重要原因就在于此。

三、乌巢劫粮在战术上也给人许多有益的启示：（一）出其不意，妙在奇袭。曹操劫乌巢，是在夜间开进，并且打着袁军旗号，浑水摸鱼，巧妙地隐蔽了作战企图，从而造成了奇袭的突然性。（二）集中兵力，打敌要害。乌巢劫粮时，前有守敌，后有援敌，曹操果断地指挥部队全力猛袭乌巢，坚决地实现了作战企图。当时倘若将为数不多的偷袭部队"分而拒之"，不但乌巢难破，反而会有被敌夹击歼灭的危险。（三）料敌审势，周密安排。曹操不但注意"袭敌"，而且重视"保己"。他在出发前，就考虑到了袭击乌巢后袁绍可能会采取的行动，对营寨防守作了周密的安排。这种顾前思后，天衣无缝的处置，表现了一个军事统帅的雄才大略。

虚张声势意在分敌

乌巢劫粮之后，曹操乘势向袁军发起全面反攻。荀攸向曹操献计说："今可扬言调拨人马，一路取酸枣，攻邺郡；一路取黎阳，断袁兵归路。袁绍闻之，必然惊惶，分兵拒我；我乘其兵动时击之，绍可破也。"曹操依计而行，即刻"使大小三军，四远扬言"。袁绍听到这个消息大惊，忙派两路大军连夜救援邺郡和黎阳。曹军趁袁军"两臂后伸，胸膛露出"之际，"八路齐出，直冲绍营"。杀得袁军落花流水，"四散奔走"。袁绍在乱军中只带着儿子和"随行八百余骑"，狼狈逃回了河北。

这段情节，是《三国演义》的作者虚构的，而这一情节的安排，颇有些意思。

俗话说："百足之虫，死而不僵。"曹操乌巢劫粮后，形势虽然发生了根本转变，但兵员雄厚的袁绍还有相当的实力，而且力量很集中。曹操要想迅速战胜敌人，必须造成局部的绝对优势。这一方面需要通过集中自己的力量来实现，另一方面也要通过分散敌人的力量来达成。在这里，集中自己的兵力和分散敌人是相辅相成的。若不能有效地分散敌人的兵力，那么就必然形成以集中对集中，用拳头打拳头的矩阵，这就很难真正达到绝对优势。相反，如果把袁绍的"拳头"变成分开的"五指"，那么，曹军的"拳头"就很容易对袁军各个击破了。

善分人之兵者，如以镒称铢①。只有把敌人的力量分散开，才会有自己兵力的真正集中；只有把敌人的优势变为劣势，才能使我之劣势转化成优势。总之，无论是改变双方力量对比的分子还是分母，都会引起敌我之间优与劣的变化。

战争史上，兵家讲分人之兵，常以示形、用诈等战术计谋，调动敌人在运动中分兵；或派出小股力量深入敌后袭扰，以吸引正面的敌军分头应付。而荀攸所献之计，则是通过虚张声势、制造假情况，来分散袁军兵力的。如果用现代术语来说，就是利用信息战，搞情报欺骗，来分散敌人的力量。当然，这一"信息战"的成功，主要是因为当时的形势已对袁军非常不利，而邺郡和黎阳又是袁军退回河北的咽喉要地，对袁绍来说是十分敏感之

---

① 一镒等于二十四两，一铢等于一两的二十四分之一，镒比铢重五百余倍。以镒称铢，比喻兵力对比占绝对优势。

点。倘若散布偷袭另外两个无足轻重之点的谣言，恐怕袁绍也是不会为之动心的。

另外，此次作战还有一点值得称道之处，就是战法不同寻常。歼敌作战一般都采取正面钳制、翼侧攻击的战术；而这次曹军造成分敌之势后，却一反常法，并没有从翼侧发动进攻，而是从正面出正兵，给袁绍当胸一击，把敌人打了个措手不及。兵法说："以奇为正者，敌意其奇，则吾正击之；以正为奇者，敌意其正，则吾奇击之。"（《唐李问对》）曹军这次"以正为奇"的战法，发挥了孙子奇正相生的思想，颇为后人重视。

要有点政治家的气量

战争从来都是政治的继续，因此，要求军事家要有政治家的眼光和气量。

演义第三十回讲道，官渡之战结束后，曹军打扫战场时，从袁绍的图书案卷中，检出一束书信，皆是曹营里的人暗中写给袁绍的投降书。当时有人向曹操建议，要严肃追查这件事，凡是写了黑信的人统统抓起来杀掉。然而曹操的认识与众不同，他说："当绍之强，孤亦不能自保，况他人乎？"于是下令把这些密信付之一炬，一概不去追查，从而稳定了军心。

《三国志》《资治通鉴》等史籍对此事都有记载。可见，人们称曹操是位伟大的军事家和政治家，并不过奖。尽管他在某些地方比较残暴，但在使用人才方面却始终表现出了政治家的宽阔胸怀；尽管曹操多疑，但用人不计旧仇，还是可歌可赞的。除了官渡"焚书"一事外，演义中还在其他几处描写了他豁达大度的政治家胸怀。例如宛城之战中，张绣率军杀死了曹操的长子曹昂、侄子曹安民和大将典韦，曹操自己的右臂也在乱军中被流矢所中。后来，张绣听从贾诩的劝告投靠了曹操。曹操热烈欢迎张绣的到来，不仅没有报杀子之仇，而且还同张绣结成了儿女亲家，并拜他为扬武将军。张绣十分感激，他在后来的作战中，为曹操统一北方建立了汗马功劳。

凡是有大作为的人都有大的度量，干成大事业者必有大的胸怀。千古风流，无不如此。

春秋时期，晋文公重耳外逃十九年，得位后，平定了国内的乱党。为了安定人心，便让过去偷过他东西的仇人头须担任他的车夫，驾着车四处周游。那些曾跟着旧主子跑的人终于相信了文公不记前怨。由此，文公赢得了国人的信任和拥护，社会迅速安定下来。

周定王元年，楚庄王平定叛乱后，大宴群臣，并让爱妾许姬为大臣们敬酒。一阵轻风，吹灭了厅堂内的灯烛。黑暗中，有个人拉着许姬的衣袖调情。许姬不从，顺手扯下了他的帽缨，并告诉庄王，要求掌灯后立即下令查出帽子上没有缨的人。庄王哈哈大笑，当即发话：请百官们都把帽缨去掉，以尽情痛饮。待大家都把帽缨扯下，庄王才下令点灯。这样，究竟谁是行为不轨者，已无法分辨。许姬不理解，庄王说：酒后狂态，人常有之，倘若治罪，必伤国士之心。后来，在吴兵伐楚的战争中，有个人奋不顾身，英勇杀敌，为保卫楚国立了大功。此人名叫唐狡，他就是"先殿上绝缨者也"。有诗写道："暗中牵袂醉情中，玉手如风已绝缨。尽说君王江海量，畜鱼水忌十分清。"

汉光武帝刘秀在攻克邯郸平定王朗之乱后，也曾缴获郡县吏民同王朗往来文书"数千章"，刘秀不屑一顾，让人全部烧毁，并说："令反侧子自安"，结果立即安定了人心。

具有大度量，才能团结人，使用人。而战场上的胜利，则与加强内部团结紧密联系着。

当时，曹操虽然取得了官渡之战的胜利，但是袁绍还占据着冀、幽、青、并四州大片土地，曹操只有集结更大的力量，乘胜前进，才能平定河北，统一北方。同时，从整个战略大棋盘上看，曹操的正面有袁绍，背后和侧后有刘表、刘备以及江东实力雄厚的孙权，仍然处在内线作战，并没有完全摆脱困境，这种形势正是急需用人之际。因此，只有从长远和全局利益出发，变消极因素为积极因素，巩固内部团结，才能继续胜利进军。这一点曹操心里是很清楚的。

还需看到，当时给袁绍秘密写投降书的并不止一人，而是一批人。试想若是严加追究，必然牵扯面广，会造成人才大量的流失，给曹操带来极大不利。相反，曹操将这些投降书统统烧掉，这对于大战之后安定人心起了非常重要的作用。如果用一道算术式来表示，追究写密信者与烧掉密信，绝非是一个减式和等式相比，而是一个减式和加式的筹算。信任出战斗力。曹操烧密信，不但安定了人心，防止了人才损失，而且使写信的人愈加佩服曹操的威德，效忠曹操。这样，一批被免去追查的人才所激励出的新能量，要比原来大得多。这不是无形中等于增加了曹操的力量么？同时，这个加式还是连续进行的。自古燕赵多智士。曹操烧密书，落得个礼贤下士的美名，必然会引起河北人才的向往，潜在的意义就更加深远了，而后来的事实也的确如此。

曹操这一举动，没有带两面派的痕迹。他得到密信之后，看都没看一眼就下令全部烧毁，并对写信人作了具体地、历史地、实事求是地分析，可见没有秋后算账，待"狡兔死"再"猎犬烹"的打算，充分表现出政治家的胸怀。

由此想到，一个军事指挥员如果心胸狭窄、鼠目寸光，为了一点区区小事，就不能容人而打内战；发现自己的部下有一点与自己不一致的地方，就使出一套整人的权术，其结果必然忘记战略目标，做出许多使亲者痛仇者快的事。这种鸡肠小肚之徒，是不能成大事的。

当然，曹操毕竟是一位封建统治阶级的政治家，他有宽大为怀的一面，但也有凶狠残暴的另一面。比如他为报杀父之仇曾血洗徐州，在平定许都叛乱后枉杀了许多无辜，这些都是应当批判的。

程昱的十面埋伏计

提起"十面埋伏",人们自然会联想起刘邦歼灭项羽的最后一战——垓下之役。据说,在此次战役中,大将韩信曾指挥汉军三十万人马,设下十面埋伏,彼此回环接应,一举歼灭了楚军的主力,使项羽陷入四面楚歌的绝境。韩信的"十面埋伏"之计,相传已久。元明时代,有人把这个故事以"十面埋伏"为题,编了一出杂剧。后来,又有人将"十面埋伏"编为琵琶乐曲,共十八段曲谱,用激扬、壮烈的琵琶曲调,表现出当时战场上千军万马、震山撼岳的磅礴声势。这首颇受民间百姓喜爱的曲调一直流传至今。

"十面埋伏"究竟指哪"十面"呢?如果从三维立体空间来讲,只有六面,而在古代的平面战场上,只有东西南北四面,即使加上东南、西南、东北、西北四方也只能是八面,即一般人常讲的四面八方。

其实,所谓"十面埋伏",就是指十队人马利用自己的绝对优势兵力,埋伏成口袋阵,待将敌诱入,再扎紧袋口,对敌形成紧密的包围圈。孙子讲:"十则围之",大概"十面埋伏"之计,就是与此相对应的。恰巧,《三国演义》的作者罗贯中,也编撰了一个"十面埋伏"计,把它加进了曹操在仓亭大败袁绍的故事中。

演义第三十一回"曹操仓亭破本初,玄德荆州依刘表"中说,官渡之战后,曹操整顿军马,渡过黄河,直追袁绍。袁绍也不甘心自己的失败,又聚集河北四州之兵,在仓亭下寨,欲同曹军决一死战。曹操与诸将商议破绍之策,程昱献了一条"十面埋伏"之计。他劝曹操退军于河上,伏兵十队,引诱袁绍前来,"我军无退路,必将死战,可胜绍矣"。曹操照计行事,调遣十队兵马,左右各分五队。左:一队夏侯惇,二队张辽,三队李典,四队乐进,五队夏侯渊;右:一队曹洪,二队张郃,三队徐晃,四队于禁,五队高览。十队人马分头埋伏,然后以许褚为先锋,前去诱敌。袁军杀出后,许褚回军便走,诱敌追到河边。这时,曹操在军中大喊:"前无去路,诸军何不死战?"说罢回马率军奋力冲杀,袁军顿时大乱,急忙后撤。"正行间,一声鼓响,左边夏侯渊,右边高览,两军冲出。"袁绍率众将拼命死战,好不容易杀出一条血路。"又行不到十里,左边乐进,右边于禁杀出。"以后各路伏兵迭次杀出,直杀得袁兵"军马死亡殆尽",一败涂地。

一般来说,采取伏击战法多是以少击众。而"十面埋伏"却是在敌人处于劣势的情况下,对敌实施大兵团埋伏包围,力求全歼,不使漏网。在古代缺乏火力兵器的情况下,实行全歼作战,并非易事,只有运用这种多路埋伏的大包围战法,才能达此目的。程昱所献的"十面埋伏"之计,史料中虽然没有记载,但这个故事通过罗贯中的艺术之笔,比较真实地反映出了当时那个时代的作战方式。

简析袁绍的败北

历史上著名的官渡之战,以曹操的胜利和袁绍的败北而告终。自此以后,兵多地广,被称为"一时之杰"的袁绍,一天天走上了败亡的下坡路。

曾几何时,袁绍威震北方,虎视天下,好一派不可一世的架势。

早在十八路诸侯伐董卓时,这位"四世三公"、名门望族之后的袁绍,被推为盟主。一时间，英雄豪杰、仁人志士纷纷来投。袁公乘天下大乱之际，先从韩馥手中夺取了冀州，随后又打垮了公孙瓒等人，并吞了青州、幽州和并州。自此，他据有四州之地，数十万大军，帐下谋士如云，战将林立，成为当时北方势力最大的军阀集团。然而，历史不以一时强弱论英雄，袁绍这个"庞然大物"按照自己的逻辑，最终败于曹操之手。

早在曹操第二次征讨张绣失败后，谋士郭嘉就对曹操说：

> 今绍有十败，公有十胜，绍兵虽盛，不足惧也：绍繁礼多仪，公体任自然，此道胜也；绍以逆动，公以顺率，此义胜也；桓、灵以来，政失于宽，绍以宽济，公以猛纠，此治胜也；绍外宽内忌，所任多亲戚，公外简内明，用人惟才，此度胜也；绍多谋少决，公得策辄行，此谋胜也；绍专收名誉，公以至诚待人，此德胜也；绍恤近忽远，公虑无不周，此仁胜也；绍听谗惑乱，公浸润不行，此明胜也；绍是非混淆，公法度严明，此文胜也；绍好为虚势，不知兵要，公以少克众，用兵如神，此武胜也。公有此十胜，于以败绍无难矣。

郭嘉提出的曹操"十胜"、袁绍"十败"的论断，其中不免有些吹曹贬袁的成分。但事实表明，郭嘉所言，还是切中了袁绍的要害。

在袁绍的"十败"之中，最关键的是"多谋少决"和"外宽内忌"而不能用才这两条。

"多谋少决"，是缺乏决断力的表现。这对于一个统帅人物来说，是一个致命的弱点。袁绍帐下虽然谋士成群，"智囊"云集，但一到决策时，谋士们各抒己见，袁绍就失去了主心骨。他不分良莠，不知取舍，常常左右徘徊，优柔寡断。例如，刘备杀掉曹将车胄，重新夺得徐州后，曾约袁绍共同兴兵伐曹。谋士田丰、沮授认为，当时袁绍"兵起连年，百姓疲弊，仓廪无积，不可复兴大军"，主张暂缓起兵；而审配、郭图却觉得，"兴兵讨曹贼，易如反掌"，力主马上出师。四人争论不定，互不相让，袁绍则"踌躇不决"，不知如何是好了。后来"许攸、荀谌自外而入"，二人皆主张立刻出兵，袁绍这才以"少数服从多数"定下决心。再如，白马之战中，袁绍听说赤脸关公斩了他的大将颜良,顿时大怒,谋士沮授乘机建议除去刘备这个后患,袁绍立刻决定要杀刘备。可是当听了刘备的一番解释后,便马上改变了主意,反而责怪沮授:"误听汝言,险杀好人。"遂仍请刘备上帐而坐,共议军机大事。接着,关羽又在延津一带诛杀了大将文丑,谋士郭图、审配再次劝袁绍早除后患,袁绍又令刀斧手将刘备"推出斩之"。这时,刘备急中生智,辩道:"曹操素忌备,今知备在明公处,恐备助公,故特使云长诛杀二将。公知必怒。此借公之手以杀刘备也。愿明公思之。"袁绍立刻变了卦,反回来责备郭图、审配等人:"玄德之言是也。汝等几使我受害贤之名。"在这些情节里,罗贯中以传神之笔,把袁绍出尔反尔、多谋少决的性格刻画得维妙维肖,活灵活现。

"多谋少决",害在失机。袁绍第一次兴兵讨曹失策后,退军河北。这时,曹操乘机举兵征伐刘备,许都兵力空虚。田丰极力劝袁绍再次起兵,攻打许都。袁绍却以儿子有病,"心中恍惚,恐有不利"为由,拒不采纳田丰的正确建议。为此,急得田丰不禁以杖击地叹曰:"遭此难遇之时,乃以婴儿之病,失此机会!大事去矣,可痛惜哉!"在官渡之战的相持阶段,许攸曾抓到曹军的一个信使,搜出曹操给荀彧的催粮书信,他马上向袁绍献计:曹军粮草已尽,可乘机派兵掩袭许昌,两路击之,"操可擒也"。但袁绍却认为,"曹操诡计极多,此书乃诱敌之计也",拒不分兵,在最关键的时刻贻误了有利的战机。倘若袁绍能够当机立断,及时采纳许攸的正确建议,那么,这段历史就会反演。

经验证明,无论军事家还是政治家,谋而不决,等于无谋;决而不断,失策之见。所以,在那群雄争立,风云变幻的政治、军事斗争的旋涡中,多谋少决的袁本初自然不会审时度势,争得主动了。

与"多谋少决"相联系的必然是轻视人才。昔日,在袁绍身边聚集的一大群"智囊",如荀彧、郭嘉、田丰、许攸、沮授等,都是那个时代有名的谋士,但由于袁绍"外宽内忌",不能积极采纳他们的良策,致使他们不少人心灰意冷,终于走上了弃袁投曹的道路。即使有几个忠心不变者,到头来也都成了袁绍的刀下鬼。随着田丰、沮授的下狱,许攸等人才的流失,在军事力量对比的天平上，袁绍也就失去了关键性的砝码。

事情就是这样怪，大凡不能用良才者，必然用奴才；不听信忠言者，必然信谗言。袁绍不能用良才，听忠言，就使得一些拍马逢迎的小人乘机钻营作乱。且看，当袁绍得知乌巢粮草被劫的消息时，错误地认为曹操大营必已空虚，决定"围魏救赵"，攻取曹营。部将张郃等极力劝阻，但奸谋郭图为了迎合袁绍，力主"纵兵先击曹操之寨"。后来，张郃、高览攻打曹营失败，郭图害怕追究自己的责任，便跑到袁绍跟前，诬陷张郃、高览"素有降曹之意，今遣击寨，故意不肯用力，以致损折士卒"，最后逼得二人双双投害。

汉高祖刘邦战胜项羽后曾说道："夫运筹策帷帐之中，决胜于千里之外，吾不如子房。镇国家，抚百姓，给馈饷，不绝粮道，吾不如萧何。连百万之军，战必胜，攻必取，吾不如韩信。此三者，皆人杰也，吾能用之，此吾所以取天下也。项羽有一范增而不能用，其所以为我擒也。"（《史记·高祖本纪》）可见，对一个军事统帅来说，克敌制胜并不在于他自己如何勇猛过人，谋略超群，关键是要集中良谋，使用良才。而袁绍最大的失策就在于他不能用人。曹操在袁绍死后平定河北时，曾喟然长叹："河北义士，何其如此之多也！可惜袁氏不能用！若能用，则吾安敢正眼觑此地哉！"得士者昌，失士者亡，袁绍正是按照这个逻辑走向灭亡的。

曹操的两次隔岸观火

曹操在平定河北时，有两次使用"隔岸观火"的计谋，都以小的代价换取了大的胜利，颇被后人所重视。

曹操第一次"隔岸观火"，是在演义第三十二回中。袁绍在仓亭再次战败后，他心情抑郁，不久便得病身亡。临死前，袁绍立幼子袁尚为嗣，任大司马将军。曹操这时斗志正旺，亲率大军前来讨伐袁氏兄弟，企图一举平定河北。曹军以破竹之势攻占了黎阳，很快便兵临冀州城下。袁尚、袁谭、袁熙、高干等带领四路人马合力死守，曹操连日攻打不下。谋士郭嘉献计说："袁氏废长立幼，而兄弟之间，权力相并，各自树党，急之则相救，缓之则相争。不如举兵南向荆州，征讨刘表，以候袁氏兄弟之变。变成而后击之，可一举而定也。"曹操从其言，留下贾诩守黎阳，曹洪守官渡，便引军征讨刘表去了。果然，曹操一撤军，长子袁谭便同袁尚为争夺继承权大动干戈，互相残杀起来。袁谭打不过袁尚，便派人向曹操求救。曹操则乘机再次出兵北进，杀死袁谭，打败袁熙、袁尚，很快占领了河北。

曹操第二次"隔岸观火"，是在平定河北之后。当时，袁熙、袁尚被打败，逃往辽东投奔了公孙康。夏侯惇等人劝曹操道："辽东太守公孙康，久不宾服。今袁熙、袁尚又往投之，必为后患。不如乘其未动，速往征之，辽东可得也。"曹操却笑着说："不烦诸公虎威。数日之后，公孙康自送二袁之首至矣。"诸将皆不相信。没过几天，公孙康果然派人将袁熙和袁尚的首级送来了。众将大惊，俱服曹操料事如神。曹操乃大笑："不出奉孝之料！"说着，便拿出了郭嘉临死前留给曹操的一封信。信中写道："今闻袁熙、袁尚往投辽东，明公切不可加兵。公孙康久畏袁氏吞并，二袁往投必疑。若以兵击之，必并力迎敌，急不可下；若缓之，公孙康、袁氏必自相图，其势然也。"原来，袁绍在世之日，常有吞并辽东之心，公孙康对袁氏家族恨之入骨。这次袁氏二兄弟来投奔，公孙康就存心想除掉他们，但又恐曹操引军攻打辽东，想利用二人助一臂之力。所以，袁熙、袁尚二人来到辽东，公孙康并没有马上相见，而是派人迅速前去探听曹军的动静。当细作回报"曹公兵屯易州，并无下辽东之意"时，公孙康立即将袁熙、袁尚斩首，使曹操兵不血刃便达到了目的。

这两个小故事，在历史材料中都有记载。不同的是，史料认为，曹操第二次施展此谋并非郭嘉所出，而是他自身所为。《三国志·武帝纪》中写道："辽东单于速仆丸及辽西、北平诸豪，弃其种人，与尚、熙奔辽东，众尚有数千骑。初，辽东太守公孙康恃远不服。及公（曹操）破乌丸，或说公遂征之，尚兄弟可禽（擒）也。公曰，'吾方使康斩送尚、熙首，不烦兵矣。'九月，公引兵自柳城还，康即斩尚、熙及速仆丸等，传其首。诸将或问：'公还而康斩送尚、熙，何也？'公曰：'彼素畏尚等，吾急之则并力，缓之自相图，其势然也。'"

所谓"隔岸观火"计，《三十六计新编》中是这样解释的：当敌方内部矛盾趋于激化，秩序混乱，我便静待它发生暴乱。敌方反目成仇，自相火并，我再乘机攻取。这就是以柔顺的手段，坐等愉快的结果。军事谋略学中包含着活的辩证法。根据敌方潜在而又发展着的矛盾冲突，先退让一步，促其内部矛盾激化、达成以敌攻敌的目的，则可以退中求进。倘若乘胜恃强，一味进击，则恰好可以促使正在分化的敌营各集团重新联合起来。所谓"急之则相救，缓之则相争"，真是颇有见地的思想。

孔明高卧隆中，全知天下大事

刘备率军驻屯新野期间，经徐庶和司马徽推荐，曾亲自到隆中"三顾茅庐"，求教于诸葛亮。这个"三顾茅庐"的故事，成了求贤的佳篇。

诸葛亮的雄才大略，集中显示在他同刘备的隆中对策里。我们从中可以看到，一个政治家、战略家的高瞻远瞩。他未出茅庐先知天下三分，身居乡野却能为刘备提出这样一条英明的政治路线,以及应采取的战略和策略。应该说,隆中对策是诸葛亮帮助刘备筹划恢复汉室、统一华夏大政方略的关键性的一着。关于对策本身及其在实践中的作用、意义与得失,后文还要详述。这里值得一提的是,孔明高卧隆中,躬耕田野,在当时交通、通信极不发达的情况下,为何对形势看得如此清晰,对时局的发展预见得那样准确呢?

细细想来,其实"南阳有隐居,高眠卧不足"的诸葛亮,与"采菊东篱下,悠然见南山"的陶渊明等隐士们根本不同。他高卧隆中并不是逃避现实,而是在隐居中观察现实中纵横交错的矛盾的发展变化;借躬耕之际,静心刻苦读书研兵。"此人(诸葛亮)每尝自比管仲、乐毅",足见其志非凡。所谓"高卧",只不过是待价而沽罢了。所以刘备三顾方出,目的在于考验刘皇叔求贤的真心,抬高身价,为自己施展政治抱负作好铺垫而已。

清代学者张澍在其所著《诸葛忠武侯文集》中收录故事一则。诸葛亮躬耕期间,司马徽曾劝诸葛亮去拜访名师,增进学问。他领着诸葛亮前往汝南灵山,拜酆公玖为师。诸葛亮在那里住了一年,老师什么也没教给他,但他侍奉老师始终很恭敬。老师知道他是诚心来学习的,于是就把《三才秘箓》《兵法陈图》和《孤虚相旺》等书拿了出来,叫他仔细研读。一百天之后,老师看到诸葛亮已掌握了其中的奥妙,便对他说:"现在天下五龙出现,要具有'神力'的人,才能挽救这混乱的时局。"诸葛亮问"五龙"是谁?老师答道:秦汉之时,嬴(赢)秦为白龙,吕秦为黑龙,项王为苍龙,汉高祖为赤龙,汉文帝为黄龙。所以汉朝尚赤、黄色,即火德。现在汉朝将终,孙坚尚"土"德,以"土"掩"火",是汉的仇敌;曹操以"水"为德,也是汉的敌人。他们造成世间的灾祸……然后老师又说道:"你出山必须选择一个真正的明主,刘备是汉室宗亲,你去辅助他,必然成功。"

这则传说,带有封建宿命论的迷信色彩,也是为了把诸葛亮神化成一个"超凡"的人物,不足为凭。但我们却可以透过这层"神秘"的暗纱,推测出诸葛亮高卧隆中时,潜心博览群书,静观时势,"以待天时"的情景。

当时的襄阳(隆中在襄阳城西二十里处),从地理位置上说,正是后来魏、蜀、吴三国的接壤之处和政治、经济、文化的交汇点，是一些有才之士和知识分子云集的地方。诸葛亮时常与崔州平、石广元、孟公威、徐元直等好友智士在一起击节唱和，纵谈天下大事。"吾皇提剑清寰海，创业垂基四百载……奸雄百辈皆鹰扬，吾侪长啸空拍手。"诸葛亮在隆中十年耕读，可以说是他积蓄力量，进行知识和智力准备的阶段。事实证明，后来他之所以能在三国的政治军事舞台上叱咤风云，大显身手，并不是只凭着天生的好脑袋，而是主要靠长期的知识积累和不断地实践，才成为一个足智多谋、运筹帷幄的军事天才的。

简析《隆中对》的战略价值

成都武侯祠有副对联："两表酬三顾，一对足千秋。"这是明代文人游俊所题写的。"两表"是指诸葛亮的前后出师表，"三顾"即刘备三顾茅庐，"一对"即指《隆中对》。短短十个字，高度凝练地概括了刘备对诸葛亮的知遇之恩，诸葛亮对刘备忠义昭日月的高尚品格，及其政治家、战略家的超常才能。

诸葛亮的《出师表》被历代文人所颂扬，甚至有学者提出："不读《出师表》，不知道什么叫忠；不读《陈情表》，不知道什么叫孝。"从战略谋略角度讲，《隆中对》则是一篇战略设计的千古奇文。所谓说三国话权谋，前文多注重分析谋略家们在处理具体事件，指导战役、战斗作战中，或运筹帷幄，或低头一算、计上心来的精彩表现。其实，最高的谋略在战略层面，是谓对战略的谋划与设计。

所谓战略，即为实现最终目标，关于长远和全局的谋划，以及实现路径的科学描述。"自古不谋万世者，不足于谋一时；不谋全局者，不足于谋一域。"（《寤言二迁都建藩议》）汉代经学家刘向在《说苑》中讲："谋有二端：上谋知命，其次知事。知命者，预见存亡祸福之原，早知盛衰废兴之始，防事之未萌，避难于无形。""彼知事者亦尚矣，见事而知得失成败之分，而究其所终极，故无败业废功。"刘向讲的上谋，即知命之谋，就是战略层面的谋略；知事之谋，属于战术层面的谋略。纵观古今中外，从企业到国家在发展中，战略正确，可趋大利、避大害。战略错误，全盘皆输。

诸葛亮的《隆中对》一篇是最典型、最完美、被历史证明最正确的战略路线图。诸葛亮辅佐刘备，从无到有，从小到大，从弱到强，伟业的创立，成功的辉煌，一生奋斗的实践，都是按照这一战略路线图展开的。为了比较细致地研究这一战略路线图的重大意义，我们不妨把《隆中对》历史全文引出如下：

> 亮躬耕陇亩，好为《梁父吟》。身长八尺，每自比于管仲、乐毅，时人莫之许也。惟博陵崔州平、颍川徐庶元直与亮友善，谓为信然。
>
> 时先主屯新野。徐庶见先主，先主器之，谓先主曰："诸葛孔明者，卧龙也，将军岂愿见之乎？"先主曰："君与俱来。"庶曰："此人可就见，不可屈致也。将军宜枉驾顾之。"
>
> 于是先主遂诣亮，凡三往，乃见。因屏人曰："汉室倾颓，奸臣窃命，主上蒙尘。孤不度德量力，欲信大义于天下；而智术浅短，遂用猖蹶。至于今日，然志犹未已。君谓计将安出？"
>
> 亮答曰："自董卓已来，豪杰并起，跨州连郡者不可胜数。曹操比于袁绍，则名微而众寡。然操遂能克绍，以弱为强者，非惟天时，抑亦人谋也。今操已拥百万之众，挟天子而令诸侯，此诚不可与争锋。孙权据有江东，已历三世，国险而民附，贤能为之用，此可以为援而不可图也。荆州北据汉沔，利尽南海，东连吴、会，西通巴、蜀，此用武之国，而其主不能守，此殆天所以资将军，将军岂有意乎？益州险塞，沃

野万里，天府之土，高祖因之以成帝业。刘璋暗弱，张鲁在北，民殷国富而不知存恤，智能之士思得明君。将军既帝室之胄，信义著于四海，总揽英雄，思贤如渴，若跨有荆、益，保其岩阻，西和诸戎，南抚夷越，外结好孙权，内修政理。天下有变，则命一上将将荆州之军以向宛、洛，将军身率益州之众出于秦川，百姓孰敢不箪食壶浆以迎将军者乎？诚如是，则霸业可成，汉室可兴矣。"

先主曰："善！"于是与亮情好日密。

关羽、张飞等不悦，先主解之曰："孤之有孔明，犹鱼之有水也。愿诸君勿复言。"羽、飞乃止。

战略规划，总的思路是目标确定，形势分析，趋势把握，力量对比与评估，政策策略设计，路线选择，以及突破口寻找等。我们从引文可以看出，刘备见到诸葛亮时，还在给刘表"打工"，自己尚无立足之地。但这个"打工者"，并非要夺个小地盘，挣几个小钱，哥仨过好小日子的一般人，而是一个志存高远，目标宏大的英雄。诸葛亮从他的来意中已经确定了战略设计的总目标——恢复汉室，统一天下。他依据这个总目标，提出"三步走"战略。

其一，分析形势，"自董卓以来，豪杰并起，跨州连郡者不可胜数。"这是一个军阀混战，天下正发生大变局的时代。在诸多地方势力林立，军阀割据的"国际战略态势"中，关键点是两个：一个是北方的曹操集团，一个是东方的孙权集团。

其二，战略评估与力量对比。曹操统一北方后，地盘最大，兵多将广，智士云集，又抓有汉献帝这张政治牌，处于当今格局的最强势。虽然是刘备恢复汉室这一终极战略目标的最主要的对手，但现在还不能主动去碰。孙权虽然整体实力比曹操弱一点，但是他在江东的大业，经过父兄三代人的开国建基，国富民安，人才聚集，又据有长江天险。根据联弱制强的战略原则，孙氏集团可以作为刘备的盟友，要坚持建立良好的联盟关系。诸葛亮从力量评估中，明确了谁是敌人，谁是朋友。

其三，基于刘备还是个"打工者"，三步走战略的突破口选在哪？根据诸葛亮的战略思考，突破口应当在战略格局的锁钥之地，又是战略格局的薄弱之处。"荆州北据汉、沔，利尽南海，东连吴会，西通巴、蜀，此用武之国，而其主不能守。"荆州正好是战略突破口选择的理想之地。

其四，确定根据地。选择突破口，只是战略实现的初期目标，是立足点；有了立足点，才可以考虑战略实现的第二个目标，建立牢固的根据地。立足点和根据地是一个整体，战略设计必须是系统思维、整体思维。下围棋都知道，"金角、银边、草肚皮"，对于弱势集团，应当坚持"乱世务边"原则。西进巴、蜀，即是此意。

其五，在西蜀建基，先造成鼎立的多极格局，积蓄力量，谋势乘机，这就需要有良好的政策和策略。"若跨有荆、益，保其岩阻，西和诸戎，南抚夷越，外结好孙权，内修政理。"联吴抗曹，是诸葛亮提出的基本对外指导方针和外交策略；西和诸戎，南抚夷越，是诸葛亮定下的团结周边的外交政策。这是战略设计的必要"配件"，"配件"缺少或不对，战略目标也难以实现，战略路线必然要走很多弯路。

其六，自身优势。刘备是"帝室之胄"，当今皇叔，天下归心，这是政治优势；"信义著于四海"，这是道义优势；"总揽英雄，思贤如渴"，这是信誉优势。有此优势，也是吸引和团结人才的优势。正因为这些优势，未来北伐作战，是顺天意、得民心的作战，百姓必然箪食壶浆以迎将军。

其七，力量运用的指导思想。《隆中对》是个大战略，下面不仅要有配套的外交策略与政策，还要包含有军事战略，也就是对主要敌人的作战指导思想。"天下有变，则命一上将将荆州之军以向宛、洛，将军身率益州之众出于秦川"，可以看出，这个军事战略是按照《孙子兵法》中"以正合，以奇胜"的原则，在军事战略上设计的"钳形攻势"。按照这个攻势行动，是有成功把握的。

一切战略设计都不是电影剧本，历史在向未来的发展中，总会有很多不确定性，不会按照既定的剧本演进。后来诸葛亮六出祁山未能成功，第三步战略目标未能实现，重要原因是关羽没有按诸葛亮制定方针执行，丢失荆州，使西蜀失去战略右臂，"钳形攻势"变成了单边作战。关羽之死，又引发蜀军大败于夷陵，张飞亡，刘备白帝托孤，西蜀元气大伤，国力大降。

荆州即是曹、孙、刘三角关系的交织点、战略枢纽处，地位极其重要，矛盾极其复杂。诸葛亮入川时，慎重思考，为关羽定下八字方针："北拒曹操，东和孙权"。这是个守势方针，"北拒曹操"，并不是急着进攻击曹操。若想要把"北拒"变"北伐"，只能等待夺取西蜀并稳定之后，东西两线联合行动。关羽虽然嘴上答应"军师之言，当铭肺腑"，但在具体执行中，一味"北击曹操"，水淹七军胜利后，本当回军守荆州，却又领兵去围攻樊城，造成荆州空虚。无视东吴的人才，没有去做"东和孙权"的工作。更有甚者，当孙权派人来提亲，想让自己的儿子迎娶关羽之女时，这本来是修好东吴的契机，不论东吴真实意图如何，关羽都应妥善回应。然而他竟口出恶言："虎女焉嫁犬子"。一语深深激怒孙权，决心联合曹操，夺取荆州。

本来守荆州的合适人选当属赵云。赵云胆大心细，为人谦和，落实诸葛亮的指令最坚决。可是，刘备派关平来送信，诸葛亮已知刘备的用意，也就只好如此了。

一个完美的战略设计，不可能预见到未来发展中的各种不确定性，也就没有必要以诸葛亮后来北伐未有成功，来评说当初隆中对策的不足了。

第二编
赤壁鏖战

赤壁之战,是形成三极格局的奠基之战。

从孔明隆中对策,为刘备勾画出三步走战略路线图,到大战定下火攻方针,引出"反间计""连环计""苦肉计""草船借箭""借东风"等,形成了一个环环相扣、前后照应、逻辑严密的谋略工程。

诸葛亮初出茅庐的两把火

博望相持用火攻,指挥如意笑谈中。直须惊破曹公胆,初出茅庐第一功!

这是《三国演义》中赞扬诸葛亮出山首战告捷的一首诗。

诸葛亮受刘备"三顾"之邀,出山担任了刘备的军师。他出山后,先是在博望坡一带采取伏兵计,用火攻将曹军大将夏侯惇、于禁等打得大败。接着,诸葛亮又率军主动撤出新野,布下口袋,再次用更猛烈的火攻,把进犯新野的曹兵烧得焦头烂额。

诸葛亮的这两把火,是在曹军大兵压境而刘备兵微将寡的危难形势下,接连实施而获得胜利的。经过这两把火,年仅二十六岁的新人军师威信大增,就连一直不服气的关羽、张飞,都心悦诚服地赞叹:"孔明真英杰也!"

《三国演义》描写火攻的地方接连不断。粗略算来,从第十二回中吕布在濮阳城放火烧曹操开始,到诸葛亮出山后这"两把火",仅仅二十九回书里就有十七次火攻战。其后,还有赤壁火烧战船、夷陵火烧连营等更著名的火攻战,开兵家之先河,传千古之盛名。

那么,演义为何总围绕着"火"字作文章呢?这是因为作者坚持了历史真实和艺术真实的统一。在那"白刃相交"的冷兵器时代,缺乏大威力的杀伤兵器,军事家就千方百计地在利用自然力上作文章,火攻和水攻,便成了造成大规模杀伤敌人的有效战术，也是当时打歼灭战的一种常用方法。因为离开了水火，如果没有绝对优势的兵力，对敌形成四面围困，歼灭战是很难实现的。

《孙子兵法·火攻篇》中说："以火佐攻者明，以水佐攻者强"。讲的是用火辅助进攻，作战效果显著；用水辅攻，则能够造成强大的威势。因此，火攻和水攻作为有效的作战方式，经常不断地出现在古代战场上。到了三国时期，火攻成了一种最盛行的战法。

用火作战，兵家特别强调进行火攻的条件。首先，用火必知风。兵法上说："发火有时，起火有日。时者，天之燥也；日者，月在箕、壁、翼、轸也；凡此四宿者，风起之日。""火发上风，无攻下风。"（《孙子兵法·火攻篇》）火与风相联，无风不起火。赤壁之战时，因为没有东风，周瑜曾急得"口吐鲜血"，一病不起，后来多亏诸葛亮"借"来了东风，才促使这次火攻战的成功。新野之战，诸葛亮放火，也是乘"狂风大作"之时，一举成功的。可见风与火联系之紧。其次，要使火攻收到奇效，还必须限制对方的机动力。演义中描写火攻，多是采用伏击战的方式：或利用两山夹一沟，前堵后截，困敌放火；或设置空城，诱敌进入，关门点火；或夜晚劫寨，乘敌熟睡之际，四面举火。赤壁之战中，庞统诈降，巧献连环计，怂恿曹操把舰船用铁索钩连起来，也是为了限制曹军在水上的机动能力；夷陵之战中，陆逊火烧连营七百里，是借助刘备的战线拉长，首尾难于相顾，部队在整体上无法机动，才使火攻大显神威。

《三国演义》描写火攻，可以说是千姿百态，各有特色。但最善于用火攻歼敌的，要算是诸葛孔明了。诸葛亮用火最突出的特点，就是把火攻战法和"诱敌上钩""请君入瓮"等计谋联系起来。诸葛亮出山这"两把火"，都以诱敌为前提。当时孔明初出茅庐，未展露才华；刘备又正处逆境，曹军骄气横生。诸葛亮正是利用这一点，能而示之不能，在博望坡以少数残兵引敌，于新野设空城诱敌，轻而易举就使对手上了钩。倘若在赤壁大战以后，诸葛亮用兵如神已誉满天下，对手恐怕就不会这样轻易上钩了。这也说明，指挥员用谋施计，必须根据自己所处的环境和当时的威望，以及敌手对自己认识的程度等情况而灵活运用。

关于博望坡和新野之战在历史材料中虽无记述，但诸葛亮长于用火确是实事，他南征时火烧藤甲兵，在军事学术发展史上留下了重要的一页。罗贯中在这里着意刻画他用火的本领，正突出了他的用兵特点。

虚不露怯

看过京戏《长坂坡》的人，大概都还记得张飞在长坂桥一声大吼，独退曹家百万雄师的勇猛形象。《三国志》等历史材料中，确有张飞在长坂据水断桥，怒目横矛，喝拒曹军的记载。不过演义的作者通过他那生花妙笔进行艺术加工，简单的史料就变得颇为精彩，更加发人深思了。

诸葛亮在博望坡和新野杀败曹兵之后，曹操恼羞成怒，亲自率领百万大军，铺天盖地掩杀过来。刘备势孤力单，且战且退，在当阳一带陷入了曹军的重围。经过一番苦战，刘备带一百余骑突出重围，却不见了赵云等人。这时，张飞自报奋勇，带领二十余骑顺原路杀回，前去接应在百万军中救阿斗的赵子龙。一员大将只带二十余骑，要抵住曹军洪水猛兽般的进攻势头，真比登天还难。张飞这位粗中有细的将军来到长坂桥后，见桥东有一片树林，顿时心生一计。他令左右砍下树枝，拴在马尾上，在树林内往来驰奔，扬起尘土，布下疑兵阵。待曹军杀来时，张飞让过赵云，一人"怒目横矛，立马于桥上"。曹操看到张飞满脸杀气，没有半点惧色，又见那桥东的树林里

"尘头大起",疑窦顿生,以为诸葛亮又设下了伏兵,便勒马不前。这时,张飞大吼一声:"我乃燕人张翼德也!谁敢与我决一死战!"曹操身边的夏侯杰被这吼声"惊得肝胆碎裂,倒撞于马下……"

张飞这一着真可以说得上是不凡之举了,但他终究还有粗的一面,致使他的计谋常有欠妥之处。曹军退去之后,张飞令人将桥梁拆断,急匆匆追赶刘备去了。刘备得知断桥一事,不禁长吁一声,责怪说:"吾弟勇则勇矣,惜失于计较。"起初,张飞听此责备之言,还有些不服气,但刘备用谋毕竟高出一筹,他解释道:"若不断桥,彼恐有埋伏,不敢进兵;今拆断了桥,彼料我无军而怯,必来追赶。彼有百万之众,虽涉汉江,可填而过,岂惧一桥之断耶?"罗贯中颇善于辩证思维,他借刘备之口,讲出了示形用谋的一个深刻道理。

刘备这番话包含两层意思:一是张飞拆断桥梁,等于暴露了刘备军中力量的空虚和内心的胆怯。二是张飞只看到拆断桥梁会给曹军追击造成困难,却没有想到区区汉江岂能挡住曹孟德的浩浩大军,即使拆断这座狭窄的桥梁,百万大军也要想些别的办法过江。相反,桥梁一断,反倒打消了曹操的疑虑。果不其然,当曹操听到这一消息时,毫不犹豫"传令差一万军,速搭三座浮桥",连夜率领大队人马渡过汉江。

看来,用谋贵在善终。善终者,即不让对手半途识破我之底细。张飞在长坂桥上智退曹军百万兵,使的是虚则实之和虚而虚之的计谋。他令士兵在树林中扬起尘土是虚则实之,只身一人在桥头立马横枪是虚而虚之。正是这两种谋略的兼用,才使多虑的曹操勒马不前,撤兵后退。显然,光靠张飞的一声大吼,是不能喝退百万之众的。但遗憾的是张飞只想到了开始,却没有考虑到结局。虽然获得一时成功,但终究没有阻挡住曹操大军迅速渡过汉江。从张飞长坂桥示形慎始而未善终这则小故事中,我们可以悟出一个简单的道理——在力量空虚的情况下,用兵示形要注意虚不露怯。

蒋干盗书与反间计

蒋干这个书呆子，作者在《三国演义》中着墨并不多，然而，却是赤壁之战中不可缺少的角色。蒋干盗书这段故事世人尽知。作者在这个故事中，运用对比的手法，通过描写蒋干夸夸其谈、自作聪明的可笑伎俩，反衬出了周瑜多才多智、灵活善变的统帅才能。

从裴松之《三国志注》所引的《江表传》等史料来看，蒋干确实与周瑜是同乡。关于曹操请他去说降周瑜也属事实，但并不是在赤壁之战时，也没有盗书一事的记载。蒋干盗书，显然是作者为了加强赤壁之战中双方斗智斗谋的曲折复杂性而特意虚构的。从这一虚构的情节可以看出，罗贯中对于反间计颇有研究。

《孙子兵法·用间篇》中，曾提出过五种用间（因间、内间、反间、死间、生间）的方法。应当说，在这五种用间中，反间是最精彩、最能反映军事权谋的用间之法。孙子说："反间者，因其敌间而用之。"意思是要想办法利用敌方派来的间谍，为我效力。《三十六计》关于"反间计"一计的解语说："疑中之疑。比之自内，不自失也。"即在欺骗敌人的手段中再布置一层"迷雾"，顺势利用敌垒内的间谍辅助我方工作，就可以有效地保全自己，争取胜利。

那么，如何才能利用敌方间谍为我效力呢？其方法是多种多样的。一般来说最主要的有两种，一种是通过金钱收买，使敌间变成"双重间谍"，这在近代战争史上,特别是第二次世界大战中使用颇多。在我国古代战争中,多是采用第二种方法,即采取就坡骑驴,将计就计的手段,让敌间为我所用。在真实的历史材料中,此类例子很多。比如,汉朝陈平使用反间计,曾迫使范增愤然离开项羽;唐朝高仁厚利用邛州叛将阡能的间谍进行反间,六天就平息了四川一带的叛乱[①]。

反间计,可以说是以军事信息为武器进行的一种情报战。据演义描写,周瑜在大战准备阶段,曾估计曹军从北方来,不习水战,是其一短。可是,当他亲自乘船窥测敌情时,发现曹军设置水寨,竟"深得水军之妙"。周瑜一问左右,才知曹营的水军头领原来是谙熟水战的荆州降将蔡瑁、张允。大凡以劣胜优,都须扬长击短;而要扬长击短,就须防敌变短为长。所以周瑜暗下决心,"吾必设计先除此二人,然后可以破曹"。

真是无巧不成书。正当周瑜绞尽脑汁设谋定策之际,蒋干这条鱼却主动上钩来了。周都督非等闲之辈,他一眼就看出了蒋干的来意:一是说降,二是刺探军情。这后一个目的,正好是东吴传递假情报的机会。于是,周瑜顺水推舟,布置了一个"醉酒吐真言"的假象,并在帅案上放了一封伪造的蔡瑁、张允的降书。蒋干说降无望,自然对这一重大情报视为珍宝,不然又如何向曹公交差呢?人都有这样一种心理,大道来的消息,常会提出疑问,对于小道消息,反而坚信不疑;公开得到的情报,往往不以为意,秘密偷来的东西,却认为确实可信。正是这种心理,使反间计屡屡成功。

当然,周瑜这次使用反间计的成功,也是多方面因素促成的。因为像伪造书信这样的假情报,瞒过蒋干还比较容易,但要瞒过老谋深算的曹操并非易事。然而事出有因,蔡瑁、张允这两位降将,在曹操的心目中本来就是"谄佞之徒"。曹操对这二人充满憎恶之感,只是因曹军不习水战,才暂时留用了二人。另外,再加上曹操早就疑心蔡瑁、张允怠慢水军训练,不够效力。因此一看蒋干盗来的书信,便当机立断,将蔡瑁、张允立刻处死。后

---

① 见《新唐书·高仁厚传》。

来，虽然曹操很快意识到中了周郎的计策，但悔之已晚，为了照顾面子，只好将错就错，吃了个哑巴亏。在这里，演义所坚持的艺术的真实，是和历史的真实相统一的。

从演义的叙述来看，蔡瑁、张允的被杀，使曹操失去了得力的水军指挥，为周瑜扬长击短，以劣胜优创造了一个重要条件。这个故事启示我们：军事指挥员不但要精于用兵，而且也应善于用间。如果在今天，还有人认为用间是不仁义的事情，那真是迂腐之见。敌我斗争历来没有仁义道德可讲。一间成能抵数万兵。学会用间，无疑等于多了一只打击敌人的臂膀。

草船借箭考议

"草船借箭"的故事，在我国几乎老幼皆知。诸葛亮神机妙算的声誉，借助演义中这些故事传遍了华夏。

其实，历史上的诸葛亮根本没有干过"借箭"这回事。经专家们考证，三国时真正"借箭"的人是孙权，地点也不在赤壁，时间是在赤壁之战以后。长期以来，经过人们不断加工和改造，使"借箭"的人物、时间、地点几经变换，面目皆已全非了。

据《魏略》中记载：建安十八年（公元213年）正月，曹操攻打濡须，孙权和他相拒月余，胜败未分。一天，"权乘大船来观军，公（曹操）使弓弩乱发，箭著其船，船偏重将覆，权因回船，复以一面受箭，箭均船平，乃还。"

在元代建安虞氏的《新全相三国志平话》里，"借箭"的人已经不是孙权,而是周瑜了,时间、地点也移到了赤壁之战上。书中写道:"却说曹操知得周瑜为元帅,无五七日,曹公问言(闻言):'江南岸上千只战船,上有麾盖,必是周瑜。'被曹操引十双战船,引蒯越、蔡瑁,江心打话。南有周瑜,北有曹操,两家打话毕,周瑜船回,蒯越、蔡瑁后赶。周瑜却回,周瑜一只大船、十只小船出,每只船一千军,射住曹军。蒯越、蔡瑁令人数千放箭相射。却说周瑜用帐幕船只,曹操一发箭,周瑜船射了左面,令扮(扳)棹人回船,却射右边。移时,箭满于船,周瑜回,约得数百万只箭。周瑜喜道,'丞相谢箭!'曹公听得大怒,传令明日再战。"这段描写平铺直叙,比较乏味,所得"数百万只箭"也很不真实。

后来,罗贯中巧妙运用移花接木的手法,将"草船借箭"这一智谋故事安排在诸葛亮身上,且安排得合情合理,令人信服。作者精心设计的这一艺术瑰宝,在赤壁之战的叙事中大放异彩,扣人心弦。

且不论何时何地何人借得箭,既然史书中有此先例,"借箭"的虚构就完全合乎情理了,而合乎情理的艺术形象又总能反转来给人以真实的思想启迪。

演义中写道,诸葛亮草船借箭以后,鲁肃曾问:"何以知今日如此大雾?"孔明答道:"为将而不通天文,不识地利,不知奇门,不晓阴阳,不看阵图,不明兵势,是庸才也。亮于三日前已算定今日有大雾,因此敢任三日之限。"可见,诸葛亮当初敢在周瑜面前胸有成竹地立下"军令状",是因为他通天文,识地理,早就预测出三天之后江面有大雾,才想出了"借箭"之策。

兵法上说:"知彼知己,胜乃不殆;知天知地,胜乃不穷。"(《孙子兵法·地形篇》)任何军事行动,都是在一定气象条件下进行的,风云雨雪对于作战始终是一个不可忽视的因素。因此,指挥员必须懂得点军事气象学,能够灵活利用各种气象条件,借助"天然盟友"的神力,布疑设奇。

这里需要提出的是,作为战役、战术指挥员,尤其要深入研究军事地区气象学。军事地区气象学,是对军事气象学和军事地形学进行综合开发而新兴起的一门边缘科学。气象总是因地而异的,在山区、平原、湖泊、江河等不同的地带，都有其特殊的气象条件，会对军事行动产生不同的影响。军事地区气象学，就是从分析地形差异入手，专门研究作战中某一特定空间的特殊气象对军事行动的影响。其实，在古代科学不发达的情况下，所谓"上通天文"，也只能是针对某一地区的情况，主要靠感性知识的积累，掌握当地气象变化的特点、规律，那时还根本无法掌握全国整个气象的变化。而今，现代气象科学高度发展，人类观天的本领非常之大。但军事行动只要在地球上的一定区域内进行，就要受到地区气象的影响，指挥员就有必要学习和掌握军事地区气象学。

周瑜打黄盖

"周瑜打黄盖，一个愿打，一个愿挨。"这句在群众中流传很广的口头语，是赤壁之战中的一个重要情节。在这次大战中，虽然诸葛亮首立头功，在南屏山设坛，"借"来了东风，但倘若没有黄盖驾扁舟去诈降曹操，那么赤壁之火还是烧不起来。所以，尽管黄盖被周瑜打得遍体鳞伤，这几十板子挨得还是很值得的。

周瑜打黄盖这个故事，也叫"苦肉计"。《三十六计》关于此计的解语中说："人不自害，受害必真。假真真假，间以得行。"意思是讲，人们一般不会自我伤害，遭受伤害必然是真实情况；我以假乱真，并使敌方信而不疑，离间计就可以实现了。苦肉计逆人之常情，行自我伤害之举，目的在于取信于敌。一般说来，用计迷惑敌人，若能违背人们分析判断问题的习惯行事，敌人就不容易一下子看透本意，成功的把握就大得多。据传，春秋末年，剑客要离曾由伍子胥推荐给吴王，被派去刺杀在卫国避难的公子庆忌。要离为了取得庆忌的信任，行前他请吴王断其右手，杀其妻子，然后假装获罪出走。他到卫国后，在庆忌面前大骂吴王，并假意向庆忌献破吴之策，两人很快就成了好友。后来，他俩同乘一条船渡江时，要离突然拔剑将庆忌刺死。像这类靠自我伤害，取信于敌，再图大计的事例，历史上可以找出许多。

《三国演义》里多处提到诈降，但表现形式各不相同。如在第三十三回中，吕旷、吕翔诈降高干，是以"吾等原系袁氏旧将，不得已而降曹"为由；第四十六回，蔡中、蔡和诈降周瑜，是打着欲报其兄蔡瑁被杀之仇的幌子。而黄盖以苦肉计为掩护诈降曹操，就更带有典型性。

苦肉计常常配合反间计使用。我已知敌方的耳目安插在自己的跟前，先不打草惊蛇，而是顺势制造假情报，敌人的间谍就会为我所用。周瑜施展苦肉计，正是由于他知道有曹操派来的间谍潜伏在周围。他在大帐内当众痛打黄盖，是做给诈降来的蔡中、蔡和二人看的，好通过他们将此事传到江北。

据考证，史料中确有黄盖诈降曹操一事，但与演义叙述的不完全相同。《三国志·周瑜传》中写道："瑜部将黄盖曰：'今寇众我寡，难与持久。然观操军船舰首尾相接，可烧而走也。'乃取蒙冲斗舰数十艘，实以薪草，膏油灌其中，裹以帷幕，上建牙旗，先书报曹公，欺以欲降。"

由此可以看出，黄盖诈降曹操，并没有使用过苦肉计。显然，周瑜打黄盖这一情节，是演义作者虚构出来的。但是，应当说这一情节虚构得入情入理，成了军事上用间的一个典范。

史料中对黄盖诈降曹操时的"由头"没有详载，只写道当黄盖引船前来时，"曹公军吏士皆延颈观望，指言盖降。"（《三国志·周瑜传》）裴注《三国志》所引的《江表传》中载，曹操曾对黄盖派来的送书人说："但恐汝诈耳。"从分析看，黄盖装出降曹的样子，是为了靠近曹营，同时做好了强攻的准备。兵法讲，受降如受敌。曹操这样一位深通兵法战策的统帅，对于没有重要原因而来投降的敌将，一般是不会轻易相信的。尤其是像黄盖这样一个"自随破虏将军（孙坚），纵横东南，已历三世"的江东老将，更不会马上取得曹操的信任。罗贯中深知这一点，他的高明之处就在于，在真实历史材料不足的情况下，巧妙构思出这个苦肉计，使事件的发生发展变得圆满可信。

周瑜打黄盖，施展苦肉计，这段描写十分精彩。既写出了曹操的多疑，又写出了周瑜的智慧。使用苦肉计自己打自己，目的是做出样子，给敌人看的，但样子要做得真。你看，演义在描述周瑜打黄盖时写道：周瑜令人"将黄盖剥了衣服，拖翻在地，打了五十脊杖"，直把黄盖"打得皮开肉绽，鲜血迸流，扶归本寨，昏绝几次。动问之人，无不下泪"。这就给黄盖降曹创造了一个"真实"的理由。顾名思义，"苦肉计"需忍受极大痛苦，因此，非忠义之士不能成此谋。

兵不厌诈，这一点在军事斗争中随处都可体现出来。周瑜打黄盖这则故事启示我们，对于那些善于制造投降假象的狡猾对手，要十分加以警惕。反过来说，在战争的关节点上，派得力之人巧妙打入敌人内部，则是克敌制胜的重要法门。

从借东风说到战场气象考察

折戟沉沙铁未销，自将磨洗认前朝。东风不与周郎便，铜雀春深锁二乔。

每当我们读到唐朝著名诗人杜牧这首寓意深远的佳作时，就情不自禁地联想起赤壁鏖兵中，孔明"借东风"的神奇故事。"万事俱备，只欠东风"，也已经成为亿万人民群众的口头禅了。

杜牧这位曾经注过《孙子》的诗人，正是看准了赤壁之战的关键。这场大战局势复杂，场面宏阔，导致双方胜负的因素很多，但诗人对这些都没有提及，唯独重笔浓墨，突出东风。可见这次火攻战的成功，与东风关系何等之大！

据《资治通鉴·汉纪五十七》载，黄盖驾船诈降曹操，"时东南风急，盖以十舰最著前，中江举帆，余船以次俱进"。当"去北军二里余，同时发火，火烈风猛，船往如箭，烧尽北船，延及岸上营落。"可见，赤壁之火曾得助于风是确实的历史事实。作者的夸张，就在于他把真实的"东南风"说成是诸葛亮借来的，从而给人以更高的启示：指挥员要善于进行战场气象考察。

在现代，各种气象武器的出现，使人类有了呼风唤雨的本领。而在科学技术不发达的古代，人驾驭气象只能是神话幻想。不过，古代军事家们在生活实践中认识到的那些气象变化规律，还是可以帮助自己去结交"天然盟友"，来完成一定的军事任务的。演义中的"借东风"，颇耐人寻味。有人说，罗贯中不是在神话诸葛亮吗？什么"曾遇异人，传授奇门遁甲天书，可以呼风唤雨"。他让周瑜在南屏山建一座"七星坛"，由他上坛去"祭风"，这不是历史糟粕吗？的确，作者对这一情节的描写，加入了浓厚的封建迷信色彩。但是，我们透过"祭风"这一迷雾，就可以看出诸葛亮到南屏山并非去"借风"，而是为了乘机与赵云在约定地点会合，安全离开东吴。这一描写，恰好烘托出了诸葛亮神机妙算的智谋。试想，如果他不以"借风"为口实，独自到江边"施法念咒"，又怎么能从周瑜的牢笼中走脱呢？

那么，诸葛亮是如何知道当时会有"东南大风"到来呢？文艺家们对此作过不少推测。电视连续剧《诸葛亮》中，设计了孔明到江边向渔民做调查的镜头。评书演员袁阔成说三国时，作了这样一番解释：诸葛亮高卧隆中，长期生活在长江汉水之间，对长江一带的气象变化是非常熟悉的。袁阔成的这番解释很有道理。孔明胸有大志，不难想象他躬耕隆中时，一定十分注意考察江汉地区这块兵家必争之地的气象情况。

根据气象学的原理，利用气象韵律，进行数学统计，就可以发现周期性的气象变化。例如"八月十五云遮月，正月十五雪打灯"，就是劳动人民在长期生活实践中，总结出的一句反映气象周期性变化的谚语。

气象学认为，气象韵律是因为地球从西向东运转时，由于惯性使空气形成了如同海浪一样的大气波动，波凹处为低压槽，波顶为高压脊。这个大气波动的起伏升降，在地球表面山脉河流的固定影响下，便形成了周期性的变化。而运用数学统计的方法，就可以把握这一变化。因此，一个地区在什么季节刮什么风，季节交替时的天时、气温、风向等，一般都是有规律可循的。第二次世界大战前，苏军曾十分注意研究这一规律，并坚持"星期五制度"（即各部队每个星期五按时用气象统计所得出的周期性经验情况来预报星期六的天气）。后来在和德国交战时，位居于大气环流上游的苏军利用这一规律，让气象为自己服务，向敌人发难，给军事行动带来了很大好处。

诸葛亮曾长期生活在江汉地区，对这里气象的周期性变化很可能进行过细致的分析和统计。请注意，诸葛亮借风之日，正值冬至时分。按古代节气来讲，"日冬至则一阴下藏，一阳上舒。"（《史记·律书》）正是阴阳二气交流之时，一般会影响到江面风向的转变，这大概就是诸葛亮能"借"来东风的真实原因。可见，演义对孔明的神化，是有一定根据的、恰当的夸张。

正如此，"借东风"一例，对我们今天的指挥员仍有启示。倘若我们平时在预定的战场经常坚持气象考察，把握这一作战区域里的气象变化规律，那么，在未来战争中就可以巧借天时，出奇用兵。尽管现代先进的技术可以准确地预报天气，但对于局部地区和具体战场来说，只靠上级提供的天气预报是远远不够的。作战部队，特别是坚守部队，还应当通过对预定战场进行细致的气象考案和对当地气象水文资料进行统计分析，掌握当地气象周期性的变化规律。

从孔明智算华容想到的

曹操败走华容道，可以说是赤壁大战的尾声，这个尾结得好。如果说在赤壁之战的全过程中，诸葛亮舌战群儒算是"凤头"，大战中的复杂斗争、丰富内容堪称"象肚"，那么，孔明智算华容，就无愧于精彩的"豹尾"了。

在这节"豹尾"里，罗贯中的艺术手法妙趣横生。它一方面刻画出曹操败而不馁的顽强性格，另一方面又把孔明的妙算权变之术描绘得出神入化，使整个故事的发展波澜跌宕，回味无穷。

演义描写曹操败而不馁，突出表现在曹操由赤壁溃退中的连续三次大笑、三次受挫上。第一次是在乌林之西，他笑周瑜无谋，诸葛亮少智，竟没有在此处埋下伏兵。结果笑声未落，鼓声震响，火光冲天，赵子龙率军杀出，曹操落荒而逃。行至葫芦口时，曹操又"坐于疏林之下，仰面大笑"，自以为比公瑾、孔明高明。但正在这时，猛将张飞又出现在面前，把曹军杀了个人仰马翻。

从曹操连笑连败的情节中可以看出，本来智力过人、用兵出奇的曹孟德，当时却步步都在孔明的掌握之中。凡是他想到的，孔明都已提前想到了；可诸葛亮算计到的，有些地方曹操却始料未及。且看曹操在华容道上的第三次大笑：

正行间，军士禀曰："前面有两条路，请问丞相从那条路去？"操问:"那条路近?"军士曰:"大路稍平,却远五十余里。小路投华容道,却近五十余里,只是地窄路险,坑坎难行。"操令人上山观望,回报:"小路山边有数处烟起,大路并无动静。"操教前军便走华容道小路。诸将曰:"烽烟起处,必有军马,何故反走这条路?"操曰:"岂不闻兵书有云:'虚则实之,实则虚之。'诸葛亮多谋,故使人于山僻烧烟,使我军不敢从这条山路走,他却伏兵于大路等着。吾料已定,偏不教中他计!"……又行不到数里,操在马上扬鞭大笑。众将问:"丞相何又大笑?"操曰:"人皆言周瑜、诸葛亮足智多谋,以吾观之,到底是无能之辈。若使此处伏一旅之师,吾等皆束手受缚矣。"

言未毕,一声炮响,两边五百校刀手摆开,为首大将关云长,提青龙刀,跨赤兔马,截住去路。

到这时,曹操再也笑不出声了。他只得上前向关羽低首求饶。

孔明设伏华容道,是罗贯中的军事权谋思想通过艺术形式的表现。其实,据《三国志》《资治通鉴》等史料的记载来看,曹操抄小路败走华容,因"遇泥泞,道不通",而"羸兵为人马所蹈藉,陷泥中,死者甚众"。刘备、周瑜两军则"水陆并进,追操至南郡"。并不像演义中描写得那样,孔明多处设伏,最后关云长又在华容道上义释曹操。作者这样描写,大概有两个用意:一是把赤壁大战这场充满谋攻的智力竞赛再推向一个更高的层次。二是要完成塑造关云长这一忠义人物的理想形象。

就罗贯中的权谋思想来说,华容设伏完全是按照兵法中"实而实之"的计谋来安排的。《草庐经略·虚实》中说:"实而实之,使敌转疑以我为虚。"就是说本来属实,仍故意表现出实的样子,使敌人反而以为我是虚的。曹操见华容道上"有数处烟起",以为诸葛亮虚张声势,便弃大道而走小路,结果反中了圈套。可见,在作战中要使谋略运用得当,关键在于对敌方将领判断情况、处理问题的能力了解透彻。对敌手了解得愈透,用谋的道行也就愈高。诸葛亮的妙算,就在于他不仅算了天时地利,算了自己,而且还针对曹操深知兵法、多思善断的特点,算敌之算,因敌而用谋,自然就智高一等了。

由此联想到指挥员用兵示形的辩证法。示形，实际上就是制造假象来迷惑敌人。有示形就有识形，一定要用自己的判断来识破这层蒙着眼睛的假象。所以，示形的成功与否，就在于敌人能否看破。而要力求成功，就是说不被敌人看破，那则一定要知道敌手判断问题的逻辑习惯。演义中，曹操虽然熟读兵法，却习惯于直线思维，认为凡示形这一现象，多是与实际内容不符合的假象，于是"虚则实之，实则虚之"的法术，变成了一个僵固的公式。如果事物的本质都是以假象为其表，那就成了一点论，就不是辩证法了，万事万物就变得非常简单。而实际并非如此，事物有假象，也有真象，真真假假，虚虚实实，虚而实之，实而实之，实而虚之，虚而虚之。这就使战情变得异常复杂，大大增加了战场上判断情况的随机因素，同时也增加了不被敌手所识破的保险系数。

孔明智算华容，用的是"实而实之"的办法，倘若处处照搬，必然又变成失算。善示形者是在知敌的基础上，用各种手段增加战场情况的复杂性，通过多种"形"的配合，造成敌人判断失误。

赤壁之战中的伐交

以火攻著称于世的赤壁之战，最后以孙、刘联盟的胜利和曹操集团的败北而告结束。在这场大战中，始终贯穿着斗智斗谋的激烈角逐，同时还伴随着丰富多彩的军事外交活动。赤壁之战，不仅是孙、刘联盟在智谋上的胜利，而且也包含着"伐交"的成功。

《孙子兵法·谋攻篇》中说:"上兵伐谋,其次伐交。""伐谋"与"伐交"相辅相成,不应截然分开理解。

其实,军事外交活动本身就包含着大量的谋略斗争。在《十一家注孙子》中,李筌引苏秦说服六国,以"合纵"战略抗击秦国的历史事实,来解释"伐交";杜牧则用张仪献计秦国,以"连横"战略瓦解六国联盟的历史事实,来解释"伐交"。然而,"合纵"与"连横"的斗争可以说既是"伐谋",也是"伐交"。运用计谋破坏敌人的联盟,和促成自己阵营的联合,都属于"伐交"的范围。

赤壁之战就是从"伐交"开始的。当时,孙、刘两家如果不联合起来,就有被曹操各个击破的危险。就是说,结盟抗曹对孙、刘双方的生存与发展都是至关重要的。但联盟并不是自然而然形成的,"伐交"也是一场智慧战。

在孙、刘结盟的问题上,鲁肃和孔明立场最明确,态度也最积极。他们在国家战略和军事战略上有共同的见解。在刘表死后,鲁肃就提出了与刘备结盟"共破曹操"的建议,表现出积极的姿态。但是鲁肃虽有促成联盟的愿望,却缺少灵活的方法。后来,他借到江夏给刘表吊孝之机,请来诸葛孔明,才克服了东吴内部的阻力,实现了联盟的愿望。

诸葛亮来到东吴后,面对种种困难,巧施计谋,陈言力辩,舌战群儒,说孙权,激周瑜,显示出高超的外交才能。

值得借鉴的是,诸葛亮在这场复杂的外交斗争中,针对不同人物采取了不同的对策。在曹军的强大攻势面前,东吴内部分裂成了两派,即武官要战,文官要降。抗曹既是实现孙、刘联盟的前提和基础,又是孙、刘联盟的目的。所以只有使东吴统一战略思想,一致抗曹,才可能实现联合。诸葛亮看清了这一点。于是,他据理力争,舌战群儒,首先对以张昭为首的投降派进行了有力的批判,为实现联盟清除了理论上的障碍。

对于吴主孙权,诸葛亮则从他所处的地位出发,采取了诱导的方式:对他讲明降曹与抗曹的利害关系,并引用历史上英雄豪杰不畏强暴的事例激发他的斗志。当孙权有所觉悟时,诸葛亮又深刻地分析了敌我双方的力量对比和优劣长短，指出了曹军存在的致命弱点。开始，孙权在接到曹操檄文和听了众谋士投降言论以后，一直"沉吟不语"，是战是和犹豫不决；后来听了诸葛亮这番话，才终于决定"即日商议起兵，共灭曹操"。

对于心骄气盛的周瑜，诸葛亮则采取气激智斗的方法，诱其乖乖"上钩"。周瑜是孙权的兵马大都督，掌握着东吴的军事力量。他虽有抗曹之心，但是看不起刘备的力量，故意在诸葛亮面前摆出一副要投降的样子，"战则必败，降则必安，吾意已决"。想以此来要挟诸葛亮，使诸葛亮有求于他。孔明心里完全明白，但表面上却假装同意周瑜的主张，并故意讲了个笑话：曹操南征东吴，不过为得江东二乔（小乔即周瑜之妻），只要把二女献出，曹操必称心满意，班师而回。诸葛亮的话真戳到了周瑜的心窝子，激得周瑜"离座指北"，大骂曹操"欺吾太甚""吾与老贼誓不两立！"这一来，周瑜反倒主动求于诸葛亮了，"望孔明助一臂之力，同破曹贼"。就这样，经过诸葛亮以及鲁肃等人的艰苦努力，终于达成了孙、刘两家的联盟，同起兵马，合力抗曹。

更耐人寻味的是，在孙、刘结盟抗曹的过程中，始终贯穿着双方既联合又斗争的精彩场面。在罗贯中的笔下，周瑜是个气量狭小、高傲好强、不能容人的统帅人物，他想利用孔明的才能，但又嫉妒孔明的智慧，时时处处想加害于他。这种嫉妒，不光出自个人，主要是由于孙、刘两家根本利益的不同。为了争夺地盘，建立自己未来的帝业，他们之间有着难以调和的冲突。因此，在不同利益基础上的联盟，实质上是一种相互利用的暂时结合。但在这种现实的矛盾和冲突面前，孔明和鲁肃从三国鼎立的大局着眼，看得更远，直到赤壁之战以后，他俩仍然积极坚持联合的方针，主张共同对付主要的敌人——曹操。而周瑜却急功近利，过高估计了自己的力量，总想及早消灭未来的对手，在赤壁之战中采取了一系列破坏联盟的消极策略。例如，当刘备到江东会晤周瑜时，周瑜却埋伏下五十名刀斧手，想伺机暗杀刘备。周瑜看到诸葛亮的才智高他一头，先是请诸葛瑾招降孔明，未能成功，便多次设置圈套，妄图谋害诸葛亮。不过周瑜的这些阴险计划，都被足智多谋的诸葛亮一一挫败了，从而保证了孙、刘联合抗曹的胜利。

作者正是通过这场复杂的斗争，充分展现了诸葛亮善于以斗争求联合的大智大勇的外交才能。演义中的这段故事，为我们今天从事军事外交斗争提供了有益的启示。

曹仁南郡败周瑜的启示

在《三国演义》中，有很多城内设伏，智歼敌兵的故事。例如第十二回，吕布、陈宫守濮阳，用计将曹操诱入城内，然后四门放火，伏兵齐出，险些要了曹孟德的性命。第十八回，曹操采用"声东击西"之法攻南阳，贾诩将计就计，巧设陷阱，把偷袭入城的曹军杀得丢盔卸甲。还有诸葛亮火烧新野，张辽合肥歼吴兵等，几乎都是如法炮制的城内伏击战。而在第五十一回，曹仁智守南郡，则是这类故事中更典型的一例。

南郡保卫战，是曹操回许都之前就已预料到的事情。他估计周瑜在赤壁获胜之后，必然会长驱直入，夺取南郡，便在临走之际，留下密计一条，嘱咐守将曹仁危急时方可拆看。事态的发展果然不出曹操所料，赤壁之战刚一结束，周瑜便率大军，攻破夷陵，直逼南郡城下。形势已到了万分紧急的时刻，曹仁连忙拆开曹操留下的密书，照计而行。他令军士在城上遍插旌旗，然后带领人马弃城而出。那周瑜看得真切，见南郡城头"虚搠旌旗，无人守护"，又见对方兵士"腰下各束缚包裹"，自以为曹军已无斗志，不过是在虚布疑阵，准备逃跑，便引军掩杀过去。果然，曹军"皆不入城，望西北而走"。这时，得意忘形的周瑜，见南郡城门大开，未加思索就率兵一拥而入。谁知进城之后，突然"一声梆子响"，城上万箭齐发，"势如骤雨"，吴军"争先入城的，都颠入陷坑内"，周瑜也在乱军中不幸中箭负伤，翻身落马。接着，城内伏兵杀出，城外曹军又分两路杀回，把吴军打得大败。

南郡这次伏击战，可以给我们两点有益的启示。

其一，即使是聪明谨慎的将军，在连连获胜之后，也往往容易滋长骄傲的情绪而忘乎所以。周瑜在赤壁之战中，面临敌强我弱的形势，头脑十分清醒，审时度势，不乱方寸。当他战胜曹操的百万大军后，头脑却发热了。攻打南郡前，刘备曾劝说周瑜："曹操临归，令曹仁守南郡等处，必有奇计，更兼曹仁勇不可当，但恐都督不能取耳。"刘备这话，本来是对情况的正确分析，却成了一个最见效的激将法。周瑜正在兴头上，认为南郡"反手可得"，结果事与愿违，反中了曹仁的圈套。军事辩证法就是这样：在失败中包含着胜利的契机，而胜利中却常常埋藏着失败的祸种。古人讲，"将不可数胜，数胜则骄。"骄心生就会过高地估计自己的力量，过低地估计敌人的力量，对于发展中情况必不能详察。战争史上，许多屡战屡胜的将军，因变得骄傲轻敌，走向了自己的反面。周瑜胜赤壁而败南郡；大江大海都过去了，却在小河沟里翻了船，似乎不可思议，其实这并不违背历史的逻辑。

其二，以谋守城，城必固。在古代战争中，守城的方法多是依靠深沟高垒、滚木礌石、坚固的城池来阻挡敌人的进攻。这种守法是硬抗之策。孙子曾讲过："其下攻城。攻城之法，为不得已。"（《孙子兵法·谋攻篇》）但若进攻者凭借其所占据的主动地位，久围不解；而防御者不能主动地消灭敌人，就很难摆脱被动的境地，那么再坚固的城池终有被攻克的时日。看来，罗贯中对城防作战是很有研究的，他不仅看到了城池有坚硬的外壳可以御敌，更看到了城内也是捕捉熊罴的陷阱。示之以虚形，把敌人放到城内，采取"瓮中捉鳖"的战法更为有利。在演义中，作者设计了许多这样城内设伏的战斗情节，大概与他这一城防作战的创新思想分不开。

在现代条件下，我们实行城市坚守作战，固然不可忽视依托外围防护圈抗击敌人，不能轻易地放敌入城。但是，在一些特殊条件下，利用城区内的高楼大厦和敌人展开巷战，或有准备地伏击敌人，也不失为可行之策。更重要的是，随着空中武装力量投入战场运用，那种"层层剥皮"式的攻城之术将成为历史，城防作战可能先从巷战开始。这样，城内设伏的方法对今天的军事指挥者更有借鉴意义。

以虚对虚，以诈还诈

却说周瑜在南郡城内中箭落马后，被徐盛、丁奉等将舍命相救，才从乱军中捡回了一条命。这一战虽然败得很惨，但周瑜毕竟要比曹仁高明许多，南郡城内之败，对他来说，只不过是医治"骄傲"病症的一副清凉剂而已。他在养伤期间，很快想出了一条智胜曹仁的计策。

一天，正当曹仁在寨前骂战时，伤未痊愈的周瑜突然起身下床，不顾众人劝阻，披甲上马，率领数百骑冲出寨外，迎战曹军。东吴大将潘璋刚一出马，未及交锋，周瑜在马上"忽大叫一声，口中喷血，坠于马下"。这原来是个欺敌之法。周瑜被诸将抢救回营后，便装起死来了。他令军士皆"挂孝举哀"，然后遣心腹军士前往南郡诈降，散布周瑜"已死"的消息，暗地里却设下了机关。曹仁听到周瑜的"死讯"，信以为真，当晚便率领人马偷偷摸摸前来劫寨，被吴军杀得大败。在撤退途中，又连遭东吴兵马截杀，最后只得放弃南郡，"刺斜而走"，狼狈地"径投襄阳大路"，逃之夭夭了。

周瑜计败曹仁，可以说是以虚对虚，以诈还诈。你曹仁在城中设伏，骗我周瑜上当；我周瑜顺水推舟，来个营中设伏，诱你上钩，在这场智力赛中终于赢回一局。作者在这里提出了一个发人深思的问题：曹仁既然自己刚刚设空城，诱骗了周瑜，应当说他对这套"实而虚之"的把戏是很熟悉的；可是，当周瑜再把这个诱敌之策变换一下形式，反转来用给他时，他却不能识破。可见，兵不厌诈，是军事斗争的规律。借助战斗发展出现的各种情况，包括自己失败的情况，制造假象，迷惑敌人，方有取胜的良机。从另一方面讲，将军在战场上求利心切，就不可能全面深刻地分析敌情。若一味只想着进攻对手，则必然会忽视自己作战中可能遇到的困难。特别是当第一局得手后，先入为主的思想就会把战争的指导者引入迷途。因此，在这种情况下，用对手使用过的招数，反转来还掷给对手，常能收到出敌不意的奇效，谋略斗争的辩证法就是如此。

孔明的乘虚术

围绕南郡这一军事要地的争夺，演义展示出一幅军事家斗智赛谋的动人画卷。你看，周瑜误入圈套，曹仁又中埋伏，一谋接一谋，一计套一计，连环使用，令人目不暇接，不禁拍手叫绝。

不过，罗贯中的生花之笔，最终还落在刻画孔明。周瑜、曹仁之间一争一夺，各有胜负，互存长短，到头来都在孔明的掌握之中。

且说周瑜杀败曹仁后，得意洋洋，率军直取南郡。不料，当他来到城下时，却见城上"旌旗布满"，大将赵子龙威风凛凛地站立在南郡城头："都督少罪！吾奉军师将令，已取城了。"周瑜大怒，挥军攻城，却被乱箭射下。

煞费心机骋疆场，一场辛苦为谁忙。当初，周瑜在起兵攻打南郡时，听说刘备也欲取此城，非常恼火，曾亲自带领兵马，来找刘备交涉。刘备按照孔明的吩咐，答应由周瑜先取南郡，若取不下时，"备必取之"。周瑜一听此话，满口应承，十分高兴，放心大胆地攻打南郡去了。原来，孔明之所以让周瑜先打，是因为对战局的发展早已胸中有数了。他不仅算计到曹操回许都时，对南郡必有安排，求胜心切的周瑜必然中计；同时也预料到周瑜吃了败仗一定会对曹仁报复。先让他们双方拼杀吧，我好乘机取利。这就是孔明的妙算。因此，当周、曹双方在南郡激烈争夺时，孔明在一旁持重待机。周瑜、曹仁只顾了当面的敌情，却忘记了在他们背后正站着一位"渔翁"等着取利呢！

要说诸葛亮这次能乘虚入南郡，最重要的，还是他对整个战局发展的预见力。一个南郡，三家争夺，各家的策略是什么？局势将会出现什么变化？把这些问题弄清了，自然就会选出最佳对策。

从某种意义上说，军事指挥就是军事预测的艺术。没有预测，就不会有正确的决策和灵活的指挥。诸葛亮如果对战局发展没有全面的预见，那么他既不可能让周瑜先打南郡，也不会那样及时地趁双方激烈争夺之际攻取南郡。可见，只有对战役发展的全过程有清醒的认识，才能使每一步战役行动都环环入扣，从而争得优势和主动。

其实，演义中孙、刘、曹三方争南郡，赛谋赛智的精彩情节，与史料的叙述有很大出入。在《三国志》《资治通鉴》等书中，只是说赤壁大战之后，周瑜、程普率军进逼南郡，"攻曹仁岁余，所杀伤甚众，仁委城走。权以瑜领南郡太守，屯据江陵"。从这些简单的记述中，根本找不到三方赛智赛谋的场面。但从演义虚构的情节中，我们却可以看出，作者对城市争夺战的智慧、远见和丰富的想象能力。

孔明的一箭双雕

《三十六计》中有一计叫"调虎离山",意思是将有良好阵地依托的敌人,想方设法调离有利的地形条件,由强变弱,再一举歼灭。《三国演义》中,诸葛亮智取荆襄,就巧妙地运用了"调虎离山"计,不过孔明的目标不是"打虎"而是"占山"。

孔明夺下南郡后,从守将陈矫身上获得了曹军调动部队的兵符。他立刻计上心来,假称南郡告急,用兵符调动荆州、襄阳的曹军火速驰援南郡。与此同时,令关羽、张飞乘虚夺取荆州、襄阳。就这样,刘玄德按照孔明的安排,毫不费力地占了南郡和荆襄,可谓一箭双雕。此一举,为刘备后来夺取西川,扩大地盘,与曹操、孙权形成鼎足之势打下了根基,这是孔明在三国鼎立的战略大棋盘上,投下的一颗非常关键的棋子。

调动敌人,是军事指挥中的高级艺术。在战争的舞台上,指挥员、谋略家主观能动性的精彩表演,莫过于能够调动敌人而不被敌人所调动。正如恩格斯指出的,在战争中即使处于最困难的场合,"你可能被迫退却,你可能被击败,但是只要你能够左右敌人的行动,而不是听任敌人摆布,你就仍然在某种程度上占有优势。而更重要的是,你的每个士兵和整个军队都将感到自己比对方高出一筹。"(《马克思恩格斯全集》第一版第十卷)可见,调动敌人在作战指挥中占据着何等重要的地位。

纵观古代战争史，兵家名将调动敌人的办法各式各样："围魏救赵"，是以攻其必救，歼其救者来调动敌人；"示之以利，诱敌取之""形之以败，引敌追之"，是用示形、佯动等假象来调动敌人；"逸能劳之""乖其所之"，是我在处于劣势、敌占优势情况下采用的一种调敌之法等。总之，调动敌人的方法很多，运用之妙，存乎一心。罗贯中在演义里虚构的这个利用敌兵符调虎离山的故事，可以说是以假情报调动敌人的范例。利用情报调敌，最重要的是时机和保密。孔明夺得南郡后，趁曹仁还在和周瑜鏖战时，便向荆襄的曹军发出了"调令"，时机真是恰到好处。倘若时机一过，南郡已失的消息一经传出，再用此法，荆襄守敌就不会上钩了。

在今天，随着情报传递手段的现代化，利用假情报调动敌人的做法更方便，更频繁了。例如，在第二次世界大战中，美军制定了进攻意大利西西里岛的作战计划，并决定使用运输机向该岛运送空降部队。德军通过无线电破译了这一军事情报，便对飞行中的美军运输机群进行电子干扰，破坏了美空军基地与运输机群的通信联络。接着，德军出动轰炸机轮番轰炸英美联军的海上舰群。随后，德军又以无线电冒充美空军基地，向美运输机群发出假指令，诱使运输机群飞到英美联军的海上舰群上空。刚遭到德军轰炸的英美舰群，以为又是敌机临空，一齐开火，使许多美国飞行员还没反应过来便葬身鱼腹了。

第三次中东战争时，以色列事先掌握了阿拉伯军队通信联络的秘密，然后利用阿军无线电通信的呼号、频率和密码，将阿军的坦克、飞机引导到预伏地区加以摧毁；发出假命令调动阿军车队，再以重炮轰击；冒充阿军指挥部诱骗阿军部队，使阿军的反击遭到失败。可见，运用现代化工具，特别是现代情报信息传递手段，来迷惑敌人、调动敌人，仍然是争取作战主动权的重要艺术。

孔明为何以借为名占荆州

南郡之战以后,荆襄的归属问题致使孙、刘联盟的裂痕进一步加深。早把荆襄看作是东吴门户的孙权、周瑜,对诸葛亮计取荆襄十分恼恨。于是,南郡之战刚一结束,便派鲁肃前去索取荆州。理由是,在赤壁大战中,东吴"用计策,损兵马,费钱粮","杀退曹兵,救了皇叔","所有荆州九郡,合当归于东吴"。按说,赤壁之战是孙、刘联盟的胜利,刘备漂泊半生,根据地没有开辟,就是公开提出荆州应归刘皇叔所有,也可以讲出几句气壮的理由来。然而,孔明没有这样做,他反驳鲁子敬的话,更是合情合理:"常言道:'物必归主。'荆襄九郡,非东吴之地,乃刘景升之基业。吾主固景升之弟也。景升虽亡,其子尚在;以叔辅侄,而取荆襄,有何不可?"接着请出刘琦作证,使得鲁肃"默然无语"。令人费解的是,当鲁子敬提出"若公子不在,须将城池还我东吴"时,孔明没有坚持占据荆州的观点,而是顺口答应了鲁子敬。后来鲁肃几次来索要荆州,诸葛亮都是以"借"搪塞。有一句俗话,"刘备借荆州,一借永不还",就是从这里来的。

既然刘备、诸葛亮的目的是要把荆州据为己有,孔明早在隆中对策中就已将荆州划入刘备的版图,那么他为何对荆州只提"借"而不说占呢?原来孔明的高明之处,就在于他能够从大局着眼,既要占荆州,又不因此破坏孙、刘联盟。但荆州之争毕竟是孙、刘之间根本利益的冲突，在当时的形势下，如果不能解决好这一矛盾，联盟则难以维持；若是为了维持联盟，而把荆襄让给孙权，刘备则会失掉生存之地。为了两全，诸葛亮想出了"借"荆州的妙策。这样，既能占据荆襄，而又不会马上和东吴撕破脸皮。

从当时的整个形势看，荆州作为军事要冲，对于孙、刘、曹三家来说，都具有十分重要的战略意义。曹操只有夺取荆州，方能南越长江，实现其南北统一的雄心大业；孙权要统一长江以南，以图发展，也必须占有荆襄；而对刘备来说，荆州是他向西川发展的基地，更是非占不可的。因此，赤壁之战实质上就是一场孙、刘、曹争夺荆州的大战。这场大战之后，天下基本形成了三足鼎立之势。曹操虽然兵败赤壁，但仍然是一支非常强大的力量。而刘备在进取西川前，比起孙权和曹操，力量还很弱小。这种力量的对比，要求刘备集团必须继续坚持联合东吴的方针，以共同对付曹操。

另外，从地理位置上看，荆州是后来魏、蜀、吴三国的接壤处，兵法上称此为衢地。《孙子兵法·九地篇》中说："诸侯之地三属，先至而得天下之众者，为衢地。""衢"者，四通也。孙子特别强调，对待衢地的策略是在外交上争取主动，即"衢地则合交"。因此，只有从外交上结好东吴，才能保住荆州这块战略要地。基于这些原因，孔明提出"借"荆州，力求以外交手段为军事斗争谋取有利的转机。在这个"借"字当中，贯穿着一系列的谈判、协议和扯皮。直到吕蒙智夺荆州前，孙、刘双方尽管存在着不少矛盾和摩擦，但始终没有爆发大的军事冲突，从而为刘备赢得了大量时间。在这段时间内，刘备乘机取得了西川、汉中等地，终于发展成为一支可以和曹操、孙权相抗衡的强大力量。试想，如果孔明不以"借"为策略，而像后来关羽那样公开提出荆州应为我所得，孙、刘联盟势必顷刻瓦解。这样，刘备非但不能抽身取西川，还可能遭到孙、曹两家的联合进攻。应当看到，在三角关系中，"联盟"是共同利益的结合；随着利益矛盾的变化，"联盟"会不断重新进行组合。

军事家在制定策略时，只有从宏观着眼，从整体上来认识错综复杂的矛盾,才能提出正确的方针策略。演义中描写孔明以"借"为名占荆州,虽然加进了一些虚构的成分,与史料的记载有不少出入[①],但作者通过表现孔明这种灵活机动的军事外交策略,使这场军事外交斗争更为完整、形象,人们从中受到的启迪也就更深。

谋略家的预见力
——从诸葛亮的"三个锦囊"谈起

"周郎妙计安天下,赔了夫人又折兵"。二气周瑜中的这句话,已经成了人们讽刺那些善耍小聪明,到头来却搬起石头砸自己脚的人的一句口头禅了。

围绕对荆州的争夺,孙、刘双方斗智斗谋,真是机关算尽。刘备东吴招亲,是这场斗争中的一出好戏。京剧《回荆州》,就是演的这件事。

关于孙、刘联姻,在历史上确有其事。据《三国志·先主传》记载,赤壁之战后,刘备势力发展很快。他征服了湖南的武陵、长沙、桂阳、零陵四郡。适逢荆州刺史刘琦病死,刘备又被推为荆州牧,驻扎在公安。在此情势下,"(孙)权稍畏之,进妹固好"。可见,孙权把其妹许配给刘备,主要是

---

① 据《三国志》《资治通鉴》等史料记载,赤壁之战后,曹孙刘三方瓜分了荆州:曹操退守章陵、南阳二郡;孙权占江夏、南郡二郡;刘备乘周瑜攻打南郡之机,夺了江南的武陵、长沙、零陵、桂阳四郡。刘备恐孙权夺江南四郡,荐刘表之子刘琦为荆州刺史;又荐孙权为车骑将军,领徐州牧,并以"地少不足以安其民"为借口,向孙权借南郡。孙权为共同抗曹同意借南郡给刘备,并荐刘备为荆州牧。

为了拉拢刘备,是一种政治联姻,对当时巩固孙、刘联盟起了一定的作用。演义的作者根据这段简单的历史记载,加以夸张、虚构,耗费整整两回的篇幅,使之变成了一场妙趣横生的谋略战。

在这场谋略战中,最引人入胜的是,大将赵云保驾刘备去东吴招亲之前,诸葛亮曾送给他三个锦囊,内装三条妙计。后来事态的发展,完全如同锦囊妙计之所料,充分表现了诸葛亮神机妙算的才能。

人们常用锦囊妙计来形容高深的谋略。据查,锦囊是古人用缎锦织成的口袋,多用以封藏诗稿或机密文件。而锦囊妙计,主要是指人们根据事态的发展变化,把预先制定好的行动方案、对策、计划,储存进去,到了必要的时间,再取出来看。演义中多处用锦囊妙计的形式,来表示谋略家的高超智慧。例如在第五十一回,曹操曾留给南郡守将曹仁妙计一条,嘱他"急则开之,依计而行";第六十七回,孙权率十万之众攻打合肥时,远在汉中作战的曹操,差人给张辽送回木匣一个,在封条上写着"贼来乃发",密授机宜。在刘备招亲这出戏中,诸葛亮送给赵云的三个锦囊,则更突出地体现了孔明的远谋深算。

诸葛亮的三条锦囊妙计纯系作者虚构,但这段入情入理的虚构,却能给人们研究军事谋略以很大的启示。一些谋略家之所以能够未卜先知,在于他们掌握了矛盾斗争的一般发展规律。总的说,孙、刘荆州之争这一根本矛盾,决定了两家在军事上的必然冲突。孙权将妹妹嫁给刘备,不过是周瑜欲夺荆州而设下的一计,明眼人皆能识破,又岂能瞒得过诸葛亮?诸葛亮既然能识破,那当然要想办法破解,使孙权、周瑜弄巧成拙,弄假成真。

从故事的叙述来看,诸葛亮是这样预见事态发展的:

首先,孙权、周瑜的"招亲"既然只不过是一场骗局,那么便可推断孙权绝不会向东吴百姓宣传此事,更不会告诉在东吴内政方面据有实力地位的吴国太和乔国老,所以此事一旦败露,就会使孙权难以下台。因此,诸葛亮在第一个锦囊中告诉赵云,一到东吴就要大张旗鼓地制造声势,让南徐"城中人尽知其事",并且要刘备立即拜见乔国老。这样一来,就使孙权和周瑜处于被动难堪的地位上了。

同时，孔明还预料到，即使"招亲"成功，孙、刘之间的矛盾并不会因此得到解决，孙权、周瑜在强硬手段失败后，还会使出怀柔策略，以声色犬马、奢侈生活来腐蚀刘备的斗志；而久经沙场的刘备一旦踏入"安乐窝"，必然不能自拔。所以，诸葛亮在第二个锦囊中，又安排了智激刘备返回荆州的妙计。

诸葛亮又考虑到，当刘备逃出陷阱后，一定会引起孙、刘之间矛盾的公开化，东吴大军必会追杀刘备。在这紧要关头，只凭赵云一人，武艺再高强，也难以抵御。唯独靠孙夫人，以国太爱女、吴主之妹的身份，才能镇住东吴将领。根据此番推测，诸葛亮又设下了第三条锦囊妙计。

"招亲"整个过程的发展变化，果然与诸葛亮的预料一致：刘备正是在吴国太和乔国老的庇护之下，才"洞房续佳偶"，顺利操办了喜事；当刘备为"声色所迷，全然不想回荆州"时，赵云忽报曹操"起精兵五十万，杀奔荆州"，急得刘玄德连忙偕夫人偷偷离开东吴；而在东吴人马围追堵截的危难时刻，又是孙夫人挺身而出，力喝众将，使刘备安然脱险。最后，诸葛亮又巧布埋伏，把东吴追兵打得大败，使孙权、周瑜"赔了夫人又折兵"。

刘备东吴招亲这个生动的故事，可以给人们几点深刻的教益：

第一，在谋略斗争中，对事态发展变化预见得愈准确，计谋运用就愈高明。事前诸葛亮有先见之明，处处主动；事后诸葛亮，即使经验总结得再好，教训找得再准，损失终究无法挽回了。"凡事预则立，不预则废。"对于指挥员来说，先见之明比什么都重要。

第二，预见未来是谋略家的基本功。从心理学的角度讲，每个人都有预见未来的能力，预见是人的主观能动性的一种表现。谋略家在紧张激烈的智力角逐中，必须充分发挥自己的预见力。在平时，只有注意练好这一手，才能在作战中高敌一筹，算在敌先，掌握主动权。从这个意义上讲，指挥就是预见，领导就是预测。

第三，只有对客观事物的矛盾作出全面透彻的分析，才能准确把握事态的发展变化。所谓未卜先知,并不是靠坐在屋里幻想和空想,而是基于对客观矛盾进行实事求是地分析所得出的结论。诸葛亮的三条锦囊妙计都在情理之中,正是对客观矛盾精辟分析的结果。

另外,在全面透彻分析客观事物矛盾的同时,要善于从多种矛盾中抓住决定事物性质和发展方向的主要矛盾。在刘备招亲这则故事中,孙、刘之间根本利益的冲突始终是矛盾的主线。孙权、周瑜无论是以"招亲"为名"请君入瓮",还是用荣华富贵软化、派重兵堵截追杀刘备,都是围绕这条矛盾主线发展变化的。把握住这条主线,就会对未来的发展曲线看得比较清楚。

孙权上表刘备为荆州牧的用意
——再谈军事斗争中的"伐交"

自从刘备偕孙夫人从东吴平安返回荆州后,孙、刘两家的矛盾更加深化了。但在这时,气急败坏的孙权突然一反常态,派人到许都上表,公开奏请刘备为荆州牧。

荆州本是孙权朝思暮想、势在必夺之地,他曾费尽心机,多次向刘备讨要,为什么现在又公开奏请刘备为荆州牧呢?原来,醉翁之意不在酒,孙权自有他的安排,这一点演义中讲得很清楚。孙权弄巧成拙,"赔了夫人又折兵"后,欲立即攻打荆州,报仇雪恨。这时,张昭进谏道:"曹操日夜思报赤壁之恨,因恐孙、刘同心,故未敢兴兵。今主公若以一时之忿,自相吞并,操必乘虚来攻,国势危矣。"紧接着,谋士顾雍献了一计:"为今之计,莫若使人赴许都，表刘备为荆州牧。曹操知之，则惧而不敢加兵于东南。且使刘备不恨于主公。然后使心腹用反间之计，令曹、刘相攻，吾乘隙而图之。"孙权听罢大喜，随即派华歆携表前往许都。

十分有趣的是，孙权的这套鬼把戏，早被曹丞相手下的谋士程昱给看穿了。他对曹操说道："孙权本忌刘备，欲以兵攻之，但恐丞相乘虚而击，故令华歆为使，表荐刘备。乃安备之心，以塞丞相之望耳。"接着，程昱献一计说："东吴所倚者，周瑜也。丞相今表奏周瑜为南郡太守、程普为江夏太守，留华歆在朝重用之，瑜必自与刘备为仇故矣。"狡诈的曹操听从程昱之言，来了个"踢足球"的办法，把这个矛盾又"踢"了回去。由此，便引出了一场周瑜"假途伐虢"，武力夺荆州；孔明将计就计，三气周公瑾的闹剧。

从这段精彩的故事可以看出，在军事对垒的"三角关系"中，谁要想占上风，谁就必须想办法挑起另外两方的争斗，而使自己处在"渔人"的位置上。制造矛盾、利用矛盾，一方面是争取盟友，一方面又在破坏对方的联盟。因此，"伐交"、外交战在这种形势下表现得尤为激烈。你看，孙权上表奏请刘备为荆州牧，想挑起曹、刘之间的火并，没想到曹操一转手，却表奏周瑜为南郡太守，程普为江夏太守，反引来了孙、刘两家的厮杀。毫无疑问，站在"渔人"的位置上，坐在山顶观虎斗，或者立足场外当裁判是最主动的。那些在百万军中奋力冲杀的将军，如果眼睛只盯着战场，看不到政治交易所中温情脉脉的角逐，实在是目光短浅的庸夫俗将。事实证明，"伐交"往往能够达到战场上所不能达到的目的。兵法讲，"上兵伐谋，其次伐交"，其实，"伐交"本身就是精彩的谋攻。善于权变的军事家，无疑也是出众的外交家。真正会用兵的将军，并不是不问政治的。

历史上虽有孙权推荐刘备为荆州牧一事，但这场孙、曹双方互推矛盾的外交斗争，并无记载。人们从这则闪耀着智慧火花的小故事中，可以看出罗贯中是深谙"伐交"之道的。

从周瑜之死说开去

每当人们谈起诸葛亮三气周瑜的故事,无不为周瑜的气量狭小而叹息,为孔明的智力过人而叫绝。其实,历史上的周瑜并不像演义中描绘的那样。据史料讲,他"性度恢廓,大率为得人:惟与程普不睦"。起初,程普自恃功高年长,瞧不起周瑜,甚至"数陵侮瑜",而周瑜"折节容下,终不与校",感动了程普。"普后自敬服而亲重之,乃告人曰:'与周公瑾交,若饮醇醪,不觉自醉。'时人以其谦让服人如此。"可见,周瑜确实有些大政治家的气量。那么,罗贯中为何把周瑜写成一个气量狭小的英雄呢?文学研究者们进行过多种探讨。应当看到,周瑜不是一个孤立的人物形象,他代表了战争史上这一种类型的将军。就演义的本意来看,孔明三气周瑜,并非真心想把周瑜气死,而是他在孙、刘联盟中,坚持从斗争中求联合的结果。这一点演义中讲得很明白,孔明每一次气周瑜,都是由周瑜一心想索取荆州步步紧逼造成的。荆州是影响孙、刘关系的关节点,孔明既要保住荆州,又不想破坏孙、刘联盟,这是一个复杂的矛盾。解决矛盾的办法,只能是又斗争又联合。既不能使周瑜计谋得逞,还要争取和东吴继续联盟,这就是谋略家的高明之处。对此,在孔明第三次气周瑜和周瑜死后孔明去东吴吊孝的情节中,表现得尤为突出。

当周瑜"假途伐虢"欲取荆州的计谋败露后,他便意气用事,在没有后援,各方面准备都不充足的情况下,"誓取"西川。行至巴丘时,孔明曾给周瑜写了一封信,信里写道:"益州民强地险,刘璋虽暗弱,足以自守。今劳师远征,转运万里,欲收全功","亮窃以为不可"。孔明还特别指出,"曹操失利于赤壁,志岂须臾忘报仇哉?今足下兴兵远征,倘操乘虚而至,江南齑粉矣!"应该说,孔明这封信是从客观实际和战略全局出发,对周瑜进行语重心长的劝说之词,但周瑜因缺乏联盟的思想,没能从正面理解。他在进退维谷之际,听不进诸葛亮的劝告,反而仰天长叹,"既生瑜,何生亮",最后气绝身亡。

周瑜死后,诸葛亮知道东吴将领对他心怀仇恨,但他还是从维护孙、刘联盟的战略全局出发,不顾刘备等人的劝阻,毅然冒杀身之险亲自前往东吴吊孝。通过吊孝,诸葛亮以真情实意,消除了东吴将领的愤恨情绪。东吴众将见孔明祭奠周瑜时的哀恸情景,不禁自相谓曰:"人尽道公瑾与孔明不睦,今观其祭奠之情,人皆虚言也。"从而避免了周瑜之死而可能导致孙、刘联盟破裂的危险。

总之,三气周瑜故事的整个发展过程,都是为充分展示孔明的战略远见进行的渲染和铺垫。作者把周瑜的个性特点,放在孙、刘矛盾不断发展深化这一大的历史背景下来刻画,使人物形象显得更生动、更鲜明。

由周瑜之死,可以给军事指挥员一些有益的启示。

首先,作为一个高级军事指挥员,要有宏观战略思想。一切军事行动都应从大局着想,围绕总的战略目标部署实施。周瑜身为东吴三军的统帅,却十分缺乏战略眼光。他不顾长远利益,斤斤计较一城一地的得失,就显得步步被动,智浅能低。比如荆州问题,此地关系到东吴的切身利益,当然要争,但应把眼光放得远些,从孙、刘联盟的大局计议,不能操之过急,这样对孙、刘两方都有好处。如果两家大打出手,那只会对曹操有利。其实,孔明第三次气周瑜,从某种意义上说,就是曹操挑起的。曹操为了制造孙、刘两家的矛盾,表奏周瑜为南郡太守。周瑜由于在战略上看得浅,只顾眼前利益,结果上了曹操的圈套。

其次,指挥员的战略眼光与自身的思想修养紧密相联,凡属战略指导上的"近视眼"的,多是些鸡肠小肚的急性人。他们不能容人,嫉妒盟友,为一时之气怒，就忘乎所以。

心胸狭小的另一恶果就是凭感情用事，打鲁莽仗。《孙子兵法》中讲："三军可夺气，将军可夺心。"那些修养不成熟的将军，心理素质不健全，就很容易失去理智。周瑜在客观实际不允许的情况下，为和孔明赌气挥师西进，劳师费时，给东吴军事力量带来了损失。可以想象，周瑜若是真打到西川，不仅面临全军覆没的危险，而且必会使东吴在战略上处于极为不利的境地。"要有孔明的眼力，莫学公瑾的肚量。"这句话对于我们今天的军事指挥员，仍是有益的格言。

第三编
三国鼎立

刘备取蜀称王,三足势成。

孔明的"三步走"战略成功实现两步,蜀汉进入事业辉煌期。然而,光荣的顶点常常是衰败的转折点。关羽虽有水淹七军之胜,却忽视东和孙权之策,埋下了历史改写的伏笔。

有感于鲁肃荐庞统

"伏龙、凤雏,两人得一,可安天下。"凤雏者,庞统也。在《三国演义》中,庞统算是一位卓有才华,而又未能充分显露的谋略家。赤壁之战中,他向曹操巧授连环计,为孙、刘联军火烧曹军战船立了大功。但后来有一段时间,这位贤士在江南可以说竟处于报国无门的境地。

鲁肃慧眼识英才,周瑜死后,他曾向孙权力荐庞统。可惜孙权这位一贯珍惜人才的明主,这次却犯了以貌取人的错误。他见庞统"浓眉掀鼻,黑面短髯,形容古怪",心里十分"不喜",又嫌庞统出言不逊,轻视周瑜,便拒而不用,轻易地将他放跑了。

但值得深思的是,后来鲁肃竟写信把这位有匡世之才的凤雏先生推荐给了刘备。毫无疑问,鲁肃是一位爱惜人才,举贤荐能的好伯乐。他欲主动让出东吴兵马大都督的位置而力荐庞统,就充分说明了这一点。但在当时三家鼎立,各为其主的形势下,他居然向刘备推荐贤才,就显得有些不可思议了。如果单纯从思贤若渴、惜才如宝的角度来解释,是无法讲通的。倘若气量狭小的周瑜还在世,庞统如不能为东吴所用,必会成为他的刀下之鬼。

然而,我们如果全面思索,便可以从鲁肃荐庞统一事中,进一步看出他的战略远见。在鲁肃引庞统拜见孙权之后,演义中有这样一段描写:

鲁肃出谓庞统曰:"非肃不荐足下,奈吴侯不肯用公,公且耐心。"

统低头长叹不语。肃曰:"公莫非无意于吴中乎?"统不答。肃曰:"公报匡济之才,何往不利?可实对肃言,将欲何往?"统曰:"吾欲投曹操去也。"肃曰:"此明珠暗投矣。可往荆州投刘皇叔,必然重用。"统曰:"统意实欲如此,前言戏耳。"肃曰:"某当作书奉荐。公辅玄德,必令孙、刘两家,无相攻击,同力破曹。"

从这段对话中可以看出,鲁肃对庞统有三策,反映出了他对划分敌我友的不同界限和态度。上策当然是劝说庞统"耐心"留在东吴,以待后用。这一策不成,那就宁可将人才赠与盟友,而绝不让他落入敌手,此为中策。假如庞统真心投曹的话,鲁肃对庞统是否还能诚心相待,是否会使出下策——用强制的办法不让庞统投曹,就很值得研究了。可见,鲁肃的爱惜人才,是和他的整个战略意图紧密联系在一起的,这同周瑜相比,不知高出多少倍!

其实,史籍中并没有鲁肃向孙权力荐庞统的记载,但确有鲁肃作书于刘备,称赞、推荐庞统一事。《三国志·庞统传》中说:"先主领荆州,统以从事耒阳令,在县不治,免官。吴将鲁肃遗先主书曰:'庞士元非百里之才也,使处治中、别驾之任,始当展其骥足耳。'"罗贯中将史实与虚构巧妙地捏合在一起,在直接表现鲁肃忠厚诚实的特点中,隐现出他深谋远虑的战略思想。

诸葛亮一着活全盘

一幅诸侯争雄的战略态势图,实际上是一个力量相互牵制的"关系网"。制定军事策略若不能够通观全局,只顾眼前的利害得失,就很难做出正确的决策。

俗话说："螳螂捕蝉，黄雀在后。"如果你处在"螳螂"的位置上，只想到捕"蝉"的利益，看不见"黄雀"在盯着自己，则很可能引来杀身之祸。眼力过人的谋略家，胸怀全局，把握枢纽，善于利用矛盾，借助"外力"来平衡战场力量，常能投一"子"而使全盘皆活。演义第五十八回中，诸葛亮一封书信，解救东吴之危，就是非常精彩的一例。

且说曹操谋杀马腾之后，又欲趁周瑜新死之际，进兵东吴，消灭孙权。但在此时，探马忽报，刘备正在"调练军马，收拾器械，将欲取川"。曹操闻听大惊，这一消息使他在决策的岔路口上突然犹豫起来：此时若进攻孙权，就会给刘备留下扩张势力的空子，"刘备收川，则羽翼成矣"，将来难以"图之"；如果讨伐刘备，又失去了攻打东吴的好时机。正当他举棋不定的时候，谋士陈群献计说："今刘备、孙权结为唇齿，若刘备欲取西川，丞相可命上将提兵，会合肥之众，径取江南，则孙权必求救于刘备；备意在西川，必无心救权。"这样，江东可得，荆州可平，然后徐图西川，"天下定矣"。曹操听了这个主意，茅塞顿开。原来刘备进兵西川，正好给自己造成了夺取江南的良机。于是，他立即起兵三十万，把进攻的矛头直指江南。

面对曹军咄咄逼人的攻势，孙权惊慌失措，立即命鲁肃使人前往荆州告急。刘备集团对此左右为难：若不援江东，孙、刘联盟顷刻瓦解，难免会被曹操各个击破；如果驰援江东，就会丧失夺取西川的时机。这步棋应该怎样走？确实是个难解的"扣子"。可是，刚由南郡赶回荆州的诸葛亮，看了鲁肃的来书后，轻摇羽扇，泰然自若地说道："不消动江南之兵，也不必动荆州之兵，自使曹操不敢正觑东南。"原来，孔明早已料到，曹操诛杀马腾之后，其子马超"必切齿操贼"，只要刘备作书"往结马超，使超兴兵入关，则操又何暇下江南乎？"刘备依计而行。果然，马超这只"黄雀"亲自率领二十万西凉大军浩浩荡荡杀向关内，连下长安、潼关二城，急得曹操赶忙率军西向，掉转头来对付马超去了。

曹操进攻东吴，造成了江南的紧张局势；东吴求援于荆州，也算给刘备出了道难题。这道难题若只从正面解，只看当前，无论如何也找不到最佳答案。但诸葛亮的一封书信，却把曹操摆布得首尾难以相顾。这里有个战场力量平衡的奥妙。在多极军事力量形成制衡格局的战场上，各方力量处于互相牵制之中，往往陷入僵持。这种局势下，最重要的是善于利用矛盾，孤立主要敌人，搞好统一战线，这样才能保持己方力量的平衡，打破敌方力量的协调，以赢得主动进取的契机。诸葛亮通过联合西凉力量，牵制曹操的南下战略，既免除了东吴所面临的危险，又保证了刘备进取西川战略方针的实施。仔细观察由此形成的战略格局，可以说诸葛亮是用三点制一点，将本来处于主动地位的曹操置于被动不利的态势下。

演义中的这个故事与真实的历史材料有很大出入。其实，马腾并非死在马超起兵之前。据《三国志》《资治通鉴》等史书记载，马腾因与韩遂不和，"求还京畿（许都）。于是征为卫尉，以超为偏将军，封都亭侯，领腾部曲。"后来，曹操遣司隶校卫钟繇征讨张鲁，又派夏侯渊等将兵出河东，会合钟繇。部下高柔曾劝曹操："大兵西出，韩遂、马超疑为袭己，必相扇动。"曹操不听。果然，"马超、韩遂、侯选、程银、杨秋、李堪、张横、梁兴、成宜、马玩等十部皆反，其众十万屯据潼关。"曹操以马超举兵谋反，诛杀马腾。可见，曹操率军兵临东吴，诸葛亮劝刘备作书马超，马超为报杀父之仇兴兵讨曹，纯系子虚乌有之事。但演义中这节虚构的故事所反映的军事哲理，还是颇有实际价值的。

马超增兵，曹操为何喜形于色

曹操与马超决战于潼关，曹操虽然在初战中吃了些亏，但在相持阶段，他采取持重待机的策略是很高明的。

急于速胜的马超为一举灭曹,竟然接连不断地从西凉调兵,真有点孤注一掷了。曹营将士见西凉兵源源而来,心中不免有些惊慌。然而,曹操非但没有惊慌失措,反而"每闻贼加兵添众,则有喜色"。当他听说马超援兵愈增愈多时,甚至"就于帐中设宴作贺",弄得手下将士都不解其意。马超增兵,曹操为何反倒喜形于色呢?直到潼关大捷之后,曹操才解开这个"谜"。他对众将说:"关中边远,若群贼各依险阻,征之非一二年不可平复。今皆来聚一处,其众虽多,人心不一,易于离间,一举可灭,吾故喜也。"众将听后心服口服,称赞不已。

曹操的这番话包含着三层意思:一是马超援军虽多,但都是些七拼八凑的杂牌兵,人心不一,想法各异,内部矛盾重重,可以说是送上门的"肥肉",当然多多益善了。二是马超即便这次不来进攻,将来曹操也得率众西征,现在把西凉兵都吸引过来,在家门口一举歼灭,正好免去了曹军的西征之苦。三是西凉路途遥远,马超增兵愈多,补给也就愈困难,愈难以持久,这样就为曹操持重待机,最后取胜创造了有利的条件。

另外,我们从马超增兵,曹操大喜这个故事中还可以悟出,军事指挥员性格的陶冶和修养在作战中所起的重要作用。事实证明,指挥员敏锐的洞察力要比一般战术方法更有价值。曹操不愧是一个经过了官渡、赤壁等大战考验的军事统帅。他有着丰富的战场经验,能够从敌人的主动中发现其潜在的被动危局,从自己的不利中找到争取有利的契机,从而在最艰苦的时节泰然自若,运筹帷幄,充满了必胜的信心。

演义中的这段故事,在《三国志》《资治通鉴》等史书中都有记载,《三国志·武帝纪》中说:"始,贼每一部到,公(曹操)辄有喜色。贼破之后,诸将问其故。公答曰:'关中长远,若贼各依险阻,征之,不一二年不可定也。今皆来集,其众虽多,莫相归服,军无嫡主,一举可灭,为功差易,吾是以喜。'"这段记述与演义中的描写基本一致。再一次证明,历史上的曹操和艺术作品中的曹操有一定的统一性,他虽然也有许多失策之处,但总的看,他的眼力还是高出了一般,不愧是一位远谋深算的天才统帅。

马超失败的原因

有人作过这样的评价："三国战将数马超"。就其勇力而言，马超的确不在吕布之下。他归顺刘备后，封为"五虎上将"之一，只是因资历浅才被排在了关、张等人之后。

马超与曹操在潼关地区决战时，开始曾处于优势和主动的地位。马超依仗高强的武艺把曹操杀得脱袍割须，几次差点将他生擒活捉。为此，曹孟德咬牙切齿地说道："马儿不死，吾无葬地矣！"可见曹操对他怕到了何种程度。然而，几经较量，武艺超群的马超最终还是惨败在曹操的手下——几十万西凉大军"止剩得三十余骑"，狼狈不堪地"望陇西临洮而去"。

马超在这次决战中为何由主动变为被动，从开始胜利在望的形势转为后来一败涂地的结局呢？分析起来，颇能给军事家们一些有益的启迪。

首先，马超失利的主要原因就在于他勇多而谋少。马超虽不像吕布那样有勇无谋，在作战中还能够略施小计破长安、取潼关，运用"半渡击"的战法在渭水河岸大败曹操；但他的智谋比起他的勇力来，还是有些比例失调，从而造成了他性格上的不平衡发展。拿破仑曾把优秀军事统帅各种品质的综合，形象地比喻成一个"正方形"。这个正方形的"底"是指挥员的勇敢、顽强、果断等精神要素；"高"则是指挥员的智慧，包括谋略、卓识等智力在内。拿破仑特别强调，智与勇二者在指挥员的精神世界里，必须要等量齐观地发展，才能在战场上应付各种复杂的局面。

作为高级军事指挥员，智谋比勇力显得更为重要，诚如克劳塞维茨指出的："指挥官的职位越高，智力、理解力和认识力在他的活动中就越起主导作用。"（《战争论》）即使是在古代战争中，军事统帅也不必处处都亲自挥刀舞枪，面对面与敌人"白刃相搏"，但他必须善于运筹帷幄，正确地指导战争。因此严格地讲，高级军事指挥员的精神世界，应该是一个智多于勇的"长方形"。马超身为几十万西凉大军的统帅，却总想凭自己的武艺同曹操决一死战。尽管他多次一马当先，奋力冲杀，但终不能战胜老谋深算的曹操。还应当指出，军事统帅的勇如果多于谋，就很容易导致性格畸形发展，即往往只相信勇力制胜，而忽略"上兵伐谋"的重要，其结果必然会被谋深智多的对手所击败。

马超不仅自身多勇少谋，而且身边又无谋士相助，这也是他失利的一个重要原因。军事统帅本人智勇双全固然可贵，但更重要的是身边要有一个出谋划策的智囊机构，用现代语言来说就是要有个"智囊团"。分析三国鼎立的大局，曹、刘、孙三家之所以能成气候，与他们每人身边聚集着一群智士能人是分不开的。而马超手下的兵力虽然不弱，身边却没有在关键时刻能够出谋献策的"智多星"，因此在潼关决战中处处显得智低一筹，常被曹操算计。多谋胜少谋，多算胜少算，是军事斗争的必然规律，马超孤身一人对付曹操的"谋略群"，当然就必输无疑了。

另外，马超性格上的多疑是他的一个致命弱点。俗话说"三人要同心，黄土变成金"。马超这次和西凉太守韩遂并肩作战，本应与韩齐心协力，共同抗曹，这样还能弥补一些他们在智谋上的不足。但是，由于马超疑心太重，总是猜忌韩遂通敌，结果使曹操的反间计获得了成功。在战场上的猜忌和多疑，是指挥员心胸狭窄的表现，也是联合作战中的大忌。可以设想，假使马超心胸宽大，对韩遂十分信任的话，那么曹操的计谋非但不能得逞，马超、韩遂还可能顺势将计就计，反诱曹操落入圈套，从而导演出一幕精彩生动的活剧来。只因马超的这一弱点，西凉大军内部闹分裂，韩遂被迫投曹，造成了彻底失败的一场悲剧。

从艺术创作的角度来看，罗贯中对于马超多疑的性格特点刻画得十分自然可信。马超的多疑,并不是在战场上突然产生的,而是随着马、韩共同起兵讨曹的过程逐渐发展起来的。曹操计杀马腾之后,曾用"二虎竞食"之计,诱使韩遂杀掉马超,虽然没有成功,但多多少少在二人之间留下了一道阴影。接着,他又在战场上巧施反间计,继续离间马、韩二人的关系。这时,战局又出现逆转,自然会引起马超前前后后的思索,从而加重他的疑心。这种艺术上顺理成章的描写,可以更加启发人们注意到施展反间计时所需要的条件。

艺术的概括力愈强,它所反映的思想内容的普遍性、代表性也就愈大。在史料中,虽然有曹操在战场上离间马超、韩遂一事,但情节并没有这样曲折,也没有韩遂投曹的记载。《资治通鉴·汉纪五十八》中说,曹操大破西凉军后,"遂、超奔凉州,杨秋奔安定"。然而,从演义和史料的对照来看,正可以说明历史材料所反映的只是一件具体的事例,而罗贯中则用高度的艺术概括反映出军事上施计斗谋的带普遍性的规律。所以,它对我们今天的启示,又高于那种特定条件下的个别战例的经验。

值得寻味的刘备待张松

张松献地图,在《三国演义》中是一段饶有风趣的故事。

据史料记载,张松赴荆州这件事发生在赤壁大战前夕。《资治通鉴·汉纪五十七》中写道:"益州牧刘璋闻曹操克荆州,遣别驾张松致敬于操。松为人短小放荡,然识达果。操时已定荆州,走刘备,不复存录松。主簿杨修白操辟松,操不纳;松以此怨,归,劝刘璋绝操,与刘备相结,璋从之。"在这段叙述之后，书中有一段深刻的评述："昔齐桓一矜其功而叛者九国；曹操暂自骄伐而天下三分。皆勤之于数十年之内而弃之于俯仰之顷，岂不惜乎！"

演义将这件事安插在赤壁大战之后、刘备正欲取西川的节骨眼上，把张松拜会曹操的地点改成许都；又虚构了张松赴荆州见刘备，献出西川地形图的情节①。在这个故事中，作者从曹、刘对张松的不同态度，入情入理地反映了双方的智谋高下，战略得失。

起初，刘璋闻汉中张鲁欲兴兵取川，曾"心中大忧，急聚众官商议"。别驾张松自告奋勇，携带"金珠锦绮"前往许都，欲结连曹操，共制张鲁。但曹操这时刚战胜马超，骄心正盛，一见张松其貌不扬，那种礼贤下士的风度消失得无影无踪；加上张松对他的戏弄，一气之下，将其"乱棒打出"。曹操以骄横的态度待张松这件事，尽管演义与史料在时间、地点及细节上有很大出入，但都真切地反映了曹操在战略上的失误。

与曹操的态度正相反，刘备在这一点上显得特别高明。张松由许都转赴荆州，才行至郢州界口，便受到大将赵子龙的热情接待；来到荆州界首馆驿时，关云长又带领人马早已在门前恭候；当他到达荆州城下时，"玄德领着伏龙、凤雏"，亲自出城迎接。这使得刚在许都饱受曹操欺辱的张松受宠若惊，真是感激涕零。

从刘备欢迎张松的这番热情劲儿，可以明显地窥见他急欲得到西川地形图的迫切心情。夺取西川，是刘备的既定方针和基本战略目标。但"蜀道之难难于上青天！"可见，详细了解西川的复杂地势，是夺取西川的重要保证。因此，对于正要准备进兵西川的刘备来说，张松真是及时雨了。

然而有趣的是，刘备见到张松后，尽管破格招待，殷勤备至，但酒席宴上却"只说闲话，并不提起西川之事"。一连三日，刘备天天设宴招待，始终只谈友情，不谈其他，好像根本没有要取西川这回事儿似的，直到刘玄德于十里长亭为张松饯行时，还没有提起此事。张松本来准备"拿一手儿"，

---

① 裴松之注《三国志》中记载《吴书》曰："备前见张松，后得法正；皆厚以恩意纳，尽其殷勤之欢。因问蜀中阔狭，兵器府库，人马众寡，及诸要害道里远近，松等具言之，又画地图山川处所，由是尽知益州虚实也。"按刘璋、刘备传，松未尝先见备，吴书误也。

见刘备并无索图之意，如坠五里雾中，后来，终于被刘备的盛情感动得五体投地，当即定下献地图、投靠刘备的决心。书中这样写道：

> 松辞去，玄德于十里长亭设宴送行。玄德举酒酹松曰："甚荷大夫不外，留叙三日，今日相别，不知何时再得听教。"言罢，潸然泪下。张松自思："玄德如此宽仁爱士，安可舍之？不如说之，令取西川。"乃言曰："松亦思朝暮趋侍，恨未有便耳。松观荆州：东有孙权，常怀虎踞；北有曹操，每欲鲸吞。亦非可久恋之地也。"玄德曰："故知如此，但未有安迹之所。"松曰："益州险塞，沃野千里，民殷国富，智能之士，久慕皇叔之德。若起荆襄之众，长驱西指，霸业可成，汉室可兴矣。"玄德曰："备安敢当此？刘益州亦帝室宗亲，恩泽布蜀中久矣。他人岂可得而动摇乎？"松曰："某非卖主求荣，今遇明公，不敢不披沥肝胆。刘季玉虽有益州之地，禀性暗弱，不能任贤用能，加之张鲁在北，时思侵犯，人心离散，思得明主。……明公先取西川为基，然后北图汉中，收取中原，匡正天朝，名垂青史，功莫大焉。明公果有取西川之意，松愿施犬马之劳，以为内应。未知钧意若何？"玄德曰："深感君之厚意。奈刘季玉与备同宗，若攻之，恐天下人唾骂。"松曰："大丈夫处世，当努力建功立业，著鞭在先。今若不取，为他人所取，悔之晚矣。"玄德曰："备闻蜀道崎岖，千山万水，车不能方轨，马不能联辔，虽欲取之，用何良策？"松于袖中取出一图，递与玄德曰："松感明公盛德，敢献此图。但看此图，便知蜀中道路矣。"玄德略展视之，上面尽写着地理行程，远近阔狭，山川险要，府库钱粮，一一俱载明白。

你看，那刘备内心急欲求图，外表却只谈友情；当张松主动提出后，他又一再推却。事情就是这么怪，刘备越是推脱不要，越是专讲"信义仁德"，张松则越感动，越要让他取西川。如果单从政治角度来看，刘备待张松这番表演，给人一种十足的伪君子的感觉。但是，倘若把这件事放在谋略斗争的环境里和军事外交这一特定的条件下来分析，刘备的这一招正是他智慧才能的外泄。

按照诸葛亮的战略设计，刘备要争天下，必须先向力量薄弱的西川进军，以求站稳脚跟，鼎立一角，再图中原。夺西川，地形图固然重要，但更重要的是收服西川知识分子的心。得士者昌，失士者亡。但中国历史上那些有学问的仁人志士，似乎都有点"吃软不吃硬"的怪脾气。你架子摆得愈高，他愈不买你的账；你愈讲价钱，他愈抬高价格。相反，你若敬他一尺，他就会敬你一丈。且人们往往又有这样一种心理：求着贵，卖着贱；争之不足，让则有余；强求者难得，推脱者反能到手。可以设想，假如刘备在荆州城外刚见到张松，第一句话就问如何才能取得西川；或者在酒席宴上，酒过三巡便索要西川地图，那么刘备的形象必然会在张松心目中黯然失色，陡然渺小起来，绝不会有"如此宽仁爱士"的好感，地图自然不会轻易地献出了。即使刘备能够逼出一张"死地图"来，而张松这个西川的"活地图"也是难为刘备所用的。

　　刘备待张松这个故事还启示我们，心理战不仅在刀光剑影的战场上十分必要，而且在酒觥交错的外交场合中，也是非常必需的。兵法说："三军可夺气，将军可夺心。"军事外交斗争是夺心的重要场合。我们强调军事家要有些政治眼光，就在于他要能够用自己的思想、行动和智谋来征服对方的心理，不以力服而以心服。从刘备进兵西川，到孔明治蜀平定西南，可以说都贯穿着这个总的谋略思想。

从鸿门宴谈到"涪关宴"

　　鸿门宴这个历史故事，是很多人都非常熟悉的，当时，楚霸王项羽不听从范增的劝告，在宴会上轻易地放走了刘邦。结果，一失足成千古恨，最后落了个自刎乌江的下场,留下了惨痛的历史教训。《三国演义》第六十一回描写刘备进入西川后,同刘璋相会在成都以北的涪水关,可以说是鸿门宴的重演。

演义写道,在刘备会见刘璋之前,庞统曾献计说:"以统之计,莫若来日设宴,请季玉赴席;于壁衣中埋伏刀斧手一百人,主公掷杯为号,就筵上杀之。一拥入成都,刀不出鞘,弓不上弦,可坐而定也。"庞统此计是"擒贼先擒王"之策,以为只要杀掉了刘璋,就可以轻而易举地得到西川。然而,这时刘备却做出与他进川目的相悖的反常之态,他对庞统和法正说道:"刘季玉与吾同宗,不忍取之。"虽然庞统和法正一再劝说刘备,千万不可失此良机,但"玄德只是不从"。第二天在宴会上,庞统见刘备与刘璋二人"情好甚密",毫无半点动手之意,"便教魏延登堂舞剑,乘势杀刘璋"。真是与鸿门宴上"项庄舞剑,意在沛公"的做法一模一样。魏延依计而行,拔剑起舞,蜀将张任也不示弱,挥剑奉陪,直弄得两军武将剑拔弩张,对峙虎视,在这关键时刻,刘备"急掣左右所佩之剑",挺身而起,力喝群雄,才制止了一场流血事件的发生。

读《三国》的人每看到这里,常常把刘备作为一个忠义仁厚的君子形象而推崇备至,同时又对他心慈手软的举动带有惋惜之感,似乎觉得与项羽鸿门宴之失有些相同。不过,有一点人们却往往容易忽略,这就是刘备深邃的政治眼光,远非当年的项羽所能比拟。

按说在"涪关宴"上,刘备要杀掉刘璋,是件易如反掌的事。如此这般,也许可以一举占据成都。但是,刘备的眼光却看得更远,他入川的目的,是要把西川作为自己开基立业的根据地,只有在这里站稳脚跟,将来才好与曹、孙争霸天下。在酒席宴上一刀解决了刘璋,虽然可能会加快夺取西川的速度,但此法只能以力治人,却不能以心服众,这对于西川的长治久安是不利的。

当时,刘璋虽然"禀性暗弱,不能任贤用能",把西川搞得一片昏暗,致使"人心离散,思得明主",但初来乍到的刘备是不是"明主",人们并不十分清楚,还要听其言,观其行,靠实践来证明。刘备心里很明白,倘若在"恩信未立"的时候，依庞统之计行事，必然"上天不容，下民亦怨"，从而失去西川的民心，丢掉"明主"的形象，结果得不偿失。因此，刘备认为，此计"虽霸者亦不为也"。

同时，益州牧刘璋毕竟不是孤立的一个人，他是西川整个地主集团的总代表。如果贸然杀掉刘璋，必将引起西川地主集团的愤慨和反对。即便能够很快占领成都，也不等于就得到了整个西川，相反还可能遇到更多的麻烦。况且，夺取一个政权，关键在夺取或消灭它的军事力量，并不取决于杀掉一两个头面人物。从这一点看，刘备不杀刘璋亦是上策。

时移而事异。当初，项羽不听范增的劝告而放走了刘邦，可以说是战略上的一个失策。因为那时刘、项二虎争天下，已拉开了阵势，与刘备、刘璋涪水关相会不同。首先，刘备入川是进到了刘璋的世袭领地，一见面先是称兄道弟，接着就行谋杀之策，出师无名，必会失信于天下；而项羽和刘邦则是共同进入秦地、二虎相争，项羽诛刘邦不存在"有名""无名"的问题。其次，既然暗弱的刘璋是一块难以支撑的朽木，那么，夺西川只是个时间问题，又何必采用这种谋杀之术；与此不同，刘邦则是项羽潜在的大敌，项羽放掉刘邦无疑等于放虎归山。由于这些历史条件的不同，虽然鸿门宴与"涪关宴"形式相同，但项羽和刘备二人的眼光却有高下之别，不可相提并论。

综上分析，刘备在"涪关宴"上不杀刘璋、并不完全出于虚假的"仁义"之心，而是由他的政治见解所决定的。关于刘备的政治见解，他在和庞统研究入川时说得很明确："今与吾水火相敌者，曹操也。操以急，吾以宽；操以暴，吾以仁；操以谲，吾以忠；每与操相反，事乃可成。若以小利而失信义于天下，吾不忍也。"这说明，刘备的政治见解确实比庞统要高明一些。他是本着"攻心为上"的谋略思想，从争取民心入手，耐下心来等待机会，寻找借口，待出师有名，再实现夺取西川的大计，而不像庞统那样急于求成，只图眼前之利。事实也正是如此。"涪关宴"以后，刘备受刘璋之请前往葭萌关抵御张鲁，他借此广收民心，然后又以"回荆州"为名向刘璋借兵借粮。当刘璋只借给他"老弱军四千，米一万斛"时，刘备这才拍案大怒：

"吾为汝御敌,费力劳心。汝今积财吝赏,何以使士卒效命乎?"由此"名正言顺"地和刘璋翻了脸,赢得了政治上的主动权。

关于刘备、刘璋相会涪水关一事,《资治通鉴·汉纪五十八》中是这样记载的:"备自江州北由垫江水诣涪。璋率步骑三万余人,车乘帐幔,精光耀日,往会之。张松令法正白备,便于会袭璋。备曰:'此事不可仓卒!'庞统曰:'今因会执之,则将军无用兵之劳而坐定一州也。'备曰:'初入他国,恩信未著,此不可也。'璋推备行大司马,领司隶校尉;备亦推璋行镇西大将军,领益州牧。所将吏士,更相之适,欢饮百余日。"可见,关于刘备、刘璋二人涪水关相会时,庞统、法正确实曾劝刘备杀掉刘璋,罗贯中只是又加进了"涪关宴"上魏延舞剑等紧张情节。这个故事告诉我们,一切军事斗争,都应服从政治利益的需要。诚如克劳塞维茨所说的:"战争是政治的继续。"(《战争论》)如果脱离了政治目的,单纯追求军事上的目标,虽一时得利,从长远看则是一着"臭棋"。

庞统的三策与刘备的选择

刘备帮助刘璋,抗击张鲁,稳定了西川局势。然而,当他向刘璋借兵借粮,扬言要撤回荆州时,刘璋表现得很不友好,由此二刘在利益上的矛盾很快转变为公开的军事对抗。在这种形势下如何行动?庞统为刘备献了上、中、下三策。

上策:乘刘璋还没有准备的时候,迅速"选精兵""昼夜兼道",直接袭取成都。

中策:"佯以回荆州为名",诱出涪水关守将杨怀、高沛,"就送行处,擒而杀之";如此则"先取涪城",然后再取成都。

下策:由西川退兵,还白帝,回荆州,日后"徐图进取"。

就庞统献这三策的本意来讲,当然主张刘备采取上策,以突然的行动,击敌要害,达到速战速胜的目的。但刘备却认为上策"太促",下策"太缓",而采取了中策。

如果单从军事角度来看,上策利多一些。兵法讲,出其不意,攻敌不备,此乃千古取胜之要诀。刘备和刘璋的矛盾虽已开始暴露,但这时刘璋绝想不到刘备会以迅雷不及掩耳的行动反戈一击。所以,直取成都,是胜利在握的事。而一旦敲碎这个西川刘璋军事集团的"司令部",就控制了蜀地的全局,其分散在各关要的军事力量便可能不战自溃。然而,刘备从政治需要上着眼,看出上策过急,直取成都不利于建立他的政治威望。至于下策返回荆州,"徐图进取",劳师费时,当然是刘备所不取的。所以他选择了中策,也就是先夺涪水关,再打成都。

按说中策是一个逐步进取的策略,需要的是疏通后援,稳扎稳打,步步为营。但遗憾的是刘备虽有政治主见,在作战上却考虑得不太周全。他采取中策,却没能控制住庞统的急躁情绪,轻敌冒进,终于导致了落凤坡的悲剧……

庞统为刘备献三策这件事说明:作为一名军事统帅,最重要的是眼力,是选优能力。当谋士把几种方案摆在面前的时候,究竟选择哪一种方案好,不能单从方案自身来评定方案,而应当从自己的目标和战略全局的态势着眼。庞统为刘备提出的上、中、下三策,是就军事斗争中的利弊得失相比较而言。刘备选择何策,则有其政治目的。政治是全局,军事斗争,失去了政治目标就没有方向,军事指挥员和军事谋略家,一定要有政治头脑,否则眼光只局限在军事上,就会使自己视野狭窄,看不到大局,看不到宏观上的发展趋势,常常会因小失大。刘备要以自己这个"明主"取代刘璋那个"暗主",不仅需要有个出师有名的借口,还需要表现出仁义之师的姿态,这样才有利于收服民心,所以行动不能操之过急。但一定的政治目标又必须和一定的军事斗争形式相联系,军事斗争形式不正确,政治目标也无法实现。刘备要达到自己的政治目的,就必须慎重进兵,稳扎稳打。然而,刘备和庞统都没有真正注意"慎重"二字。

史料中确有庞统为刘备献三策之事。《三国志·庞统传》中载:"先主当为璋北征汉中,统复说曰:'阴选精兵,昼夜兼道,径袭成都;璋既不武,又素无预备;大军猝至,一举便定,此上计也。杨怀、高沛,璋之名将,各仗强兵,据守关头。闻数有笺谏璋,使发遣将军还荆州。将军未至,遣与相闻,说荆州有急,欲还救之,并使装束,外作归形;此二子既服将军英名,又喜将军之去,计必乘轻骑来见,将军因此执之,进取其兵,乃向成都,此中计也。退还白帝,连引荆州,徐还图之,此下计也。若沉吟不去,将致大困,不可久矣。'先主然其中计。"

落凤坡前的遗憾

"一凤并一龙,相将到蜀中。才到半路里,凤死落坡东。风送雨,雨随风,隆汉兴时蜀道通,蜀道通时只有龙。"这是庞统落凤坡遇难后,演义中记载的一首童谣。罗贯中借这首童谣,表达了对庞统之死无限惋惜和万分遗憾的心情。

关于庞统落凤坡殒命一事,史料中无据可查。《三国志·庞统传》中说:"进围雒县,(庞)统率众攻城,为流矢所中,卒,时年三十六。"可见庞统是死在攻打雒城的战役中。而演义却把庞统之死移到了攻打雒城的途中——落凤坡，是因误入敌将张任的埋伏而丧生。显然，作者为了把这位盖世奇才的死说成是天意而不是人为的，才虚构出了"落凤坡"这个地方，"凤雏"到了落凤坡，犯了大忌，再高明的谋略家也难逃天数。且看，书中这样写道：

> 却说庞统迤逦前进，抬头见两山逼窄，树木丛杂；又值夏末秋初，枝叶茂盛。庞统心下甚疑，勒住马问："此处是何地？"数内有新降军士，指道："此处地名落凤坡。"庞统惊曰："吾道号凤雏，此处名落凤坡，不利于吾。"令后军疾退。只听山坡前一声炮响，箭如飞蝗，只望骑白马者射来。可怜庞统竟死于乱箭之下。

如果用今天的文艺观点来分析，这段描写应该说是一处败笔。作者把将帅在战场上的生死，归咎于天命，以"落凤坡"这个地名暗示凤雏就此必然"坠地"，这实在是主观唯心论的臆造。不过，作者联系庞统之死，描写了他在进兵雒城前的思想活动，对指挥员的谋略修养还是颇有些启迪作用的。

按说，像庞统这样与诸葛亮齐名的谋略家，在进兵雒城的过程中是不应该失算的，相反，应当早就料到对方利用崎岖险要的地形设伏的可能性，将计就计来个反伏击才是。更何况在此之前，孔明早有书信到来，告诫刘备和庞统要"切宜谨慎"，万万不可操之过急。谁知庞统看了诸葛亮的信后，却产生了另外一种想法："孔明怕我取了西川，成了功，故意将此书相阻耳。"所以当刘备用孔明来信劝说庞统不要急于进兵时，他却把这封信说成是诸葛亮"不欲令统独成大功"，才用"此言以疑主公之心"，这就有点以小人之心度君子之腹，错怪了孔明的一番好意。

庞统这番错怪孔明的心理也有其必然性。他初到刘备帐下，资历浅，急于建功立业，以便使龙凤相齐。正是这种斤斤计较个人进退得失的思想动机，使他的眼睛罩上了一层黑纱，失去了深谋远虑的机智，甚至对敌情和地理等条件都缺乏细致的分析，就作出了攻打雒城这一轻率鲁莽的举动。

这个故事启示我们，喜功好胜的个人名利思想，也常会堵塞智慧泉水的涌流。所以，兵家强调为将之道，当先治心。谋略家不仅需要有良好的才智，更需要有成熟的思想修养。《三略》中讲："将能清，能静，能平，能整，能受谏，能听讼，能纳人，能采言，能知国俗，能图山川，能表险难，能制军权。"而达到这些"能"，最重要是做到"援桴而鼓①忘其身"。(《尉缭子》)没有个人的杂念，专一破敌，才有可能接受别人的正确意见，审时度势，认真研究对手，想到多种可能性，提前作好应付各种复杂局面的准备。

善于神机妙算的庞统死于落凤坡，并非天意有数，全在人为不足。

张飞夺巴郡引出的思索

粗中有细的"猛张飞"，在演义中有不少以谋破敌的事，而最精彩的要算在进兵蜀地时巧夺巴郡了。

这次作战，张飞的"细"不光表现在一次用计上，而是一连串的施谋用智，环环相扣，妙趣横生。

却说庞统死后，孔明立即由荆州起兵，派赵云为先锋从水路直奔雒城；另外又派张飞率精兵一万取大路入川。孔明说，"先到者为头功"，促使张、赵二将展开竞赛。张飞得令后，即刻带领军马杀奔西川。当行至巴郡时，遇到了蜀中老将严颜，几次攻城都被"乱箭射回"，张飞心急如火。

---

① 援就是拿着东西，桴（fú）就是鼓槌。援桴而鼓，是拿着鼓槌击鼓，可以理解为临阵指挥。

在这军情紧急、强攻难以夺取巴郡的情况下，张飞如何才能迅速打通入蜀的道路呢？作者把张飞这员虎将放在紧张、艰难的环境中，运用一系列艺术手法展现出了他的智慧之光。

首先，为了寻求破敌之策，张飞"乘马登山"，了望巴郡，冷静地分析了敌情。他终于看出，像巴郡这样地势险峻的要塞，强攻是很难奏效的，必须采取"调虎离山"之策，避开它坚固的城防，在野战条件下消灭严颜的实力。从而，端正了作战指导思想。

其次，在怎样引诱严颜"出城"的问题上，张飞颇能够动脑筋、想办法，因敌而用谋，不断改变调动对手的方法。张飞先是"教马军下马，步军皆坐"，来诱严颜，但"并无动静"。接着又采用激将法，"只教三五十个军士，直去城下叫骂"，企图"激"严颜军出战，但颇有作战经验的老严颜识破了他的计谋，尽管张飞一连几日叫骂不休，严颜却"全然不出"。于是张飞再生一计，他令"军士四散砍打柴草"，调查寻找绕过巴郡的路线；当他发现敌人的奸细已混入砍柴军中时，便传令军卒"二更造饭，趁三更明月"，走小路"偷过"巴郡，故意露出这一作战意图，让敌间逃回通风报信，终于将老成持重的严颜调出了"虎穴"。

最后，张飞对付严颜的反伏击作战，虚实相间，也颇有创造性。演义中反伏击作战曾多次出现，但张飞这次反伏击却别具一格。你看：月光下，一位假张飞"横矛纵马"，率军从小道悄然而过。"伏于林中"的老严颜见此情景，得意非凡，正欲袭击后面的"车仗人马"时，那"豹头环眼，燕颔虎须，使丈八矛"的真张飞却突然出在他的背后，将其生擒活拿。这位久经沙场的老将，就这样乖乖落入了张飞巧设的陷阱之中。

最有趣的是，张飞本是一位性格暴烈的勇将，但他捉住严颜之后，在严颜的高声叫骂面前，却能控制住自己的怒气，以攻心为上。他为严颜"亲解其缚"，将其"扶在正中高坐"，并诚恳地说："吾素知老将军乃豪杰之士也。"这位刚直的老将深受感动，真心诚意地归顺了张飞。从此，严颜为前部，张飞领军后随，"凡到之处，尽是严颜所管，都唤出投降"。张飞兵不血刃地通过了沿路"关隘四十五处"，赶在孔明、赵云前头先至雒城城下，抢去了头功。

张飞攻夺巴郡，迅速进川，这一连串用谋的过程说明了一个道理：即使是性格粗鲁的将军，如果善于在战争中学习战争，时时处处注意把握"上兵伐谋"这个基本原则，结合实际潜心研究作战规律和制敌良策，也是能够出奇谋、施妙计的。所以，用谋并非难事，难的是将军只知恃勇而不去注重研究谋略的运用。演义对于张飞用谋的描写，有一个越用越高明的发展过程。开始张飞用谋并不老练，在长坂桥上虽能巧施计谋，喝拒曹操百万兵，但终因拆桥露了"馅"，使曹军又渡汉水，追杀过来。入西川可以说是张飞在用谋方面已经发展到了比较成熟的阶段，即能够连续巧妙地施谋用计，制服对手。从这里不难看出，在实战中善于学习，善于总结研究作战经验，有意识地提高谋略水平，对于一个将军的成长是何等的重要！

张飞夺巴郡这个故事，在历史上真有其事。《三国志·张飞传》中记载，张飞率军"至江州，破璋将巴郡太守严颜，生获颜"。严颜在张飞面前"色不变"，威武不屈，"飞壮而释之，引为宾客"。这些记述不像演义描写得那样入情入画，谋略思想层层叠叠，变幻无穷，当然也就很难给人更加深刻的启示。

诸葛亮审势治蜀的教益

清代四川盐茶道赵藩于光绪二十八年（公元 1902 年）冬游览成都武侯祠时，曾撰写了一副著名的对联："能攻心则反侧自消，从古知兵非好战；

不审势即宽严皆误,后来治蜀要深思。"这副对联可以说是对诸葛亮入川后平定西南和治理益州的经验总结。直到今天,我们仍可以从这副对联中汲取许多教益。特别是在如何看待历史经验的问题上,对联的下联所概括的诸葛亮决定治蜀方针的故事,对后人启示颇深。

《三国演义》在第六十五回中写道,刘备夺取成都后,重赏文武有功之臣,一一加封定爵;然后"杀牛宰马,大犒士卒,开仓赈济百姓",使蜀中"军民大悦"。接着,刘备为了实现西川的长治久安,又委托诸葛亮拟定"治国条例"。而在如何治蜀这个问题上,诸葛亮和法正产生了分歧。孔明坚持以法治蜀,在拟定的治国条例中"刑法颇重"。对此,法正谏道:"昔高祖约法三章,黎民皆感其德。愿军师宽刑省法,以慰民望。"但诸葛亮并没有因法正劝谏而"宽刑省法",他对法正说:"君知其一,未知其二。秦用法暴虐,万民皆怨,故高祖以宽仁得之。今刘璋暗弱,德政不举,威刑不肃,君臣之道,渐以陵替。宠之以位,位极则残;顺之以恩,恩竭则慢。所以致弊,实由于此。吾今威之以法,法行则知恩;限之以爵,爵加则知荣。恩荣并济,上下有节。为治之道,于斯著矣。"诸葛亮这段话,将汉高祖治国的历史经验和当时西川的现实状况分析得头头是道,法正听后心服口服。诸葛亮坚持以严济宽、以猛纠弘治理西川,果然,"自此军民安堵。四十一州地面,分兵镇抚,并皆平定",使惨遭战争破坏的西川,在社会秩序逐步安定下来后,生产迅速得到恢复和发展。

演义中孔明和法正对治蜀方针的两种见解,和历史记载完全一致。它启示我们,无论是制定军事方针和策略,还是制定治国安邦的政治方针和策略,都必须从实际出发。即使是成功的历史经验,如果不"审势"而照搬照套,也是必定要碰壁的。法正之所以"知其一,未知其二",就在于他只看到了历史经验的一面,而没有研究现实的客观实际这一面,结果提出了一个削足适履的主张。诸葛亮从历史和现实的结合中看问题,可以说正是坚持了两点论,坚持了从实际出发。

历史有一种巨大的吸引力。无论是军事家还是政治家,都习惯于从历史经验中寻求借鉴,按照过去的成功之路去走。但是,有许多法正式的人物,重经验而轻现实,他们不知道随着时间的推移、客观环境的改变、现实条件的变化,历史的经验也会"贬值",老路子往往走不通。

古人讲,时移则势异,势异则情变,情变则法不同。因此,对于决策者来说,最重要的是要有审时度势的清醒头脑。否则,只在具体方法上作文章,绝不会有大作为。治理一个国家、一个地区是这样,治理军队、指挥打仗更是如此。一个有丰富实战经验的指挥员,若失去了审时度势的清醒头脑,就很容易陷入经验主义之中;一个具有丰富历史知识的军人,如果不注重研究客观现实,不重视研究战争的发展趋势,丰富的历史知识就会成为僵化他思想的牢笼。

琐谈曹操巧夺阳平关

阳平关,位于白马河入汉水处,是川、陕的交通要冲,汉中盆地的前沿屏障和门户,地势险要,易守难攻。曹操平定汉中时,夺取阳平关是关键性的一战。在这次攻城夺关作战中,他多思善谋,反常用兵,战法颇有些独特的创造。

演义第六十七回写道,曹操自从战胜马超之后"威势日甚",兵力日渐雄厚,这时,他又欲起兵南征,收吴灭蜀,完成统一中国的大业。但后来从三国鼎立的战略全局考虑,他听从了夏侯惇关于"宜先取汉中张鲁,以得胜之兵取蜀"的建议,决定先拣弱的打,西征汉中。曹操派夏侯渊、张郃为先锋,他亲率大军随后,直向阳平关杀来。谁知夏侯渊、张郃兵至阳平关城下，因人疲马乏疏于戒备，头天夜里就遭敌劫寨，被打得溃不成军。待曹操来到关前，只见这里"山势险恶，林木丛杂"，不禁叹曰："吾若知此处如此险恶，必不起兵来。"接着，曹操带领许褚、徐晃观察地形时，又遭到汉中军马的伏击。"自此两边相拒五十余日，只不交战"，曹操一直没有轻举妄动。

稍有军事常识的人都会看出，这种僵持的局面如果持续下去，对劳师袭远的曹操来说是非常不利的。但就此罢兵，则意味着此次行动前功尽弃。就在这时，曹孟德忽然"传令撤军"。他的这一招数，竟连足智多谋的贾诩都未能看透。贾文和不解地问道："贼势未见强弱，主公何故自退耶？"孟德公胸有成竹地回答："吾料贼兵每日提备，急难取胜。吾以退军为名，使贼懈而无备，然后分轻骑抄袭其后，必胜贼矣。"

曹操一面引大军拔寨而退，同时又密令夏侯渊、张郃兵分两路，各引轻骑三千，取小路抄阳平关后。敌军将领只看到曹操明的行动——退兵，却没有想到暗的一手——背后偷袭，便麻痹大意起来。曹军乘机突然从关前关后发起攻击，出其不意地夺下了阳平关。

一般说来，在攻城作战中，进攻者兵临城下，处于主动，大都求胜心切，多考虑从正面实施连续攻击，或者在后勤保障顺利的情况下进行围困，而很少去想以退求进，以屈求伸的战法。曹操这次伪退真进，明暗结合，奇正相兼，改变了攻城作战的通常做法，这就超出了对方将领的常见。

《孙子兵法·军争篇》中说："故迂其途，而诱之以利，后人发，先人至，此知迂直之计者也。"以迂为直，以退为进，是兵家取胜的经验之谈。运用谋略的一般规律是"反示"，即手段和目的相反。如目标在东而先向西，欲要进而先退，采取间接方法来实现自己的目的。英国军事理论家利德尔·哈特在他著的《战略论》一书中，总结几千年的战争经验，提出了一个间接路线战略。哈特指出：漫长的迂回道路，常常是达到目的的最短途径。所谓间接路线，即避开敌人所自然期待的进攻路线或目标，在攻击发起之前，首先使敌人丧失平衡。曹操巧夺阳平关，可以说就是在战术上对"以迂为直"这一间接路线用兵法则的灵活运用。

以间接方法取胜的道路，关键是要造成敌将心理上的错觉。阳平关一战，假若曹操率大军刚到城下，就使出假撤退的计策，对方十有八九是会看出破绽来的。而曹操施展此计所以能够成功，是因为曹军先头部队失利，又暴师于野五十余日。在这种情况下，曹军装出弹尽粮绝，无力攻城而罢兵后撤的样子，对方自然会深信不疑。这说明，一切权谋之术的实施，必须把握好时机，在客观形势发生转机和敌手心理变换的交合点上用智谋，方能恰到好处，大见效益。

阳平关之战在历史上确有其事。据《三国志·武帝纪》载，建安二十年（公元 215 年）"秋七月，公（曹操）至阳平。张鲁使弟卫与将杨昂等据阳平关，横山筑城十余里，攻之不能拔，乃引军还。贼见大军退，其守备解散。公乃密遣解剽、高祚等乘险夜袭，大破之。"罗贯中根据这一历史记载，经过巧妙的艺术加工，刻画出了双方将领的心理活动，向人们提供了一个有益的启示：骨头不可硬啃，坚城难以强取。采取欲擒故纵、围师必阙、以退为进等间接办法，常能以小的代价换来大的战果。

析曹操的知难而退

在军事斗争中，不失时机，见可而进，固然是英雄本色；然而，审时度势，知难而退，也应该算是伟人之举。曹操平定汉中之后，不被胜利冲昏头脑，力排众议，没有率军急进西川，就充分显示了这位军事统帅知难而退的战略眼光。

演义写道，曹操攻下张鲁的老巢——南郑以后，谋士们纷纷进言，劝曹操乘胜进兵，直取益州。主簿司马懿说："刘备以诈力取刘璋，蜀人尚未归心。今主公已得汉中，益州震动。可速进兵攻之，势必瓦解。智者贵于乘时，时不可失也。"谋士刘晔也说："司马仲达之言是也。若少迟缓，诸葛亮明于治国而为相，关、张等勇冠三军而为将，蜀民既定，据守关隘，不可犯矣。"

按照司马懿和刘晔等人的分析，当时的战略态势似乎对曹操进兵西川十分有利。但曹操却认为，夺取益州的时机并未成熟，他以"士卒远涉劳苦，且宜存恤"为理由，一直"按兵不动"。

曹操作为一个军事统帅，在胜利的情况下，能够保持冷静的头脑，及时控制取胜后的激情，做到恰到好处，见好即收，的确是难能可贵的。更有意思的是，曹操当时还借用了刘秀说过的一句话："人苦不知足，既得陇，复望蜀。"据《后汉书·岑彭传》记载，建武八年（公元32年），刘秀手下的大将军岑彭和偏将军吴汉率军围困西城的隗嚣时，刘秀因事要先回洛阳。临行，写了一封信给岑彭，信中令他攻克西城以后，须立即南攻四川，"人苦不知足，既平陇，复望蜀。每一发兵，头须为白。"刘秀说这句话的本意是要岑彭乘胜前进，平定陇地后紧接着就进攻盘踞在蜀地的公孙述。后来，隗嚣和公孙述都相继被消灭了。而曹操引用这句话却与刘秀的意图完全相反，他反对不顾当时的实际情况得寸进尺，主张缓兵持重。

在这里，曹操和刘秀虽然都是初战获胜，最后目的又都要夺取蜀地，但二人所处的形势却截然不同。刘秀是在控制了中国的整个东部地区后，转身向西进军的，这就毫无后顾之忧，所以才主张乘胜进兵，一劳永逸。而曹操却处在三国鼎立已经形成的战略态势下，当时刘备虽然刚刚夺取成都，但军力强盛，士气正旺。另外，尽管孙、刘之间的矛盾日益激化，但如果曹操的拳头一旦伸得过长，腹背出现空虚，那么坐山观虎斗的孙权是断然不会失此良机的；且荆州又有关羽领重兵把守，这时孙权势必会弃荆州而奔袭许都。后来形势的发展也确实如此。因此，曹操在西有刘备、南有孙权这样一种战略环境中，不得不瞻前顾后，慎重从事。

若进一步分析，曹操之所以知难而退，不急于进兵益州，笔者认为还有以下几点原因：一、曹操汲取了赤壁之战以来的经验教训，在与孙、刘对抗中谨慎起来，不愿盲动冒险，喜欢采取保险系数较大的策略。二、作为战略家的曹操，能够通观全局，既考虑到进兵益州的现实之利，又注意到了长驱直入西川，远离本土的后顾之忧。在错综复杂的三角关系中，他不光只看一点，而是同时兼顾两面。三、入川路途险要，在当时军队机动能力极其落后的条件下，曹操深知劳师袭蜀，作战必将出现旷日持久的不利局面。《兵家权谋》一书中指出："在初战发展顺利或取得了某些局部胜利时，若非胆略超群的指挥员，决不会从顺利中看清潜伏的危机，预见到战局会出现的逆转，从而果断地改变自己的行动。"由此可见，在这一点上，曹操的战略见解远远超过了他的谋士们，确实是一位颇有眼力的军事统帅。

曹操是否乘胜入蜀的决策问题，演义和历史记载基本一致。演义中曹操与司马懿、刘晔等人的对话，大部分是移植真实史料中的原话。但是，在历史家的笔下，曹操没有乘胜入蜀，似乎是失去了一次良好的作战机会。《三国志·刘晔传》的注引中讲道，曹操在汉中按兵不动，时过七天后，西川有投降过来的士卒说，因曹军在汉中的胜利，"蜀中一日数十惊，备虽斩之而不能安也。"这时曹操又有些后悔，问刘晔还能否进兵西川，刘晔回答："今已小定，未可击也。"偌大的一片蜀地仅七天就可以"小定"，这可能有些言过其实了。即使如此，假定曹操一开始就决定率大兵入川，在当时交通不便的情况下，仅七天也不一定能够到达蜀地！另外，七天"小定"不真切的缘由，还在于刘备当时根本不在蜀中，所谓"备虽斩之"纯属妄言。孙、刘之间在荆州问题上矛盾日益加深，导致了关羽与鲁肃两军的对峙。这时，刘备急忙从蜀中驰至公安指挥，孙权也到陆口督统吴军，大战有一触即发之势。但遗憾的是，在那信息情报传递迟缓的年代，曹操并未获悉这种情势，况且孙、刘之间的大战又尚未发生，因此，在当时战略发展态势还不十分清晰的情况下，采取比较保险的策略，对于军事统帅来说，无疑是正确的。所以，历史学家这种"错过时机"的暗示，未免有点失之偏颇。罗贯中把曹操按兵不动的缘由只说成是"士卒远涉劳苦",又有些降低了曹操的战略思想。

诸葛亮为何要割让三郡

曹操平定汉中,对于刚刚攻占成都的刘备集团来说,确实是一个很大的威胁。面对这种情况,在罗贯中的妙笔之下,诸葛亮继续采取联吴制曹之策,终于摆脱了被动。

当曹操正在入川问题上举棋不定时,刘备以为曹操必定入川,急忙请来诸葛亮商议对策。诸葛亮分析了当时的战略态势,认为:"曹操分军屯合肥,惧孙权也。今我若分江夏、长沙、桂阳三郡还吴,遣舌辩之士,陈说利害,令吴起兵袭合肥,牵动其势,操必勒兵南矣。"刘备从其计,立即作书具礼,使人"先到荆州,知会云长,然后入吴"。果然,孙权听说刘备主动提出要归还三郡,十分高兴,立即命鲁肃带人前往收取长沙、江夏、桂阳,然后亲率十万大军,"来攻合肥",在曹操的背后插了一刀。

很显然,刚刚安定的西蜀在随时可能遭受曹操进攻的危局之下,从外交上继续争取和保持同东吴的合作,仍是摆脱危机的关键。因为在三角鼎立之中,谁能采取灵活的外交,以"两角"对"一角",谁就可以至敌于两面作战的被动境地。孔明正是抓住了这一根本环节,对东吴作出点实际让步而不再耍嘴皮子,表现出策略上极大的灵活性。

围绕荆州的归属问题，诸葛亮曾利用各种方式进行推托，名曰"借荆州"，实则占荆州，对东吴寸土不让。但在这时，他却主动提出割让三郡，以此促使孙权进兵合肥。这样既缓和了孙、刘之间的利益冲突，又达到了"围魏救赵"的目的。谋略运筹，堪称绝妙！

诸葛亮割让三郡这个故事启示我们，凡事必须要从大局着眼，有时为了整体利益暂时放弃一些局部利益是完全必要的。在复杂激烈的军事斗争中，利害相联，得失相关，特别是处于极端困难的情况下，如果只讲进，不想退，企图处处得利，那么就会处处被动，最后受其大害。另外，诸葛亮借东吴之兵攻合肥，给曹操背后一刀，来解西川之危，这一招堪称是对"釜底抽薪""围魏救赵"之谋的妙用。在战争史上，"围魏救赵"多是让第三者出兵，或者从己方抽出部分力量攻击敌方空虚的腹地，来缓解正面战场的危难。而当时，诸葛亮若从蜀地调兵攻合肥，一方面劳师远袭，弊多利少；另一方面又必然给曹操造成一个进兵西川的好机会。当然，他还可以让守荆州的关羽去打合肥，但这样，不仅东吴会乘机夺取荆襄九郡，同时也必然使孙、刘联盟过早地破裂。他主动让去荆襄三郡，不仅使荆襄的主要地盘保住了，西川稳定了，而且自己不费劳师之苦，却收到兴兵解围之功效，这也是对"围魏救赵"之策的活用吧！

在历史上，长沙等三郡归属东吴，其实并不是刘备、诸葛亮主动割让的。据《三国志》孙权、刘备二人的本传所载：刘备夺取益州后，孙权曾"使使报欲得荆州"，但刘备却说："须得凉州，当以荆州相与。"孙权"忿之，乃遣吕蒙袭夺长沙、零陵、桂阳三郡"。刘备为了保住荆州，"引兵五万下公安，令关羽入益阳"。但后来"会曹公入汉中，备惧失益州，使使求和"。于是，"分荆州：长沙、江夏、桂阳以东属权，南郡、零陵、武陵以西属备"。尔后，孙权"遂征合肥"。

罗贯中把刘备不得已采取的带点被动色彩的策略，完全写成了一个主动的灵活策略，虽属艺术虚构，却反映了作者战略上的高见。

用人也是一种艺术

从真实的历史材料来看，作为军事统帅的曹操在辨才用人方面，可以说更胜孔明一筹。他手下谋士云集，战将林立。每一次作战，不论守关还是夺寨，曹操一般能够做到择人任势，调度得当。这就非常有利于争取主动，夺得胜利。其中，张辽、李典、乐进三将军守合肥，就是曹操知人善任的典型一例。

据演义讲，孙权拿下皖城之后，便乘势直逼合肥。而张辽、李典、乐进由于平时"皆素不睦"，在讨论破敌决策时，意见不一。此刻，形势异常紧张，合肥危在旦夕。就在这节骨眼上，曹操忽然遣薛悌从汉中送来一个木匣，上面写着"贼来乃发"。在密匣的来书中，曹操对合肥的防御作战作了具体的安排，指出："若孙权至，张、李二将军出战，乐将军守城。"由此才引出了三将军同心协力守合肥，张辽威震逍遥津这场雄壮的战争活剧。

按理说，曹操饱读兵书，深知"将在外，君命有所不受"的用兵思想。就是说，他远在汉中，不必对合肥作战安排得这样具体。但曹操是个善于从实际出发的统帅，他不仅了解张辽、李典、乐进平时互有隔阂，而且对这三位将军的作战能力、用兵特点及性格修养都了如指掌。所以，已预料到大敌当前，三将军难以形成统一的决策，更无法互相协同，发挥他们各自的特长。一个密匣送到，上述问题迎刃而解。这正体现了曹操运筹帷幄之中，决胜千里之外的能力。

在这里，演义对张、李、乐三个人物的性格作了栩栩如生的描绘。拆开密匣后，张辽坚决执行曹操以攻为守的指令，提出自己亲自出击，"决一死战"，表现出宽广的胸怀，豪迈的气概。李典起初沉默，后被张辽的行为所感动，表示"愿听指挥"，放弃私怨。而乐进本来是个模棱两可的角色，他对张辽、李典都不敢得罪，并有点怯战的思想。由于张辽的积极主动，使三人之间由"素皆不睦"变成了团结对敌。罗贯中以他的生花妙笔，艺术地刻画了三个人物的不同性格特点，同时，也从侧面反映出了曹操对自己部将的深刻了解。

既然三个将军"素皆不睦"，那么，当初曹操为什么还留他们三人一块守合肥呢？对此，后人有个叫孙盛的作了回答和解释。他说："夫兵固诡道。至于合肥之守，悬弱无援，专任勇者，则好战生患；专任怯者，则惧心难保。且彼众我寡，必怀贪惰，以致命之兵，击贪堕之卒，其势必胜。"可见，张、李、乐三人虽不和，他们的性格可以互相补充，一旦团结起来，就会形成一个最佳的指挥结构。这同样反映了曹操择人任事的能力。

知人善任，择人任势，是将帅重要的组织指挥艺术。《武经总要》上讲："夫大将受任，必先料人，知其材力之勇怯，艺能之精粗，所使人各当其分，此军之善政也。"兵书《阵纪》中指出："善任人者，总其纲（中心部分、主要环节）则万目张，握其纪（重要部分、主要规程）则万目起。"指挥员作战不仅要学会排兵布阵，还应深知部属用兵打仗、做事为人、性格修养等各个方面的特长，这样才能根据不同的情况灵活地调兵遣将，正确地使用人才。那些不明此理的将帅，让善攻的来防守，叫多谋的去硬拼，派性格鲁莽的去迎战敌方智将，遣"黑旋风"到水里同"浪里白条"交手。这种不知将性，"乔太守乱点鸳鸯谱"的做法，必然会导致调遣失度，用兵失利。

更值得一提的是，在一个指挥班子（或谋略班子）中，最好由各种不同知识结构、不同性格、对问题有不同思维方式的人物组成，以便于互相取长补短，异中求同，使军事决策更科学。那种"一色清"的指挥班子，以一人的意见为决定，一人提出方案，大家举手通过，不能进行各种意见的比较和补充，这样形成的决策就容易失误。细琢磨，孙盛对合肥之战的评论是很有意义的。

关于曹操送密匣一事，《三国志·张辽传》中是这样记载的："太祖征张鲁，教与护军薛悌，署函边曰：'贼至乃发。'俄而权率十万众围合肥，乃共发教，教曰：'若孙权至者，张、李将军出战，乐将军守，护军勿得与战。'"可见曹操并没有派人送过木匣，但教帖的内容却是与此相一致的。另外，演义的作者从塑造人物出发，没有过多地描写战争的过程，并将这次战役的两个阶段，即合肥保卫战与逍遥津之战融为一体，这对于刻画三位将军的言行品质，烘托曹操知人用将的才能起到了更加典型化的作用。

指挥员要善于激励士气

军凭士气虎凭威。士气，是一支军队战胜敌人的重要精神因素。士气高昂的军队，将士作战勇猛，常能以少胜多，以弱制强。

在战争史上，兵家名将激励士气的方法多种多样：项羽破釜沉舟，韩信背水列阵，是利用"陷于死地而后生"这一兵法原则，来唤起部队与敌人决一死战的拼命精神；吴起吮疽，勾践恤卒[①]，是通过关心爱护部下，来激励

[①] 公元前478年，越王勾践大军伐吴。《东周列国志》记载：国人各送其子弟于郊境之上，皆泣涕诀别相语曰："此行不灭吴，不复相见。"勾践复诏于军曰："父子俱在军中者，父归；兄弟俱在军中者，兄归；有父母无昆弟者，归养；有疾病不能胜兵者，以告，给医药糜粥。"军中感越王爱人之德，欢声如雷，士气大增，最后终于一举灭掉了吴国。

士卒奋战的勇气；拿破仑则是以激发军队崇高的荣誉感，来鼓舞官兵英勇作战，如此等等，不胜枚举。

《三国演义》第六十八回，描写甘宁百骑劫曹营，也包含有"励士"的经验。

这件事发生在逍遥津战役之后。由于张辽等取得逍遥津大捷，迟滞了孙权进攻合肥的军事行动，曹操利用这一机会，亲率四十万大军从汉中迅速回师，直向孙权屯兵的濡须口杀来。这时，血气方刚的甘兴霸为和凌统赌气，在孙权面前提出了只带百骑夜袭曹营的请求，他赌咒发誓说："若折了一人一骑，也不算功。"孙权见他态度如此坚决，便答应了他的请求，并把自己帐下的一百精锐马兵调给他。这百名士卒得知要去袭击曹操四十万大军的营寨，一个个"面面相觑"，脸上均有"难色"。甘宁见状，拍案而起，拔剑在手，怒叱道："我为上将，且不惜命；汝等何得迟疑！"众士卒听了甘宁这番慷慨激昂的豪言壮语，深为感动，皆起拜曰："愿效死力！"接着，甘宁将孙权所赐的酒肉与百人共饮食尽。夜深时，他带领士卒飞马直奔曹营，"大喊一声"，率先冲入敌寨。在甘宁的带动下，一百铁骑"在营内纵横驰骤"，杀得曹兵惊慌失措，"自相扰乱""无人敢当"。最后，甘兴霸果然"不折一人一骑"，凯旋而归。

俗话说，强将手下无弱兵。甘宁的励士之法，是靠自己身先士卒，用自己英勇果敢的行为来激励部下的士气。《尉缭子》中讲："故战者，必本乎率身以励众士，如心之使四肢也。志不励，则士不死节；士不死节，则众不战。"可见，行动是最有力的命令。当面对曹操大军，百名士卒出现怯战情绪时，甘宁拔剑怒叱，首先将自己的生死置之度外，接着又用自己的实际行动为部下作出了表率，这本身就是一面鼓舞士气的旗帜。常言道，斗敌要用诈，带兵要靠信。言必信，行必果。指挥员在重要关头和危难时刻，只有"率身以励众士"，才能使部队士气高昂、舍生忘死地与敌作战。

但是也要看到，部队的高昂士气，只有在指挥员正确的谋略引导下，才能收到以少击众的作战效果。倘若指挥员只去鼓动士兵英勇拼杀，而自己战术不当，就会造成更多的流血牺牲，从而影响士气。甘宁百骑袭曹营，有勇也有谋。百骑虽少，但行动捷便、隐蔽，有利于达成突然性。以小击大，本身就包含着智谋。这与那种用士兵的勇敢精神来掩盖自己智能低下和战术笨拙的指挥员，是完全不同的。

在历史上确有甘宁百骑袭曹营一事。据《三国志·甘宁传》载："后曹公出濡须，宁为前部督，受敕出斫敌前营。权特赐米酒众肴，宁乃料赐手下百余人食。食毕，宁先以银碗酌酒，自饮两碗，乃酌与其都督。都督伏，不肯时持。宁引白削置膝上，呵谓之曰：'卿见知于至尊，孰与甘宁？甘宁尚不惜死，卿何以独惜死乎？'都督见宁色厉，即起拜持酒，通酌兵各一银碗。至二更时，衔枚出斫敌。敌惊动，遂退。"这段记载经过演义作者一番添枝加叶的描写，勾画了一幅生动形象的劫寨场面，反映出罗贯中不仅对奇袭作战颇有研究，而且对在战场上激励士气的重要性也有着深刻的了解。

善用自己的弱点欺骗敌人

大凡有独特性格的将军，都应作两面观。

在篮球场上常有这种情况：投篮准确的前锋，一上场就会被对方封得很死，不易发挥其技术特长；惯于"打手"的后卫，对方总是利用假动作给他制造犯规的机会。乒乓球坛上也是如此，一旦某一高手的某种打法显示出不同寻常的威力，马上就会成为对方认真研究、攻克的目标；若某一队员存在某一种毛病，对方必然注意利用。在棋赛中，在竞争的市场上……凡是有双方活力对抗的场合，都有类似现象。

　　这一现象在军事斗争中表现得更加突出。一个指挥员的用兵特长或不足，甚至生活习惯和性格上的弱点，都会成为对手利用或突破的重点。但问题的另一面是：指挥员的弱点和特点，也往往会引起对手思维判断上一种直线运动——顺着其表现方向去推测判断情况。

　　在《三国演义》中，张飞与酒结下了不解之缘。他逢酒必饮，每饮必醉，每醉必出事端，不是打人，就是误事，应该说这是张飞自身的一大弱点。这个弱点，在他斗智用谋还未成熟的阶段，常常会给对手留下利用的空当。例如第十四回，当张飞守徐州时，刘备曾一再叮嘱张飞不饮酒或少饮酒。但刘备刚走，张飞就大饮特饮起来，酒后又痛打曹豹，结果吕布乘机杀进城来，他的酒还没醒，就把徐州丢掉了。然而，随着张飞在战争中锻炼得比较成熟之后，他的弱点却变成了麻痹迷惑敌人的一种招数。张飞宕渠山战张郃，就充分表现了这一点。

　　演义第七十回中写道，张飞在巴西一带战败张郃之后，挥军乘胜追袭，一直赶到宕渠山下。张郃利用有利的地势据山守寨，坚持不出，一连"相距五十余日"。张飞无计可施，于是就在山前扎住大寨，每日饮酒；饮至大醉，坐于山前辱骂。刘备得知后，大惊失色，急忙找孔明商议。诸葛亮不但没有惊慌，反而立即派魏延送去三车好酒，还在车上插着"军前公用美酒"的大旗。张飞得到美酒之后，不但自己更加嗜酒无度，还把美酒摆在帐前，"令军士大开旗鼓而饮"。那张郃在山上见此情景，再也按捺不住杀敌的心情，便带兵乘夜下山，直袭蜀营。当张郃冲进张飞的大寨时，见帐中端坐着一位大汉，举枪便刺。谁知，刺倒的竟是一个"假张飞"——草人。结果，魏军误中了张飞埋伏，张郃被打得大败，曹军的宕渠寨、蒙头寨、荡石寨全被张飞夺得。

　　这个故事告诉我们，一个军事指挥员应该善于改变自己的生活习惯和性格，并且要善于运用自身的弱点来施展计谋，欺骗敌人。事实证明，一个人的特点及习惯性格，最容易形成对方判断情况的一种思维定式。聪明者若能有自知之明，就性用计，正好可以出其不意，把敌手诱入我的"圈套"。张飞素以饮酒误事闻名，而这次作战他却借喝酒把骁勇善战的张郃诱出了宕渠山，真可以说是酒中出奇谋！可见，一个军事指挥员若能够正确地认识自身的弱点，并顺势加以利用的话，弱点常可以转化为用谋的一种绝技。

关于张飞败张郃一事，史料的记述很简单。《资治通鉴·汉纪五十九》中写道："张郃督诸军徇三巴，欲徙其民于汉中，进军宕渠。刘备使巴西太守张飞与郃相拒，五十余日，飞袭击郃，大破之。"演义的作者根据这一记载，巧妙地安排了一系列精彩生动的文学细节，不仅把张飞爱酒如命的人物性格刻画得维妙维肖，而且还揭示了一条运用自己弱点来欺骗敌人的用谋道理。

激将法的妙用

诸葛亮在选人用将方面，非常善于运用激将法，来激励将士杀敌作战的勇气和智谋。

例如，在刘备夺取汉中的作战中，诸葛亮就曾连续两次使用激将法，调动老黄忠用智破敌的积极性，使这位年近七十的老将军，在这次作战中立下了汗马功劳。

诸葛亮第一次激黄忠，是在曹军将领张郃率重兵攻打葭萌关时。守关将领抵挡不住，连忙向成都告急。演义中写道：

> 玄德闻知，请军师商议。孔明聚众将于堂上，问曰："今葭萌关紧急，必须阆中取翼德，方可退张郃也。"法正曰："今翼德兵屯瓦口，镇

守阆中,亦是紧要之地,不可取回。帐中诸将内选一人去破张郃。"孔明笑曰:"张郃乃魏之名将,非等闲可及。除非翼德,无人可当。"忽一人厉声而出曰:"军师何轻视众人耶!吾虽不才,愿斩张郃首级,献于麾下。"众视之,乃老将黄忠也。孔明曰:"汉升虽勇,争奈年老,恐非张郃对手。"忠听了,白发倒竖而言曰:"某虽老,两臂尚开三石之弓,浑身还有千斤之力,岂不足敌张郃匹夫耶!"孔明曰:"将军年近七十,如何不老?"忠趋步下堂,取架上大刀,轮动如飞;壁上硬弓,连拽折两张。孔明曰:"将军要去,谁为副将?"忠曰:"老将严颜,可同我去。但有疏虞,先纳下这白头。"玄德大喜,即时令严颜、黄忠去与张郃交战。

果然,老黄忠经诸葛亮这一"激",精神抖擞,斗志昂扬,与老严颜二人默契配合,把进攻葭萌关的曹军杀得大败,并一举夺取了曹操在汉中囤积粮草的战略要地——天荡山。

诸葛亮第二次激黄忠,是在老黄忠夺取天荡山后,奉玄德之命要去攻打定军山时。这时诸葛亮却说,定军山守将"夏侯渊非张郃之比也",他"深通韬略,善晓兵机",只有荆州的关云长"方可敌之"。黄忠听后奋然提出,这次攻打定军山"不用副将,只将本部兵三千人去,立斩夏侯渊首级"。孔明又再三不容,但黄忠硬是要去。诸葛亮只好派法正作为监军随同前去。结果,老黄忠在法正的协助下,计斩夏侯渊,又乘胜夺取了定军山。

这两个小故事告诉我们,激将法既可用于敌,又可用于己。用于敌时,目的在于刺激敌方将领的神经,使其失去理智,采取鲁莽行动,从而受制于我。这种用法比较多见,一般是在我欲速战,敌欲持久时运用此招,来引诱对方在不利情况下与我交战。激将法用于己方,目的则是要振奋将领、部下、士卒的杀敌激情。克劳塞维茨说过,每个军人都具有强烈的荣誉感和英雄主义精神。而这种荣誉感和英雄主义精神一旦爆发出来,就会变成不可阻挡的力量。激将法正是撞击这种激情之火的燧石,引爆杀敌勇气的导火索。运用激将法激励士气,是将帅带兵打仗的一种艺术。它要求在使用中,要针对将领的某一性格特点和所处的客观情况而灵活实施,在演义中,老黄忠是位不服老的英雄，就怕别人说他老，不能上战场。当初入川攻打雒城时，只因魏延说他老，老黄忠便怒气冲天，提刀就要和魏延比试武艺。诸葛亮深知黄忠的这一性格特点，所以能抓住"火候"，达到一触即发的效果。

在史料中并没有诸葛亮激黄忠的记载。《三国志·黄忠传》中说："建安二十四年，于汉中定军山击夏侯渊，渊众甚精。忠推锋必进，劝率士卒，金鼓振天，欢声动谷，一战斩渊，渊军大败。"罗贯中在创作这段故事时，绘声绘色地加进了诸葛亮智激黄忠的情节，使作品更增添了生动的色彩。同时启示我们，善用兵的将军，不仅要善于运用激将法迫敌就范，也要善于运用此法来激励、振奋自己将领的杀敌士气。

从蜀军攻打定军山谈反客为主之计

诸葛亮第二次激黄忠，拉开了蜀军攻打定军山的战幕。在作战初期，蜀军由于地形生疏，情况不熟，曾一度失利。牙将陈式中计，被定军山守将夏侯渊生擒。这时，随军前来的监军法正，为黄忠献了一条"反客为主"的计策，才扭转了战局。

关于"反客为主"，在演义中法正是这样解释的："渊为人轻躁，恃勇少谋。可激劝士卒，拔寨前进，步步为营，诱渊来战而擒之：此乃'反客为主'之法。"黄忠依计而行，第二天便拔寨而进，每营只住数日，步步向定军山逼进。果然，夏侯渊见此情景，急忙点兵，欲率军出战。富有作战经验的张郃识破了这一计策，他极力劝阻夏侯渊"不可出战，战则必失"。但性急的夏侯渊却一意孤行，派夏侯尚迎战蜀军。结果不出张郃所料，魏军一战败北，夏侯尚也成了蜀军的俘虏。于是，引出了一场双方阵前换将的好戏。

法正提出的步步为营之策，为何又叫"反客为主"之法？要回答清楚这个问题，需要首先弄清"反客为主"的本意。

《三十六计》的"并战计"中，专门有"反客为主"一计："乘隙插足，扼其主机，渐之进也。"

在日常生活中，客与主的关系和界限很明显。客人即来宾，古诗云："客从远方来"。主人即迎接宾客的一方。有些情况下，因主人不会待客，反受到客人的招待，俗称"反客为主"。在军事上，一般来说，深入敌国作战为"客"，在本土防御为"主"。兵家将作战的双方分为"主"与"客"，目的在于研究力争主动、力避被动的作战态势。一般地说，处于"主"位之军，具备许多有利的条件，诸如地理民情熟悉，地势有利，有比较坚固的防御阵地等；处于"客"位的一方，劳师远征，人地生疏，补给困难，往往容易陷入旷日持久的困境之中。古代军事家们总结以往的历史经验，提出在进攻不利或受挫的情况下，变攻为守，诱敌攻我，把不利条件推给敌方，把有利因素留给己方，乘机消灭敌人的有生力量，以实现进攻作战的目的。这也就是"反客为主"的谋略思想。

很明显，黄忠、法正领兵攻打定军山，深入魏军防地，是处于不利的"客"势地位；魏军占据有利地形坚守，处于"主"势地位。在这种情况下，蜀军不利因素多，若一味地强攻硬夺，无疑会增大自己的伤亡。首战失利，陈式被擒，就已证明了这一点。法正为黄忠提出步步为营的战法，一方面是要掌握这次进攻作战的节奏，接通后勤保障，站稳脚跟再前进。另一方面，也是更重要的方面，是增强自己的抗击力，刺激敌人急于出战的情绪，创造一个变攻为守的条件。这里的步步为营，是为了转入防御，为了引诱对方前来进攻而采取的步骤。它不同于那种单纯为了进攻而采取的打一仗、巩固一步、再前进一步的筑垒蚕食形式的步步为营。定军山本来地势险要，易守难攻，是天然的防御屏障，但由于鲁莽轻躁的夏侯渊不知"反客为主"之计的厉害，反而主动向蜀军发起进攻，这样便丧失了自己的优势。

军事辩证法就是这样，当你单纯进攻而不能得手时，以守为攻却常能实现进攻的企图；当你一味求进而不能前进时，以退为进则可以达到前进的目的；当你直接夺取而不能得到时，采用"欲将取之，必先与之"的办法，最后反而能够获得。类似这种从相反中求相成，从矛盾的对立面中寻求制胜之策的事情，都反映出"以迂为直"的深刻哲理。罗贯中在《三国演义》中，虚构了许多这样的军事斗争情节，充分体现了他朴素的军事辩证法思想。

第四编
荆襄之失

"福无双至,祸不单行。"荆襄丢失,西蜀被斩断统一华夏的战略右臂。

关羽刚而自矜,张飞暴而无恩,以短取败。刘备怒而兴师,触犯兵家大忌,最终猇亭之败带来白帝托孤。正应了"情商影响成败,性格决定命运"之说。凡成大事,须有"内圣之修炼"方得"外王之功业"。

从黄忠智斩夏侯渊
谈击其惰归之法

按照演义的描写,蜀军夺取定军山确实不易。他们当时施展"反客为主"之计,虽然取得了一些胜利,但并没有最后拔掉这个"钉子"。

却说黄忠用计战败魏军之后,乘胜前进,直逼定军山下。而夏侯渊则据山坚守不出。此时,法正仔细观察了这一带的地形,发现定军山以西有一座高山,便劝黄忠乘夜夺占制高点,瞰制魏军。这样一来,由于蜀军在"山上足可下视定军山之虚实",给魏军带来了很大威胁。倘若蜀军有几十门火炮,据守定军山的魏军可就遭殃了。只是那时还处在冷兵器时代,没有火力袭击的条件。尽管如此,蜀军占据制高点,行动上要主动得多。但法正没有单单依据地利,而是重在人谋。他根据当时的敌情我情,又想出一条妙策:

"将军(黄忠)可守在半山,某居山顶。待夏侯渊兵至,吾举白旗为号,将军却按兵勿动。待他倦怠无备,吾却举起红旗,将军便下山击之。以逸待劳,必当取胜。"

就在法正和黄忠商议计策之时,定军山的魏军指挥部里,夏侯渊与张郃正在进行一场激烈的争论:

却说杜袭引军逃回,见夏侯渊,说黄忠夺了对山。渊大怒曰:"黄忠占了对山,不容我不出战。"张郃谏曰:"此乃法正之谋也。将军不可出战，只宜坚守。"渊曰："占了吾对山，观吾虚实，如何不出战？"郃苦谏不听。

由此引出了一场黄忠智斩夏侯渊的好戏：

> 渊分军围住对山，大骂挑战。法正在山上举起白旗。任从夏侯渊百般辱骂，黄忠只不出战。午时以后，法正见曹兵倦怠，锐气已堕，多下马坐息，乃将红旗招展。鼓角齐鸣，喊声大震，黄忠一马当先，驰下山来，犹如天崩地塌之势。夏侯渊措手不及，被黄忠赶到麾盖之下，大喝一声，犹如雷吼。渊未及相迎，黄忠宝刀已落，连头带肩，砍为两段。

《孙子兵法·军争篇》中说："是故朝气锐，昼气惰，暮气归。故善用兵者，避其锐气，击其惰归。"在这场战斗中，黄忠智斩夏侯渊，正是成功运用以逸待劳、击其惰归的结果。

两军相交，士气锐者胜。刚刚出战的部队，将士精神饱满，斗志旺盛，求战心切，此时投入战斗，将士奋勇杀敌，常可以一当十，而随着时间的推移，将士的体力消耗增大，精神逐渐疲惫，又没有获得可鼓舞人心的战果，必然会使士气低落，这时再战，就是强悍好斗的勇士也会无战斗之心，部队的战斗力必然锐减。因此，战争史上那些善用兵的将军，都特别强调蓄盈待竭——即面对强敌进攻，坚持"尽敌阳节，盈我阴节"的策略，在防御和相持中，注意保持和壮大自己的力量，避免在不利情况下与敌决战。老将黄忠在作战中，将兵马屯于半山，既可造成"势险节短"之势，又能以逸待劳，持重待机。夏侯渊在山脚下骂阵挑战，部队的锐气却在慢慢地消减。这个战法，同春秋齐鲁长勺之战中曹刿的三鼓而击，彼竭我盈而获胜的战法颇为相似。

兵家认为，以逸待劳、击其惰归的目的不只在于养精蓄锐，疲惫敌人；更在于审时度势，后发制人。在这里，一个非常重要的问题就是要善于捕捉战机，定军山一战，如果单从形式上看，老黄忠一刀将夏侯渊斩于马下，功劳颇大。其实，就武艺而论，夏侯渊是曹操的一员虎将，多次随曹操南征北战，屡建功劳，武艺并不在黄忠以下，为什么一合未战就成了黄忠的"刀下之鬼"？这里的原因还在于法正对黄忠出击时机把握得好。他居高临下，发现"曹兵倦怠，锐气已堕，多下马坐息"，便及时"将红旗招展"，迅速抓住了这个有利战机。可见，击其惰归，关键在于准确地掌握敌军士气由盈到竭转化的关节点，适时出击。如果一味地"待"，或者轻率地"击"，都不能收到好的效果。

从赵云的"空营计"谈指挥员的胆略

在《三国演义》中，诸葛亮的"空城计"颇引人注目（对此后文将专门进行分析），而对赵云的"空营计"，许多人却不够留意。其实，赵云的"空营计"是一个有史可查的典型战例。

据《三国志·赵云传》注引中记载："夏侯渊败，曹公争汉中地，运米北山下，数千万囊。黄忠以为可取，云兵随忠取米。忠过期不还，云将数十骑轻行出围（营），迎视忠等。值曹公扬兵大出，云为公前锋所击，方战，其大众至，势逼，遂前突其阵，且斗且却。……公军追至围，此时沔阳长张翼在云围内，翼欲闭门拒守；而云入营，更大开门，偃旗息鼓。公军疑云有伏兵，引去。云擂鼓震天，惟以戎弩于后射公军；公军惊骇，自相蹂践，坠汉水中死者甚多。"这段史料本身已很精彩，再经过罗贯中的艺术加工，就更加曲折动人了。特别是赵云令士兵大开营门之后，演义描写这位英武将军"匹马单枪，立于营门之外"，当曹操引军"杀奔营前"时，"见赵云全然不动",吓得"曹兵翻身就回"。短短数语,使赵云的威武形象跃然纸上,夺目生辉。

"空营计"是一种"虚而虚之"的谋略。据《草庐经略·虚实》中讲:"虚而虚之,使敌转疑以我为实。"意思是说,本来空虚又仍然表示空虚,使敌人反而误认为我暗中作了准备。这一谋略的关键,就在于利用假象来迷惑和欺骗对手。

采用"虚而虚之",是一种妙算,一种智慧,更是一种胆略。试想,在强敌面前,兵力本来空虚又仍然表示出空虚的样子,指挥员倘若没有一点勇气和胆量,是绝不敢冒此风险的。所以说,智慧的头脑若能驾起胆量的风帆,才有可能到达胜利的彼岸。当赵云以巧设空营,"唬"退了满腹韬略的曹操后,刘备到赵云营中视察赞扬说:"子龙一身都是胆也!"刘备对赵云的这句评语,道出了军事斗争的一个重要特点:通向胜利的道路是充满风险的道路。在特定条件下,指挥员敢于率劲旅出没于一般人想象不到的风险处,常能获得一般人想象不到的成功。"战斗行动历来是将领要解答的一道含有许多未知数的算术题。在战役开始前,统帅只能设想战役如何发展,因此总有一定的冒险性。"(什捷缅科《战争年代的总参谋部》)

记得日本一位经验丰富的企业家谈到经济竞争的体会时说过这样一段话:"风险和利益的大小是成正比的。如果风险小,许多人都会去追求这种机会,因此利益也不会大。如果风险大,许多人就会望而却步,所以能得到的利益也就会大些。从这个意义上来说,有风险才有利益。可以说,利益就是对人们所承担的风险的相应补偿。"

日本企业家曾经借鉴《三国演义》中"谋攻"的经验,在国际市场上进行"商战",从而争得了主动。同样,把他们进行"商战"的经验"反馈"过来,对于真枪实弹的流血的战争,也有一定的借鉴意义。

在复杂激烈的军事斗争中,血与火迷茫着指挥员的视野,只具有普通胆略的将军,大多是追求保险系数较大的决策,忌讳"风险决策"。正是如此,他们也就创造不出辉煌的战绩,最终归于平庸。而那些胆略超群的指挥员,勇于出乎对方意料之外去冒"风险",则往往获取赫赫战功。因此,在充满风险的决策里,孕育着出奇制胜的根苗。

当然,我们讲军事指挥员要敢于冒风险,应该是一种理智的冒险,必须建立在对客观情况正确分析判断的基础上。克劳塞维茨曾经指出:"指挥官的职位越高,就越需要有深思熟虑的智力来指导胆量。""这种胆量的表现,不是敢于违反事物的性质和粗暴地违背盖然性的规律,而是在于迅速做出准确的判断和决策并予以有力的支持。智力和认识力受胆量的鼓舞越大,它们的作用就越大,眼界也就越广阔,结论也就越正确。"(《战争论》)因此,军人的胆量绝不是鲁莽。对于指挥员来说,胆与智紧紧相联。赵子龙一身都是"胆",其实这也正是他智谋的高度体现。

机械照搬者的悲剧
——徐晃"背水列阵"的失败原因

《三国演义》中,有许多描写活用兵法,创新战术,从而赢得胜利的优秀篇章;同时也不乏照搬照套古人用兵法则,导致作战失败的反面事例。在曹操和刘备争夺汉中时,徐晃机械地搬弄背水阵来战蜀军,就是食古不化而失利的典型一例。

却说赵云设计智胜魏军之后,曹操不甘心自己的失败,又命令徐晃为先锋,王平为副将,进至汉水,同蜀军决战。书中写道:

徐晃、王平引军至汉水,晃令前军渡水列阵。平曰:"军若渡水,倘要急退,如之奈何?"晃曰:"昔韩信背水为阵,所谓'致之死地而后生'也。"平曰："不然。昔者韩信料敌人无谋而用此计，今将军能料赵云、黄忠之意否？"晃曰："汝可引步军拒敌，看我引马军破之。"遂令搭起浮桥，随即过河来战蜀兵。

徐晃背水列阵，结果不佳。他从早晨开始挑战，直到黄昏，蜀军一直按兵不动。待到魏军人疲马乏，欲向回撤时，黄忠、赵云突然从两下杀出，左右夹攻，将徐晃打得大败，魏军兵士纷纷被逼入汉水，死者无数。

这就给我们提出了一个问题：为什么韩信背水列阵一战而胜，徐晃背水列阵却一败涂地呢？王平劝说徐晃的话中道出了部分道理，但并不全面。

据《史记》中记载，公元前204年，刘邦令韩信率军攻打魏、赵、齐等国。韩信出奇兵袭取了魏都之后，由于荥阳战事紧迫，刘邦抽走了一部分精锐兵力，韩信只得率数万兵力会同张耳进击赵国。当时，赵军号称二十万，双方力量十分悬殊。谋士李左车曾向赵军主将陈余建议，利用深沟高垒，坚守不战，拖住汉军；由他带精兵三万，抄小路截击韩信的粮草辎重，尔后再与赵军主力前后夹击敌人。这个方案若能实施，那一定会出现不利于韩信的结局。但陈余不用其计，倚仗着自己的优势兵力，坚持要在井径口与汉军决战，韩信探知这一消息，十分高兴，立即率军前进，先以少数兵力将赵军引出营寨，然后将主力背水列阵和敌激战。与此同时，他又派出两千精锐骑兵迂回敌后，抄袭赵军的"老窝"，结果大获全胜。

分析比较这两例"背水列阵"，就可以清楚地看到一胜一败的原因了。韩信"背水列阵"所以胜利，是有许多条件的。例如，陈余不听李左车之计，韩信抓住了这一有利时机迅速进兵；在作战中韩信使用了奇正相生的战法，即在背水列阵的同时，派出奇兵袭击赵营，这都是取胜的重要原因。而徐晃却不问敌情，不用奇正相辅，不顾客观条件，只是机械地模仿韩信的背水战法，这样，他兵败汉水便是顺理成章的事情了。

这里还值得提出的是，应该如何理解"致之死地而后生"的观点。《孙子兵法·九地篇》中讲："投之亡地然后存，陷之死地然后生。"这一思想主要体现了孙子"以患为利"的用兵策略。所谓"死地"，按照孙子的解释是

"疾战则存，不疾战则亡者。""陷之死地"乃是大患；然而"陷之死地"却能因"疾战则存，不疾战则亡"的客观形势，唤起万众一心，将士奋力死战，从而转败为胜、转死为生、转患为利。在这里，能否实现矛盾转化的根本因素，就是军队所置之地、所布之势能否激发将士万众一心，同敌决一死战的斗志和气概。刘邦从韩信军中调走一部精锐兵力后，韩信率孤军深入赵地，大多数士兵是新招募来的，没有受过严格训练，如同"驱市人而战之"（就像赶着集市上的人群去作战一样）。在这种情况下，韩信断然背水列阵，使部队失去了以退求生的希望，结果必然拼死战斗，人自为战。而徐晃所率部队的士卒，多是些"老兵油子"；他们虽背汉水列阵，但河上却架有"浮桥"，背后还有曹操的大军压阵。就是说，部队仍有求生之路。这样，他们自然是打得赢就打，打不赢就跑，虽被"致之死地"也不能激起求生的奋战精神。

另外，从时间上看，韩信与赵军开战是在拂晓，正是"朝气锐"的时候。这时同敌决战，"致之死地"的士兵，精神头就更足了。而徐晃背水列阵，对方坚守不出，部队从早晨拖到黄昏，兵疲气衰，已处于"暮气归"的时刻。在这种情况下，徐晃不但没有转患为利，振奋起士卒的杀敌士气，反而酿成了大害。这一教训，很值得引起今天的军事指挥员们的深思。

演义后来还有一个"背水阵"的战例，即作者在一百一十回中，根据史料加工虚构的姜维背水列阵破魏军的故事。那是在孔明死后，姜维北伐中原时，他率军渡过洮水，背水迎战魏军。姜维借鉴韩信的用兵思想，坚持奇正并用，"陷之死地然后生"，乘机激发士卒奋战热情，一举打败了魏军。这个"背水阵"，虽然也是模仿韩信的战法，但用之自然，符合实际，其成功也就合情合理。

关于徐晃背水列阵，在史料中并无记载。罗贯中通过虚构这则战斗故事，用艺术之笔深刻讽刺了那些照搬照套兵法原则和历史经验来指导战争的机械论者。

谋贵用疑

在《唐李问对》一书中,李世民总结战争的历史经验,曾深刻指出:朕观兵书千章万句,不出乎"多方以误之"一句而已。李世民这句话,可以说准确地抓住了战场上使计用谋的一个要点。所谓多方误敌,就是从实际情况出发,不拘一格地示形用诈,给敌人多造成一些不确定因素。《孙子兵法》中讲到的"诡道十三法"①,就表现了误敌之法的多样性。

误敌的方法虽然多种多样,但其核心思想就是要疑敌。只有造成敌将的狐疑之心,才能使其心理失去平衡,导致判断失误,行动失策,最后为我所制。所以兵家历来强调"谋贵用疑"。

在《三国演义》中,采用疑兵术以误敌的例子俯拾皆是,可以说每一条出奇制胜的妙计中都包含有这一思想。谋臣智将,施计斗法,无不用疑。而在群星争辉的谋略斗争中,足智多谋的诸葛亮,更是善用疑兵取胜的高手。像前面讲到的华容之烟,以及后边还要谈及的巧设空城,都是使用疑兵术的成功范例。这里再举汉中之战时,诸葛亮使用疑兵计连败曹操的战例,它们虽然都不为读者普遍注意,但细细研究一番,还是颇能给人一点启迪的。

---

① 诡道十三法即《孙子兵法·计篇》所讲的:"兵者,诡道也。故能而示之不能。用而示之不用。近而示之远,远而示之近。利而诱之,乱而取之,实而备之。强而避之。怒而挠之,卑而骄之,佚而劳之。亲而离之。攻其无备,出其不意。"

【例一】

却说徐晃逃回见操,说:"王平反去降刘备矣!"操大怒,亲统大军来夺汉水寨栅。赵云恐孤军难立,遂退于汉水之西。两军隔水相拒。玄德与孔明来观形势,孔明见汉水上流头,有一带土山,可伏千余人,乃回到营中,唤赵云吩咐:"汝可引五百人,皆带鼓角,伏于土山之下。或半夜,或黄昏,只听我营中炮响,炮响一番,擂鼓一番。——只不要出战。"子龙受计去了。孔明却在高山上暗窥。次日,曹兵到来搦战,蜀营中一人不出,弓弩亦都不发,曹兵自回。当夜更深,孔明见曹营灯火方息,军士歇定,遂放号炮。子龙听得,令鼓角齐鸣,曹兵惊疑,只疑劫寨。及至出营,不见一军。方才回营欲歇,号炮又响,鼓角又鸣,呐喊震地,山谷应声,曹兵彻夜不安。一连三夜,如此惊疑。操心怯,拔寨退三十里,就空阔处扎营。……

【例二】

曹操见玄德背水下寨,心中疑惑,使人来下战书。孔明批来日决战。次日,两军会于中路五界山前,列成阵势。操出马立于门旗下,两行布列龙凤旌旗,擂鼓三通,唤玄德答话。玄德引刘封、孟达并川中诸将而出。……操怒,命徐晃出马来战。刘封出迎。交战之时,玄德先走入阵。封敌晃不住,拨马便走。操下令:"捉得刘备,便为西川之主"。大军齐呐喊杀过阵来。蜀兵望汉水而逃,尽弃营寨;马匹军器,丢满道上,曹军皆争取。操急鸣金收军。众将曰:"某等正待捉刘备,大王何故收军?"操曰:"吾见蜀兵背汉水安营,其可疑一也;多弃马匹军器,其可疑二也。可急退军,休取衣物。"遂下令曰:"妄取一物者立斩。火速退兵。"曹兵方回头时,孔明号旗举起,玄德中军领兵便出,黄忠左边杀来,赵云右边杀来。曹兵大溃而逃。

【例三】

却说众将保着许褚,回见曹操。操令医士疗治金疮,一面亲自提兵来与蜀兵决战。玄德引军出迎，两阵对圆，玄德令刘封出马。……操令徐晃来迎，封诈败而走，操引兵追赶。蜀兵营中，四下炮响，鼓角齐鸣。操恐有伏兵，急教退军。曹兵自相践踏，死者极多。奔回阳平关，方才歇定，蜀兵赶到城下：东门放火，西门呐喊；南门放火，北门擂鼓。操大惧，弃关而走。蜀兵从后追袭。

　　这三次用疑，都是按照孔明事先安排进行的。头一例可谓虚张声势之法，颇似我们讲的麻雀战术。其中心内容是采取多方袭扰的办法，以假情况来刺激、疲惫敌人，使敌坐卧不宁，思想紧张，精神失常，士气瓦解。第二例，则是示利疑敌。兵书中有"利而诱之"一说。孔明针对曹操熟读兵书的特点，不是通过"利而诱之"，而是运用"示利疑之"的战法，趁曹操犹疑不定，欲收兵撤退的时候，抓住战机，突然发动猛攻。第三例，也属于虚张声势之法。但与前者不同的是，它并非要疲惫敌人，而是利用强大的威慑力量来恐吓对手，从而达到不战而屈人之兵的目的。

　　分析这三个战例，孔明为何能连续施展疑兵计，次次都那般灵验呢？演义在诸葛亮第二次使用疑兵计之后，安排了一段刘备与孔明的对话，对这一问题作了初步回答。刘备问道"曹操此来，何败之速也？"孔明答曰："操平生为人多疑，虽能用兵，疑则多败。吾以疑兵胜之。"诸葛亮的这段话告诉我们，用疑本来就是一种心理战术，因此，只有识将性，知将情，用疑才能恰到好处。孔明在这次作战中，正是将曹操多疑的性格研究得很透彻，摸准了他的心理脉搏，所以每次用疑都能对症下药，立见成效。

　　不过，除了诸葛亮所说的原因之外，还有一点值得重视，这就是曹操进入汉中，连战皆败，损兵失地。他本来疑心就重，加上不利的战局所迫，必然更加大了他的疑心。倘若曹操初到汉中，锐气正盛之时，诸葛亮就施展这些疑兵术，能否取得成功，恐怕还要打个问号！也就是说，将领的疑心是随着环境的变化和战局的发展而变化的。"将军可夺心"，夺心先得知敌将之心，了解掌握敌将的心理变化规律，方可因敌、因时、因势用疑。

关于刘备与曹操在汉中决战一事，史料中记载得很简单。《资治通鉴·汉纪六十》中说："操与备相守积月，魏军士多亡。夏，五月，操悉引出汉中诸军还长安，刘备遂有汉中。"演义的作者根据如此简要的历史记述，却生发出一系列波澜起伏的艺术情节，不仅刻画了诸葛亮机智的才华和曹操多疑的性格，同时也反映了罗贯中造诣深刻的谋略思想。

被动来自两面作战

俗话说："一手难挡四面风。"对于军事指挥员来说，在战场上只有力避两面作战，才有可能集中使用力量，摆脱被动的局面。

从演义中看，自魏、蜀、吴三足鼎立之势形成以后，三国之间"伐谋"与"伐交"的活动便融合成了一体。在这场复杂的斗争中，曹、刘、孙三家都在积极活动，千方百计地争取盟友，破坏对手的联合，力争造成以二对一的局势。然而，三家根本利益的矛盾冲突，又必然导致出分分合合、时友时敌这样一种复杂的军事外交格局。

刘备在汉中击败曹操之后，占据了荆襄和两川大片地盘，势力愈加强盛，便在群臣的拥戴下，自立为汉中王。曹操得知这一消息，怒不可遏，决心"尽起倾国之兵，赴两川与汉中王决雌雄"。这时，曹操身边的谋士司马懿对形势看得非常真切，他清楚地看出了吴、蜀两家的矛盾有激化的趋势，于是便对曹操说："江东孙权，以妹嫁刘备，而又乘间窃取回去；刘备又占据荆州不还：彼此俱有切齿之恨。今可差一舌辩之士，赍书往说孙权，使兴兵取荆州，刘备必发两川之兵以救荆州。那时大王兴兵去取汉川，令刘备首尾不能相救，势必危矣。"司马懿提出的联吴击蜀的策略，确实是审时度势的一计。

当东吴接到曹操的来书之后，文臣武将议论纷纷，联曹、抗曹意见不一，但荆州问题对于孙权来说却是一件久绕心头的大事。他虽知这是曹操拉他共同对付刘备的一计，但也想乘此机会利用曹操的力量，一举夺回荆州。不过，一向谨慎的孙权这时对形势还感到吃不太准，想摸清底细之后再下决心。所以，他一方面好言打发走了曹操的使者，另一方面又派诸葛瑾去荆州替自己的儿子说亲，借此探听关羽的虚实。

然而可悲的是，那位不可一世的关云长，虽然称得上是一位有勇有谋的骁将，但对当时的战略大局却看不清楚。以致在诸葛瑾提出希望关羽的女儿许配孙权之子，使"两家结好，并力破曹"时，关云长竟然盛气凌人："吾虎女安肯嫁犬子乎！"一语将诸葛瑾堵了回去。结果，便促使孙权最后下定了决心——联合曹操，与关羽决战荆州。这样，能征善战的关云长尽管后来还有水淹七军之功，但从此时起，他已陷入了两面作战的不利态势中，在战略上开始一步步被动起来，最后终于走上了亡人失地的道路。

若从三国鼎立的战略大局来看，军事实力虽然是争取主动和立于不败之地的物质基础，但如果忽视了联合盟友，以及在外交上争取必要的援助的话，就必然会在战略上造成被动，军事上处于两面作战的危机之中。

纵观战史，陷于两面作战的军队，很少能够最终获胜。曾经称雄一时的拿破仑，企图称霸世界的希特勒，他们最后失败固然有很多具体原因，但有一条是共同的，即都处在东西两面作战的境地，造成了战略上的被动，所以两面作战历来为兵家之大忌。关云长正是看不到这一点，以为只靠他的"青龙偃月刀"就可以鼎立荆襄。殊不知战术上的胜利，是无法弥补战略上的损失的。正如一位外国军事家指出的，"如果战略错了，那么，将军在战场上的指挥才能、士兵的勇敢、辉煌的胜利，都将失去它们的作用。"（艾尔弗雷德·马汉《海军的管理与战争》）相反，如果战略上争得主动的地位，倒可以弥补战术上的失误。关云长失利的教训从反面启示我们，指挥员必须具备战略头脑，要学会从战略大局上认识问题。

在真实的历史材料中，曹操并不是在刘备自称汉中王以后就采取联吴击蜀的策略的。据《资治通鉴·汉纪六十》中记载，关云长水淹于禁七军之后，威震华夏，樊城危在旦夕，"魏王操议徙许都以避其锐，丞相军司马司马懿、西曹属蒋济言于操曰：'于禁等为水所没，非战攻之失，于国家大计未足有损。刘备、孙权，外亲内疏，关羽得志，权必不愿也。可遣人劝权蹑其后，许割江南以封权，则樊围自解。'操从之。"而演义的作者在刘备称汉中王之后，便让曹操采取了联吴击蜀的策略，并巧妙地同诸葛瑾为孙权之子说亲一事直接联系起来，表现出东吴在决策选择上的谨慎态度，增强了作品的故事性，这不能不说是罗贯中军事战略思想的艺术再现。

为将者要善用天时地利
——关羽水淹七军杂议

在《三国演义》中，水淹七军算是关云长一生征战中最漂亮的一役了。这一仗，曾使关羽威震华夏，吓得曹操差一点迁出许都。关云长之所以能有水淹七军之胜，说到底是巧用天时、地利的结果。

《孙子兵法·地形篇》中说："险形者，我先居之，必居高阳以待敌；若敌先居之，引而去之，勿从也。"意思是在地形险要的地区，如我先敌占领，要占据地形高而向阳的地方待击敌人；倘若敌人已先占领，那就主动撤退，不要进攻它。孙子还在"行军篇"中说："凡军好高而恶下，贵阳而贱阴。"强调驻军扎寨，要力求居高处而避开低洼的地方；要争取向阳面而回避阴湿面。"七军"之败，正是违背了这一用兵常识。

据演义所说，关羽率兵攻打樊城，告急文书传到许都，曹操急令于禁、庞德共起七路大军来解樊城之围。关羽力战庞德，不慎左臂中箭负伤，两军遂形成相持态势。当时正值秋雨连绵之际，"襄江水势甚急"。于禁、庞德对荆襄一带的水文地理不作任何考察，便在樊城以北十里的山谷中"依山下寨"，这就违背了兵法中"好高而恶下，贵阳而贱阴"的原则。曹军督将成何看出了问题，曾劝说于禁移兵安营，但无知的于禁却认为成何是在"惑吾军心"，反把他臭骂了一顿。从分析看，于禁不听成何之言，一方面是缺乏兵法常识；另一方面也是由于狭隘的嫉妒心所致，他怕庞德抢了头功，竟置作战全局于不顾。而庞德由于求胜心切，也没看出自己已深入绝地。当成何急急赶来提醒他时，这位勇将虽然认为成何"所见甚当"，却没有当机立断，而是准备等"明日自移军屯于他处"。结果，当天夜里就大灾降临了。

熟读《春秋》的关云长，要比于禁、庞德聪明得多。当时关羽身带箭伤，却从未忘记寻求破敌之策。更可贵的是，他不是坐在军帐中闭门思计，而是冒着连绵的秋雨，深入到现场实地调查研究。且看书中的一段精彩描写：

> 却说关平见关公箭疮已合，甚是喜悦。忽听得于禁移七军于樊城之北下寨，未知其谋，即报知关公。公遂上马，引数骑上高阜处望之，见樊城城上旗号不整，军士慌乱，城北十里山谷之内，屯着军马，又见襄江水势甚急。看了半晌，唤向导官问曰："樊城北十里山谷，是何地名？"对曰："罾口川也"。关公喜曰："于禁必为我擒矣。"将士问曰："将军何以知之？"关公曰："'鱼'入'罾口'，岂能久乎？"诸将未信。公回本寨。时值八月秋天，骤雨数日，公令人预备船筏，收拾水具。关平问曰："陆地相持，何用水具？"公曰："非汝所知也，于禁七军不屯于广易之地，而聚于罾口川险隘之处。方今秋雨连绵，襄江之水必然泛涨，吾已差人堰住各处水口，待水发时，乘高就船，放水一淹，

樊城、罾口川之兵皆为鱼鳖矣。"关平拜服。

关羽派人到襄江上游的各沟谷水口处截流聚水，待一定时机再决口放水，从而造成洪水涨发，泛滥成灾。俗话说，水火无情。那毫无准备的"七军"，又如何抵挡得了这强大的自然力呢？从关羽来说，他从调查研究中寻求破敌之策的指挥作风，很值得后来的指挥员所效法。

天时和地利，在古代战争中是影响胜负的两个重要因素。然而这两个因素本身并不带什么倾向性，并不为某一方所固有。就是说，作战的双方都可以争得和利用。不过，由于人谋的不同，这些自然条件和自然力量，则会改变不偏不倚的态度——对于智高一筹的将军来说，它们是天然盟友；而对于智能低劣的指挥员，它们却是不可征服的大敌。因此可以说，得人谋者得天时，得人谋者得地利。

值得提出的是，关羽水淹七军，虽然可以称为一次大捷，但这毕竟是一次战役性的胜利，它并没有因此而改变两面作战的不利态势。同时，在我们今天看来，关云长在襄江上游截水，造成大面积的洪水泛滥，虽然可以使敌军败北；但这必然会给战区百姓带来更大的灾难。罗贯中由于历史观的局限，没有看到这一点，因此，他只描写了关羽水淹七军的胜利，却没有丝毫记载这一次战争给战区百姓带来的灾难。其实，既然"七军"被淹，毫无防备的百姓又怎能逃此劫难？难怪后人研究《三国演义》时，说关羽是"求小义而忘大义"。

关于水淹七军，《三国志·关羽传》是这样记载的：建安二十四年（公元 219 年），"羽率众攻曹仁于樊。曹公遣于禁助仁。秋，大霖雨，汉水泛溢，禁所督七军皆没。禁降羽，羽又斩将军庞德。"从这段历史记载看，水淹七军并非关羽在上游截流放水所致，而纯粹是一种天灾。但是这场洪水为何只淹了魏军，而关羽军非但没淹，反而得利，这就值得考究了。在这里，过于简明的历史叙述，却没有演义的艺术描述更合理。

吕蒙称病和陆逊的谦恭

关羽水淹七军的胜利，一方面使他声威大震，一方面却又进一步促成了魏、吴两家的联合。军事外交学证明，在相互争夺的"三角关系"中，谁"冒尖"，谁便会处于孤立的境地；当"一强"成为一种威胁力量时，常会迫使"二弱"达成联合。此处所云，只是题外的话，本文主要研究的是，东吴主将吕蒙在关羽威震华夏的形势下，并没有直接采取和曹魏同时行动的作战部署。他突然"托疾辞职"，反搞得吴主孙权一时如坠五里雾中，"心甚怏怏"。唯有聪明机智的陆逊，看出些吕蒙的机关。演义由此才引出了陆逊陆口探病，接任三军主帅的一段情节。

陆逊是一位年轻的将军，当时他在东吴还未建功立业，是个无名小辈。

事情往往就是这样，那些声望不高、影响不大的指挥员，常常不被对手所重视，这就首先赢得了一个克敌制胜的心理因素。

陆逊接替吕蒙之后，便顺势给关羽修书一封，并送去东吴的名马、彩锦、酒礼等物，以谦言卑词来骄纵云长。陆逊这一招使出，不可一世的关云长更加轻视东吴。他在两面作战的态势下错误地采取了"顾头露尾"的策略，竟然毫无顾忌地"撤荆州大半兵赴樊城听调"，结果为后来东吴奇袭荆州留下了空当。

吕蒙与陆逊一唱一和，默契配合。他们采取的是一个共同的策略，即孙子讲的"能而示之不能，用而示之不用"，也就是《三十六计》中称之为

"假痴不癫"的计谋。

能而示之不能，属于隐蔽伪装用兵企图的计策之一。它是大的军事行动前主将所采取的一种欺敌手段，目的在于让敌手不疑于己，无备于己，以待时机成熟，向敌发起突然袭击。

"兵者，诡道也。"敌我相争，无忠实信义可言。大凡一切成功的军事行动，都与巧妙地欺骗麻痹敌人分不开。舍此，难以收到出敌不意，攻其不备的效果。

能而示之不能，关键要了解敌将之心，顺从对手的意图而从事。关羽水淹七军大获全胜后，被一时的胜利冲昏了头脑，他一心只做着"取了樊城，即当长驱大进，径到许都，剿灭操贼"的美梦，早把东吴的威胁抛在了脑后。吕蒙和陆逊则适时利用关羽这种骄横的心理，一个托病辞职，另一个装得极其卑谦，从而使关羽真以为东吴被"震"住了。假如把关羽这个角色换成做事谨慎的孔明，吕蒙、陆逊这几招，非但不能生效，反而会暴露自己的企图。

《兵家权谋》一书中指出："将无权难以成功，兵无机难以称雄。战机，有着极其丰富的内容。然而，最有利的战机是敌手无防之时、不备之处。高明者总能让自己的行动走在敌手思想的前头。"吕蒙称病和陆逊谦恭，正是让自己的行动走在敌手思想前头的表现。

关于吕蒙、陆逊用计麻痹关羽，史料中确有其事。《资治通鉴·汉纪六十》中是这样记载的："及羽攻樊，吕蒙上疏曰：'羽讨樊而多留备兵，必恐蒙图其后故也。蒙常有病，乞分士众还建业，以治疾为名，羽闻之，必撤备兵，尽赴襄阳。大军浮江昼夜驰上，袭其空虚，则南郡可下而羽可禽也。'遂称病笃。权乃露檄召蒙还，阴与图计。蒙下至芜湖，定威校尉陆逊谓蒙曰：'关羽接境，如何还下，后不当可忧也？'蒙曰：'诚如来言，然我病笃。'逊曰：'羽矜其骁气，陵轹于人，始有大功，意骄志逸，但务北进，未嫌于我，有相闻病，必益无备。今出其不意，自可禽制。下见至尊，宜好为计。'蒙曰：'羽素勇猛，既难为敌，且已据荆州，恩信大行，兼始有功，胆势益盛，未易图也。'蒙至都，权问：'谁可代卿者？'蒙对曰：'陆逊意思深长，才堪负重，观其规虑，终可大任；而未有远名，非羽所忌，无复是过也。若用之，当令外自韬隐，内察形便，然后可克。'权乃召逊，拜偏将军、右部督，以代蒙。逊至陆口，为书与羽，称其功美，深自谦抑，为尽忠自托之意。羽意大安，无复所嫌，稍撤兵以赴樊。"

演义的描写和历史书中的记载大致相同，可见，在历史材料能充分反映罗贯中的计谋韬略思想时，这位文学家并不追求那些无价值的虚构。

一次真正的突然袭击
——吕蒙白衣袭荆州的成功经验

吴、蜀荆襄之战，是历史上一个比较有名的战例。《三国演义》对这次作战作了详尽的艺术描写，在读者面前展现出一个多层次的政治、外交和军事斗争的画面。

这场大战，标志着吴、蜀军事联盟的最后破裂。当时，关羽围攻樊城旷日持久，加上陆逊采取"卑而骄之"的谋略，关羽轻率地将荆州的精兵抽调于樊城前线与魏军作战，从而造成"后院"空虚，荆州失防。这对东吴来说，出现了一个可乘之机。正在建业假装养病的吕蒙看到条件成熟，便亲自率领三万士卒，"选会水者扮作商人，皆穿白衣，在船上摇橹，却将精兵伏于艨艟船中"，令八十余条快船昼夜兼行，溯江而上，开始了夺取荆州的作战行动。船队徐徐靠近北岸，一场登陆与抗登陆的作战即将开场了。然而，由于吕蒙的巧妙安排，吴兵未费吹灰之力，就登陆上岸，进了荆州。且看书中对这段过程的描写：

江边烽火台上守台（蜀）军盘问时，吴人答曰："我等皆是客商，因江中阻风，到此一避。"随将财物送于守台军士。军士信之，遂任其停泊江边。约至二更，艨艟中精兵齐出，将烽火台上官军缚倒，暗号一声，八十余船精兵俱起，将紧要去处墩台之军，尽行捉入船中，不曾走了一个。于是长驱大进，径取荆州，无人知觉。将至荆州，吕蒙将沿江墩台所获官军，用好言抚慰，各各重赏，令赚开城门，纵火为号。众军领命，吕蒙便教前导。比及半夜，到城下叫门。门吏认得是荆州之兵，开了城门。众军一声喊起，就城门里放起号火。吴兵齐入，袭了荆州……

吕蒙白衣袭荆州，在战争史上应该说是一次真正的突然袭击。

研究突然袭击，兵法家多认为始之于第二次世界大战之初，它是现代战争的一个特点。不错，希特勒闪击欧洲各国，进攻苏联；日本偷袭珍珠港等，都是突然袭击的典型战例。这种现代条件下的突然袭击，是飞机、坦克、航空母舰等突击兵器高度发展的历史条件下产生的作战方式。由此推知，冷兵器时代，部队机动能力极弱，突然袭击缺乏必要的物质基础，"劳师远袭，未尝闻也"，便成了兵家的一句箴言。

其实，只要仔细分析一下突然袭击的要点，就会发现，达成军事行动上的突然性，不完全取决于物质条件，还依赖于军事谋略方面的因素。

从苏军伊万诺夫大将在《战争初期》一书中对现代战争中突然袭击的分析看，现代条件下的突然袭击，固然是突击兵器高度发展的产物，但要达成突然袭击，离不开政治伪装、外交伪装和军事伪装。伊万诺夫指出："对侵略进行的伪装已不仅是军事指挥机关的职责，其中大部分工作已由国家领导机关担负，它可以广泛利用情报和反情报机构、外交活动和所有情报手段，以达到伪装的目的。""实施伪装时，它们极其关切保障首次突击的突然性，即对军队战略展开、初期战役的企图、主突方向和进攻时间保守秘密。"

诚然，我们今天讲的突然袭击，远非吕蒙之举所能比。但作为一种用兵思想，二者有其历史的联系，从而表现出一些共同性。突然袭击的关键是突然，而突然无非是《孙子兵法》中关于"攻其无备，出其不意"这一诡道思想的体现。这一方面要求军队必须行动神速，另一方面要靠对行动的成功伪装，从多方面麻痹欺骗对手。吴军白衣袭荆州，可以说是综合运用了多种伪装手段。吕蒙突然称病辞职，"能而示之不能"，就属于一种政治伪装；陆逊一上任先对关羽修书送礼，以极其谦恭的方法骄纵关云长，可以称之为巧妙的外交伪装；当战机出现后，吕蒙以战船扮作商船，巧夺江岸烽火台，是一次机智的军事伪装。

兵不厌诈，古今常理。军队的机动能力再强，倘若对行动不能进行巧妙的伪装，以致暴露企图，也无法达成袭击的突然性。相反，军队的机动力虽然不高，但对行动伪装得巧妙，仍能出敌不意。吕蒙八十余条战船靠人力摇橹划桨逆流而进，机动能力并不很强。倘关羽稍加警惕，派一支精兵依江严加防范（而不是只在江边设几处孤零零的烽火台保持联络），足以阻碍东吴的偷袭行动。然而，由于东吴方面进行了成功的政治、外交、军事伪装，造成了关云长的麻痹大意，从而使这次突然袭击一举获得成功。可见，古人讲"劳师远袭，未尝闻也"，只是指军队在远袭途中容易暴露作战目标，如果能够想出高明的伪装手段，劳师远袭在古代战争中也并非都为兵家所忌。同时，在现代条件下，尽管军队的机动能力有了空前的提高，但在动手之前总还是要利用各种手段来伪装自己，隐蔽作战企图的。由此可以得出这样一个结论：突然袭击的特点是突然，而达成突然性的重要手段是伪装。反推论之，作为防御者来说，应当善于从对手反常的政治、外交活动中，从反常的军事行动里，发现战争爆发的征候，作好防止突然袭击的准备。

关于吕蒙白衣袭荆州，《三国志·吕蒙传》中是这样记载的："蒙至寻阳，尽伏其精兵于䑠䑞中，使白衣摇橹，作商贾人服，昼夜兼行，至羽所置江边屯候，尽收缚之，是故羽不闻知。"

四面楚歌的翻新

楚、汉相争中的垓下一役,韩信以"四面楚歌"之计,使项羽的江东子弟兵溃于一夕。从此,军事家们更加重视以心理战瓦解敌军,争取"不战而屈人之兵"。

吕蒙在荆襄之战中所以能取得神话般的成功,正像演义所描写的那样,除了巧妙伪装,隐蔽企图,达成了行动的突然性外,坚持对蜀军进行政治瓦解,也是一条重要原因。

若从荆襄之战的全局来讲,吕蒙攻占荆州后,仅仅是取得了这次作战的立足点,互为犄角之势的公安和南郡两座城池,还在蜀军手中,若对方坚决抵抗,肯定会给吕蒙的荆襄之役带来很多麻烦。然而,吕蒙不愧是一位具有战略头脑的指挥员。他严令吴军士兵不准扰乱荆州居民,抢取民间财物。他的一位同乡曾在下雨天取民间箬笠以盖铠甲,犯了禁令,被吕蒙挥泪斩首,从此"三军震肃",荆州秩序井然。另外,他还将关羽的家属"另养别宅",保护起来;并传下号令:凡有跟随关公出征的将士之家,"不许吴兵搅扰,按月给与粮米",如有患病者,及时"遣医治疗"。这些措施深得蜀军家属之心,使他们大感其"恩惠"。与此同时,吕蒙又利用傅士仁、糜芳同关羽之间的矛盾,采取收买、诱降的计策,先后兵不血刃地占领了公安和南郡。

更有意思的是,关羽在回救荆州的途中,曾派使者质问吕蒙。而吕蒙却对来使给予优厚的待遇,亲自"出郭迎接入城,以宾礼相待",然后又带着使者在荆州城内周游，家家探望。于是，一时间蜀军家属纷纷托来使带家书、传口音，"皆言家门无恙，衣食不缺"。那使者回去后私下讲述荆州情况，传递家书，蜀军营中顿时"皆无战心"。紧接着，吕蒙又在途中设伏包围了蜀军，进一步施展政治瓦解的巧术。书中这样写道：

> 关公……行无数里，只见南山冈上人烟聚集，一面白旗招飐，上写"荆州土人"四字，众人都叫："本处人速速投降！"关公大怒，欲上冈杀之。山崦内又有两军撞出：左边丁奉，右边徐盛，并合蒋钦等三路军马，喊声震地，鼓角喧天，将关公困在垓心。手下将士，渐渐消疏。比及杀到黄昏，关公遥望四山之上，皆是荆州士兵，呼兄唤弟，觅子寻爷，喊声不住，军心尽变，皆应声而去。关公止喝不住，部从止有三百余人……

吕蒙此谋颇似韩信的"四面楚歌"之计，可以说是它的翻新。吕蒙把关羽军中将士的亲属弄来喊话，其作用要比唱几曲楚歌大得多。处于困境中的关羽军中士卒，听到喊声，一个个都逃之夭夭。最后，这位威震华夏的关云长，反弄得和楚霸王一样，成了众叛亲离的孤家寡人，处境十分狼狈。

"四面楚歌"之计，通常是在十则围之的主动形势下采取的一种谋略。在这种形势下，军事家为何不首先以武力一举歼灭敌人的有生力量，而却要实施瓦解敌军的攻心战术呢？原因主要有二：一是在对方处于被包围的危境之中，单纯采取军事打击，就会迫使对方困兽犹斗，"陷之死地而后生"，以致使对方冲开包围圈。二是在冷兵器时代，军事打击只能是对面厮杀，只靠军事打击，即使在主动的情况下，自己也要付出很大代价。古人讲过："杀敌三千，自损八百；杀敌一万，自伤三千。"虽然敌方的损失比我大，但我终究也付出了代价。如果处于主动地位的一方能够刚柔并用，在强大的武力威慑下配之以瓦解敌军的攻心战，则可能减少或避免作战中的自我损耗，从而达到"兵不顿而利可全"的目的。吕蒙在荆襄之役中采取的一系列瓦解敌军的手段，都用之得当，确实收到了军事打击所难以收到的效果。吕蒙施展的这些策略，即使在今天，仍然有许多值得借鉴之处。说到这里，不由得想起英国军事历史学家利德尔·哈特的一段话：在战斗中，"杀死一个敌人，只不过是使这支军队损失一个士兵而已，但是一个神经受到震撼的活人，就可以成为恐怖病菌的传染媒介,足以造成一种恐怖的现象",使"整个部队丧失作战力量",甚至一个国家"所拥有的一切作战力量也有可能被抵消"。因此,指挥员应着眼于"瘫痪"敌人,而不是如何从肉体上去消灭他们。哈特在这里强调的"瘫痪"敌人,就包含着"攻心"、瓦解敌军的谋略思想。

查《三国志·吕蒙传》等书,演义对吕蒙占领荆州后瓦解敌军心理的描写,与历史的记述大体相符。然而,荆州士兵在四面山上"呼兄唤弟,觅子寻爷"这一段情节,史书中无此记载。从推断看,这似乎是作者根据"四面楚歌"的历史典故虚构出来的。

常胜将军的悲剧

关云长这员虎将,从温酒斩华雄、过五关斩六将,到水淹七军,驰骋疆场,身经百战,真称得上一位常胜将军(云长虽有过土山受困的经历,但还是先迫曹操"约三事"而暂时归服,并没有真正尝过打败仗的滋味)。然而,他最终败走麦城,留下了终生憾事。直到今天,人们为克服骄傲情绪,还常以关云长为戒:不要只讲"过五关斩六将",也要想想"走麦城"。

关羽败走麦城,为后来兵家留下了一个值得思考的问题——常胜将军何以陷此历史悲剧呢?

在战场上,胜与负这对矛盾,在一定条件下,相互易位,相互转化。中国古代哲学家老子说过:"祸兮福所倚,福兮祸所伏。"胜利固然是一件好事,但指挥员由此变得骄傲轻敌,刚愎自用,这就埋下了转胜为败的祸根。

相反，失败固然是一件坏事，但这却可以激励指挥员立志变革自己，创新战术。战争史上，这种胜负易位的事例不胜枚举。

关云长按照历史的逻辑，在一系列胜利中，变得愈来愈目空一切，自以为只凭他的"青龙偃月刀"就可以东震吴兵，北平曹魏了。正因如此，他看不到力量的所在。当他败退麦城之后，东吴继续用攻心战术瓦解蜀军，造成部队减员，战斗力一天天削弱。然而，关羽在这种被动不利的局面中，不去巩固部队，稳定军心，仍然只凭着自己的一身勇气硬抗。后来直到他率数骑突围，部将王甫提醒他"小路有埋伏，可走大路"时，这位英雄还骄横地说："虽有埋伏，吾何惧哉！"结果误入东吴的伏击圈，苦战一夜，虽闯过几道难关，最后还是被对手生擒活拿了。

兵法说："祸莫大于轻敌"。将军由屡胜而骄心生，骄傲的结果则一是无谋，二是无备。关云长孤军深入绝境，最需要的是谋和智，而他这时却只剩下了勇。

战争实践证明，一个指挥员被胜利冲昏头脑时，不仅会产生麻痹轻敌思想，更可怕的是不能审时度势，忘记战略目标。当初，诸葛亮在入川之际，曾考虑到关羽性格上"刚而自矜"的弱点，为他提出了据守荆州的八字方针："北拒曹操，东和孙权。"并再三叮嘱关羽一定要按照这个方针去做。开始，关羽还比较谨慎，经常注意东吴的动向。但到后来，他渐渐把诸葛亮的八字方针抛到了脑后，以致造成了战略上的被动。当我们分析关羽败走麦城时，不应离开战略全局而孤立地看待这一事例。

看一个军事指挥员是否高明，不能只简单地看他打了几次胜仗，而要着重看他是否有战略头脑、战略眼光。指挥员要取得战场上的自由权，必须努力争取主动；然而，只有从战略上争得主动，才有真正的主动可言。古往今来，许多在战场上叱咤风云的英雄好汉，最后失败并不在于武艺不高、军队不精，而常常是由于缺乏宏观规划，失去了战略目标。楚、汉相争时期，楚霸王项羽"力拔山兮气盖世"，他率领的江东子弟兵堪称精锐之师。楚霸王一生大小七十余战，战战皆捷，然而垓下一役却落了个自刎乌江的下场。在这一点上，关羽步了项羽的后尘。

毛泽东在《中国革命战争的战略问题》中指出："战争历史中有在连战

皆捷之后吃了一个败仗以至全功尽弃的，有在吃了许多败仗之后打了一个胜仗因而开展了新局面的。这里说的'连战皆捷'和'许多败仗'，都是局部性的，对于全局不起决定作用的东西。这里说的，'一个败仗'和'一个胜仗'，就都是决定的东西了。"所以，对于军事指挥员来说，最要紧的，就是把自己的注意力放在照顾战争的全局上面。当然，全局与局部也是相对而言，指挥层次不同，所关照的全局范围也不同。但每一级指挥员，都有自己应考虑的全局。"如果丢了这个去忙一些次要的问题，那就难免要吃亏了。"

关云长败走麦城，在《资治通鉴·汉纪六十》中是这样记载的："关羽自知孤穷，乃西保麦城。孙权使诱之，羽伪降，立幡旗为象人于城上，因遁走，兵皆解散，才十余骑。权先使朱然、潘璋断其径路。十二月，……马忠获羽及其子平于章乡，斩之，遂定荆州。"演义中并没描写关羽的伪降，而是当孙权派诸葛瑾到麦城说降时，关羽拒不投降，仍然"欲与孙权决一死战"。罗贯中进行这样的艺术描写，进一步突出了关云长那种倔强和自负的性格。

移祸之计的互用

演义围绕着描写吴、魏联合战关羽的军事斗争，还穿插了两家在联合中勾心斗角，企图谋取渔翁之利的一些微妙情节，读来颇耐人寻味。

例如，曹操向东吴提出两家共同对付关羽的建议时，孙权虽然表面上同意,但一直按兵不动,企图让魏军首先出兵,把正面战场的重任推给曹操。当吕蒙欲偷袭荆州时,孙权曾致书曹操,通报战况,"求操夹攻云长",并特别叮嘱"勿泄漏,使云长有备也"。曹操看到这封书信后,却故意把吕蒙袭荆州的军情泄露给关羽,引诱关羽回兵自救。当关羽撤兵回救荆州时,魏军不去追赶,则采取了坐山观虎斗的策略。

吴、魏在联合中的勾心斗角,突出地表现在关羽死后,双方互用移祸之计的表演。当时,吴、魏双方都很清楚,雄居西川的刘备若得知"誓同生死"的结义兄弟关羽被害,是绝不会善罢甘休的,他必然会进行军事报复。而吴、魏两家都担心这股祸水冲到自己的头上,于是便都绞尽脑汁在关羽的尸体上做起文章来了。

你看,先是孙权把关羽的首级"昼夜"送往洛阳,企图"明教刘备知是操之所使,必痛恨于操,西蜀之兵,不向吴而向魏矣。吾乃观其胜负,于中取事"。可是,曹操却将关公的首级,刻一香木身躯配之,封官加冕,"以王侯之礼葬于洛阳南门外",意在使"刘备知之,必深恨孙权,尽力南征。我却观其胜负:蜀胜则击吴,吴胜则击蜀。二处若得一处,那一处亦不久也。"真是机关算尽,各怀鬼胎,由此便演出了一场"一个关羽,三处厚葬"的闹剧。

这个故事告诉我们,在三国鼎立的局势下,联合只是暂时利益的需要。一旦各自的利益实现之后,便会使旧的联盟迅速瓦解,从而根据新的斗争形势出现新的军事格局。善于审时度势的诸葛亮对这一点看得很真切,他一眼便识破了吴、魏互用移祸之计的鬼把戏,所以劝说刘备:"方今吴欲令我伐魏,魏亦欲令我伐吴:各怀谲计,伺隙而乘。王上只宜按兵不动,且与关公发丧。待吴、魏不和,乘时而伐之。"这实际上与吴、魏相互移祸的目的是一样的。

自己得利,嫁祸于人,这是政治斗争与军事斗争相结合的一种复杂的表现形式。当战场上的军事目的达到后,联盟中的各方都力图运用政治、外交等手段,巩固自己的既得利益,而不惜牺牲他人的利益。这在封建割据时代是经常出现的一种现象,对于我们今天的军事指挥员来说,不足为训。然而,它却可以帮助我们认识国际斗争的复杂形势,就是说,认识今天世界上发生的军事冲突,我们的眼睛也不能仅仅盯着军事目标,还要洞察各自的政治目标和实际利益。

关于吴、魏双方互用移祸之计一事，史料中没有详细记载。《三国志·武帝纪》中只是提到："权击斩羽，传其首。"至于曹操接到关羽首级后是如何动作的，书中只字未提，并不像演义描写得那样热闹曲折。罗贯中透过当时三足鼎立的矛盾关系，着力描写了这样一幕斗争的生动情节，真是大开了军事家们的眼界。

兵事不可为私而用
——刘备在关羽死后的错误军事决策

关羽败走麦城，吴、蜀荆襄之役以蜀军的彻底失败而结束。这一仗，虽未改变三国鼎立的军事格局，但却促使魏、蜀、吴三家都重新研究制定自己的战略和策略。特别是曹操病死后，曹丕乘机将汉献帝赶下台，篡夺了帝位，遭到天下志士的普遍反对；而号称"皇叔"的刘备为了"嗣武二祖，躬行天罚"，受群臣的拥戴，也在成都称帝。这时，形势急剧变化，出现了对刘备军事集团极为有利的时机。倘若刘备趁机首先伐魏，这样不但师出有名，顺应民意，能够争取政治上的主动，而且还可以促使吴、蜀两家破镜重圆，重新结为军事联盟，使魏军处于两面作战的不利态势之中。

然而，刘备却意气用事，在有利的形势下采取了对自己十分不利的战略。他念念不忘的是结义兄弟之仇，对东吴一直怀恨在心。所以刚一称帝，便决心亲自"起倾国之兵"，讨伐孙权，为关羽报仇雪恨。对刘备这一鲁莽的举动，蜀国的文臣武将纷纷劝谏。诸葛亮曾引群臣到刘备操演兵马的教场上谏道：陛下"若欲北讨汉贼，以伸大义于天下，方可亲统六师；若只欲伐吴，命一上将统军伐之可也。"能征善战的武将赵子龙对形势看得也非常清楚，他一针见血地指出："汉贼之仇，公也；兄弟之仇，私也。愿以天下为重。"后来，东吴使者诸葛瑾又前来冒死陈言："陛下乃汉朝皇叔，今汉帝已被曹丕篡夺，不思剿除，却为异姓之亲，而屈万乘之尊，是舍大义而就小义也。中原乃海内之地，两都皆大汉创业之方，陛下不取，而但争荆州，是弃重而取轻也。天下皆知陛下即位，必兴汉室，恢复山河，今陛下置魏不问，反欲伐吴，窃为陛下不取。"但这时刘备却只记私仇，将众人苦口婆心的劝谏之言都置之一旁，坚持亲率大军伐吴的错误战略决策。结果，使蜀军继荆襄之败后，又出现了大伤元气的猇亭悲剧。

刘备之所以执意坚持进攻东吴，一方面是由于他入川以来取得了一系列的军事胜利，随之在群臣拥戴下称帝，变得昏昏然起来；另一方面，兄弟私仇，个人义愤在胸中燃烧，使他失去了理智，一意孤行。这样他就不可能从战略大局上来分析形势，正确地估计荆襄之役以后，吴、魏之间的矛盾变化以及各自的战略、策略变化。

《孙子兵法》一开篇就讲："兵者，国之大事，死生之地，存亡之道，不可不察也。"为此，孙武特别指出："主不可以怒而兴师，将不可以愠而致战。"这意思是说，在战争决策的重大问题上，将帅要慎重地考察研究，一定要防止主观随意性，万不可因一时气怒而燃起的感情之火，烧毁理智的思维模型。

"匹夫见辱，拔剑而起，挺身而斗，此不足为勇也。天下有大勇者，卒然临之而不惊，无故加之而不怒，此其所挟持者甚大，而其志甚远也。"（苏轼《留侯论》）

在战争中，因受敌人的侮辱，盛怒之下，不顾利害得失而猝然行动，这算不得真正的英雄。明智的将帅，则必须以国家和战争的最高利益为重，绝不会因个人的恩怨而贸然兴兵。从演义的描述来看，戎马生涯几十年的刘备，在主观修养上可以说是比较成熟的。当初他在颠沛流离之时，有人曾评价他"喜怒无形于色"，这说明刘备的确是个政治上世故老练、稳重行事的人物。不过，人的思想性格经常会随着地位的改变而变化。刘备"喜怒无形于色"，是在"勉从虎穴暂栖身"的不利环境下锻炼出来的。而当他自立为汉中王和称帝之后，他就失去了当年那种政治上的成熟老练，变得固执自负起来，这无疑影响到他对军事问题的明智决断，不可避免地走向自己的反面。由此我们可以悟出一条道理：军事指挥员的用兵决策，始终受其主观性格的制约。而主观性格的修养，则是将帅应经常注意的一件事情，特别是随着职务的升高，一定要注意克服那种因地位变化而带来的变态心理，诸如刚愎自用、自以为是、听不得刺耳的话等。

关于刘备伐吴一事，《资治通鉴·魏纪一》中说："汉主（刘备）耻关羽之没，将击孙权。翊军将军赵云曰：'国贼，曹操，非孙权也。若先灭魏，则权自服。今操身虽毙，子丕篡盗，当因众心，早图关中，居河、渭上流以讨凶逆，关东义士必裹粮策马以迎王师。不应置魏，先与吴战。兵势一交，不得卒解，非策之上也。'群臣谏者甚众，汉主皆不听。广汉处士秦宓陈天时必无利，坐下狱幽闭。"《三国志·先主传》中也说："初，先主忿孙权之袭关羽，将东征，秋七月，遂帅诸军伐吴。孙权遣书请和，先主盛怒不许。"罗贯中根据真实的历史材料，运用文学手法着意刻画了刘备晚年顾小义而失大义，为报弟仇，泄私愤，不听众人劝谏的固执性格，并通过对这个人物的刻画，给了读者一条有益的启示——兵事不可为私而用。

为摆脱被动要勇于忍辱负重
——荆襄之战后孙权选择策略的高明之处

自从关羽遇害以后，东吴的孙权就预感到有一场即将来临的军事危机。特别是他的移祸之计被曹操挫败之后，确实存在着被蜀、魏两面夹击的危险。如果东吴当时只是单纯对付前来报仇雪恨的刘备，还并不是力不能及。然而，刚刚称帝的曹丕倘若同时来袭，东吴就难以招架了。

在这种不利的形势下，孙权的头脑十分清醒。他为了摆脱被动，勇于忍辱负重，在政治上和外交上采取了一系列灵活的手段，将并争策略运用得极为成功。

首先，孙权为了力争避免和刘备发生军事冲突，不惜屈尊下就，向刘备"上表求和"，并作出了一些重大的让步：一、将孙夫人送回成都；二、缚还糜芳、傅士仁等降将；三、将荆州"仍旧交还西蜀"；四、与刘备"永结盟好，共灭曹丕，以正篡逆之罪"。孙权的这些让步，就是要回到以前的策略上来，使吴、蜀重修旧好，孤立曹魏。从长远的利益来看，这样做对吴、蜀两家都有好处。

其次，当他的让步遭到刘备拒绝之后，他看到吴、蜀交兵已经不可避免，又立即对曹丕"写表称臣"，向许都伸出了屈尊求援之手。后来，曹丕曾派使者到东吴，"封孙权为吴王，加九锡"。当时，东吴的群臣百官纷纷劝谏孙权，皆认为"主公宜自称上将军、九州伯之位，不当受魏帝封爵"。但孙权却反驳道："当日沛公受项羽之封，盖因时也，何故却之？"他不顾顾雍、徐盛等人的极力阻挠，亲自率领百官出城迎接魏使，恭顺地接受了曹丕的封爵。孙权对曹丕"称臣"，是受当时形势所迫，目的在于争得曹魏的军事援助，从而孤立刘备，恢复荆襄之战时那种以"二对一"的有利局面。即使这一上策达不到，也要争取一个中策——促使曹丕保持中立，避免两面作战的被动境地。

孙权制定策略的高明之处，就在于他能够从战略全局着眼，以政治、外交上的灵活性，力避两面受敌的不利局面，促使战略态势向有利于自己的方面转化。为此，孙权不顾一些文臣武将的阻挠，敢于放下架子，卑躬屈膝，向刘备"求和"，对曹丕"称臣"，表现出能屈能伸的英雄本色。试想，孙权当时如果目光短浅，不讲策略，在不利的形势下，还像关羽败走麦城时那样硬着头皮充好汉，势必将东吴引向灭亡的深渊，更谈不到后来的猇亭之胜了。

古人讲，识时务者为俊杰。当刘邦、项羽共同灭秦之后，汉高祖的势力不及楚霸王，曾暂时接受了项羽所授的"汉王"封号，退避汉中，积蓄力量，以屈求伸，最后暗度陈仓，进取关中，问鼎中原，终于战胜了项羽。孙权也运用这种能屈能伸的策略，使三角斗争的力量达到了平衡，使自己变被动为主动，西胜刘备，北拒曹丕，以策略上的灵活性，为军事上的胜利赢得了时间和条件。这同刘备当时那种不顾全局，不讲求斗争艺术的策略选择相比，不知要高明多少倍！总之，形势有利害之分，策略有刚柔之别，行动有进退之异，而真正聪明的战略家，因善于灵活反应，而常常"笑到最后"。

据《资治通鉴·魏纪一》记载，文帝黄初二年（公元221年）"秋，七月，汉主自率诸军击孙权，权遣使求和于汉。"当遭到刘备拒绝后，"八月，孙权遣使（向魏）称臣，卑辞奉章"，曹丕"遂受吴降""遣太常邢贞奉策即拜孙权为吴王，加九锡"。演义基本上反映了真实的历史，深入细致地刻画了孙权这位战略家的眼光、胸怀和头脑。

兵不可失机
—— 曹丕在吴、蜀猇亭之战前后决策上的失误

当吴、蜀之间的矛盾日益激化，大战一触即发的时候，应该说曹魏这时在三角斗争中处于最有利的地位。此刻，他既可以乘机袭夺汉中，又可联蜀击吴，置孙权于死地。但是，刚刚称帝的曹丕却没有抓住这一有利时机，在重大决策问题上出现了许多失误，白白坐失戎机，待时过境迁之际，他似乎

醒悟了，但为时已晚，劳师无功。

演义写道，当孙权派使者到许都上表称臣时，大夫刘晔曾向曹丕献计说："蜀、吴交兵，乃天亡之也。今若遣上将提数万之兵，渡江袭之，蜀攻其外，魏攻其内，吴国之亡，不出旬（十）日。吴亡则蜀孤矣。陛下何不早图之？"刘晔的这一建议颇有见地，堪称审时度势乘机用兵的上策。但曹丕却拒不采纳刘晔的正确建议，他认为："孙权既以礼服朕，朕若攻之，是沮天下欲降者之心，不若纳之为是。""朕不助吴，亦不助蜀。"其实，在三国鼎立的形势下，其余军阀势力已尽被三家兼并，"三角力量"又基本处于均衡，即使孙权真心向魏称臣，也不会再引来其他大小诸侯的投奔。

曹丕策略的失误，还在于机械地搬用"卞庄射虎"之计，企图"待看吴、蜀交兵，若灭一国，止存一国，那时除之"。所以，直到吴军在猇亭大败蜀兵之后，他才下令出兵伐吴，但时机已经错过，渔人之利难收了。正如刘晔劝阻曹丕说的："昔东吴累败于蜀，其势顿挫，故可击耳；今既获全胜，锐气百倍，未可攻也。"曹丕不听劝阻，坚持要战，后来果然不出刘晔所料，魏军的三路人马皆被吴兵打得大败。

从对魏、蜀、吴这个大三角的矛盾分析看，刘晔在策略上继承了曹操的思想。曹操生前认为，要完成统一天下的大业，就必须分裂吴、蜀军事联盟，对其各个击破。曹操之所以未能完成统一大业，其原因也就在于吴、蜀双方"有急则相救"，都把曹操当作主要敌人。而曹丕称帝后，吴、蜀联盟彻底破裂，双方磨刀霍霍，反目为仇。这时，刘晔敏锐地察觉到时机已经到来，便根据"蜀远吴近"的地理条件，提出了联蜀击吴的正确策略。曹丕果能如此的话，那么"吴国之亡，不出旬日。吴亡则蜀孤"，曹魏完成统一天下的大业便指日可待了。

相比之下，曹丕这时采取的策略失误甚多。他企图施展"卞庄射虎"之计，坐观吴、蜀"二虎"相争，等到"止剩一国"时，再轻而易举地"除之"。这不但表现出了他在计谋韬略上的机械呆板和脱离实际，同时与曹操的一贯策略思想也是背道而驰的。曹操在关羽死后，曾对东吴以牙还牙，以"移祸之计"回报"移祸之计"，企图挑起吴、蜀相斗，尔后"蜀胜则击吴，吴胜则击蜀"。他的意图很明显，就是联合吴、蜀两家中的胜者灭亡败者。然而，由于曹丕审势不明，见机不深，不但错过了有利的战机，而且又在吴军节节胜利、锐气正盛之时，不听刘晔的劝告出师伐吴，结果一战败北。事实证明，曹丕对战机的分析是极为错误的。

乘"隙"握"机"，是军事决策时必须积极谋求的"时间度"。但是，在实际作战中，对"隙"和"机"，不同的人有不同的认识。同样一种态势，刘晔认为是"机"，曹丕却觉得"时机不到"；刘晔断定"时机已失"，而曹丕则感到"正是时机"。这里有一个如何认识"时机"的问题。只有那些善于观察战略全局，从各方面力量的联系中深刻分析问题，明察战局发展趋势的将帅，才能及时发现有利的"机"和"隙"，做到不失时机，乘隙击虚。

对曹丕机械地搬用"卞庄射虎"之计，陈亮在《酌论·刘备》中有一段评说："臣（指陈亮在文章中虚设的去说服曹丕出兵共同攻吴的蜀国说客）以为庄子（卞庄）之术，可以刺野走之虎。若夫阻穴之虎，则当及其方斗而急刺其一。待其斗已，则斃者犹能阻穴，尚何收功之有？而吴、蜀阻穴之虎也。臣恐既解之后，胜者张势，败者阻险，桀骜不逊，以拒陛下。陛下虽愤怒，无所逞其锋矣。机不可失，愿陛下熟虑之也。"陈亮的这段分析，是有一定道理的。

关于曹丕在吴、蜀猇亭之战前后决策上的失误，演义的描述与历史的记载基本相符，只是删去了一些枝蔓，从而更典型、更集中地刻画了刘晔的深谋远虑和曹丕的愚蠢自负。

后发制人用其"阴"
——陆逊在猇亭之战中的谋略思想

吴、蜀猇亭之战,是使西蜀的刘氏政权大伤元气的一役,也是中国古代战争史上以弱胜强的一个典型战例。毛泽东在《中国革命战争的战略问题》中指出:"楚汉成皋之战、新汉昆阳之战、袁曹官渡之战、吴魏赤壁之战、吴蜀夷陵之战(即猇亭之战)、秦晋淝水之战等等有名的大战,都是双方强弱不同,弱者先让一步,后发制人,因而战胜的。"从毛泽东同志的分析中可以看出,吴军在猇亭之战中所以能战胜力量强大的蜀军,奥妙在于后发制人。

根据演义叙述,刘备为报关羽之仇,不顾诸葛亮、赵云等人的苦苦劝谏,亲自率领七十五万大军伐吴。初战阶段,蜀军以破竹之势,夺峡口,攻秭归,直至夷陵、猇亭一带,深入吴国腹地五六百里,使得江东朝野上下极为震惊,人皆"胆裂"。在这危难之时,吴主孙权采纳了谋士阚泽的建议,力排众议,大胆起用年轻的陆逊担任东吴兵马大都督,赴猇亭前线指挥作战。陆逊上任后,认真分析敌我双方的兵力、士气、地形等各方面的情况,决定采取坚守避战、持重待机的策略,"自春历夏",与刘备相持长达半载有余。蜀军将士欲战不能,"兵疲意阻",斗志懈怠,尽将营寨"移于山林茂盛之地"。陆逊看到蜀军战线绵亘数百里,首尾难以相顾;于山林处安营,犯了兵家之忌,于是突然发起反攻,火烧连营七百里,创造出了战争史上的奇观。

《唐李问对》一书中讲:"后则用阴,先则用阳。尽敌阳节,盈我阴节而夺之,此兵家阴阳之妙也。"这段话的意思是说,后发制人要用潜力,先发制人则用锐气。把敌人的锐气挫损至最大程度，而把我们的潜力积蓄到最大程度去消灭敌人，这才是军事家运用"潜力"和"锐气"的奥妙之处。这段话，可以说是对陆逊在此役中所用军事谋略的精辟概括。

如前所述，陆逊受命时，东吴正处于极度劣势，而刘备率七十五万大军，"举兵东下，连胜十余阵，锐气正盛"，来势之凶猛，不亚于当年曹孟德八十万大军会集赤壁。若陆逊当时采取死拼硬抗的办法，无异于以卵击石。陆逊坚持坚守不战的策略，在长期的相持中，消磨蜀军的锐气，保存自己的实力，从而达到了相持阶段"尽敌阳节，盈我阴节"的企图，为大反攻创造了条件。

毛泽东对于这种战法曾作过一个形象的比喻，他说："谁人不知，两个拳师放对，聪明的拳师往往退让一步，而蠢人则其势汹汹，劈头就使出全副本领，结果却往往被退让者打倒。《水浒传》上的洪教头，在柴进家中要打林冲，连唤几个'来''来''来'，结果是退让的林冲看出洪教头的破绽，一脚踢翻了洪教头"。(《中国革命战争的战略问题》)可见，实行后发制人，首先是要避其锐气。

实行后发制人，要求主帅必须有成熟的谋略修养。因为实行退却或长期坚守不战，总会或多或少地影响到自己将士们的自尊心。陆逊初到前线时，东吴的三军将士，都希望他能立即率领部队同蜀军"决一死战"，挽回败局。没想到他却采取了据关把隘，坚守不出的策略。这对那些缺乏军事远见的将领来说，确实是一件想不通的事情。因此，当时吴军内部对陆逊的这一举动，"皆笑其懦"，有些老将甚至说："命此孺子为将，东吴休矣！"陆逊对这些讥笑讽刺根本置之不理，依然坚持既定的避战方针。对于敌方的侮辱谩骂，陆逊则"令塞耳休听，不许出迎，亲自遍历诸关隘口，抚慰将士，皆令坚守"。可见陆逊谋略修养之深。倘若换一位缺乏修养的将军，在同僚们的讽刺和敌人的笑骂声中，无论如何是坐不住的。

实行后发制人，还必须重视时机的选择。所谓时机，不仅要注意到敌人的兵力是否已经分散，进攻的势头是否已经减弱；而且更要注意到敌人的精神是否已经懈怠，锐气是否耗尽。陆逊在反攻之前，曾巧妙地采取了"试敌"的计谋。书中这样写道：

却说陆逊见蜀兵懈怠，不复提防，升帐聚大小将士听令曰："吾自受命以来，未尝出战。今观蜀兵，足知动静，故欲先取江南岸一营。谁敢去取？"言未毕，韩当、周泰、凌统等应声而出曰："某等愿往。"逊教皆退不用，独唤阶下末将淳于丹曰："吾与汝五千军，去取江南第四营：蜀将傅彤所守。今晚就要成功。吾自提兵接应。"淳于丹引兵去了，又唤徐盛、丁奉曰："汝等各领兵三千，屯于寨外五里。如淳于丹败回，有兵赶来，当出救之，却不可追去。"……（淳于）丹带箭入见陆逊请罪。逊曰："非汝之过也。吾欲试敌人之虚实耳。破蜀之计，吾已定矣。"

陆逊试敌，目的在于进一步麻痹敌人。大反攻前先给敌人一点小的甜头，就会使敌手从精神上完全解除武装。当吴军在第二天实施火攻时，蜀军事先曾觉察到一些征候，立刻向刘备报告，但刘备却说："昨夜杀尽，安敢再来？"认为只不过是"疑兵"而已。结果，一把大火烧起，刘备被烧得措手不及。

实行后发制人，还在于巧妙地利用空间条件，造成敌人策略上的错误。猇亭之战初期，刘备的七十五万大军处在长江上游，居高临下，顺流进击，地势比较有利，这是吴军战争初期失利的一个重要原因。当两军在猇亭一带相持时，刘备不得不沿长江两岸七百里的草木丛生的山林地带安营下寨，不知不觉地犯了"苞原隰险阻而为军者，为敌所擒"[①]的用兵之忌。当刘备扎寨安营的情况传到千里之外的许都时，曹丕已经清楚地预料到"刘备将败矣"。而深居西川后方的诸葛亮，也从蜀军扎营的地图中看出了刘备失败的危急。不过，此时已是危局难挽。英雄所见略同，陆逊正是利用了刘备的这一错误，成功地实施了火攻。

实行后发制人，就是要把怀有速战速决企图的对手，拖入旷日持久的作战中。长驱直入的进攻者，处于客位，后援、补给等问题较多，且军在异境，士气容易受到影响。因此，随着时间的推移，战斗力就会不断消减。刘备发兵攻吴，"自春历夏"，由于天气炎热，又企图"待过夏到秋"，再"并

[①] 苞，草木丛生的地方。原，高平之处。隰，低湿的地方。险阻，地势险要的处所。这句话的意思是：把大军铺开驻扎在地形过于复杂的大片地方，很容易为敌手所制。

力进兵"，这样一拖，他的七十五万大军的物资供应、后勤保障等都成了难唱的曲。而吴军则是在自己的腹地作战，显然，相持的时间愈长，占据的优势也就愈大。

据《三国志·陆逊传》载："黄武元年（公元222年），刘备率大众来向西界。权命逊为大都督，假节，督朱然、潘璋、宋谦、韩当、徐盛、鲜于丹、孙桓等五万人拒之。"可见，大战一开始陆逊便挂帅出征了。而演义却把陆逊的受命安排在蜀军攻至猇亭，东吴朝野震惊，孙权"举止失措"的关键时刻，这样就更加突出了陆逊"挽狂澜于既倒"的军事才华。再者，陆逊上任后在分析当时的情况时指出："备举军东下，锐气始盛，且乘高守险，难可猝攻。攻之纵下，犹难尽克。若有不利，损我大势，非小故也。今但且奖励将士，广施方略，以观其变。若此间是平原旷野，当恐有颠沛交驰之忧；今缘山行军，势不得展，自当疲于木石之间，徐制其敝耳。"（《三国志·陆逊传》）可见，陆逊在作战中主动实行战略退却，是为了创造战机。当吴军完全退出高山地带的同时，也就把兵力难以展开的五、六百里长的被动地势让给了蜀军。可是，演义却把吴军的主动退却描写为节节败退，没有充分展现出陆逊高深的军事谋略水平，真是美玉之瑕，令人遗憾。

见好即收也是明智之举

从战略上讲，刘备为报关羽之仇，仓促发起伐吴之战，确实是缺乏审时度势的错误之举。但从战役的发展过程看，刘备在猇亭之战初期，凭借优势的兵力、有利的地势,以及在复仇雪耻思想指导下一时激起的士气,攻城夺地,连战皆捷,无论从政治上还是军事上,都赢得了不少主动。东吴被迫再次提出议和,愿将范疆、张达二人"并张飞首级"一齐送还,另外"交与荆州,送归夫人""再会前情,共图灭魏"。这时,刘备假如头脑清醒,借此机会停止进攻,坐下来同东吴谈判,同时以军事力量威慑东吴,配合"伐交",就有可能在一定范围内达到"不战而屈人之兵",恢复孙、刘联盟的战略态势。然而,刘备却为初战的胜利冲昏了头脑,加上家恨私仇,使他最终不能正确地认识形势和控制自己,坚持率军长驱直入,企图一举覆灭东吴。结果,他的大军攻到猇亭就成了强弩之末,灭吴的目的非但没有达到,反被东吴一把火烧了个丢盔卸甲。

与此相反,陆逊战胜刘备之后,乘胜追击蜀军,在白帝城外遇到诸葛亮布下的"八阵图"遗迹,便就此罢兵了。当时,陆逊左右的将军们都非常奇怪,问道:"刘备兵败势穷,困守一城,正好乘势击之,今见石阵而退,何也?"陆逊说:"吾非惧石阵而退。吾料魏主曹丕,其奸诈与父无异,今知吾追赶蜀兵,必乘虚来袭。吾若深入西川,急难退矣。"于是,他令一将断后,急率大军而回。果然不出陆逊所料,撤兵不到两天,魏军的三路人马就已兵临吴境了。其实,当时即使没有魏军这只"黄雀"袭于后,陆逊收兵回师也是一个正确的决策。因为此役东吴虽胜,但还没有灭亡西蜀那样大的力量,若贸然深入西川,其胜利之师也会变为强弩之末,就可能重演刘备猇亭失败的悲剧。

《吴子》兵法在强调将帅应该根据不同的敌情采取不同的应敌方法时,曾提出过"见可而进,知难而退"的观点。所谓知难而退,就是指当认识到继续前进有可能导致对自己不利的结局或使战局发生逆转时,应当机立断,停止进攻或者迅速撤退。唯物辩证法认为,任何事物在发展变化中都有一个度量临界线,超过了这个"度",事物就要发生质变。军事斗争也是如此。在有利条件下的进攻,本来是一个主动的行动,但进攻到何种程度,不仅会受到敌我双方力量的制约,同时也受整个战略态势的影响。如果不能够从宏观上认识问题,在超出自己力量限度的情况下继续进兵,主动权就会移于敌手，有利的态势就要反演为不利的局面。

一般说来，在胜利的形势下，指挥员大多主张乘胜追击。但有时由于各种条件的限制，胜利的形势中也会潜伏着失败的危机，指挥员若对整个局势缺乏正确的分析，其结果不是顾此失彼，就是陷入对手设置的"陷阱"之中。因此，知难而退，见好即收，是指挥员在处于主动地位时，应该十分注意的一个问题。

在历史材料中，并没有记载孙权在刘备攻吴节节胜利时，提出"交与荆州，送归夫人"等具体求和条件。这显然是罗贯中为了在陆逊受命前渲染紧张气氛而特意虚构的。另外，关于陆逊白帝城撤兵一事，《三国志·陆逊传》是这样叙述的："又备既住白帝，徐盛、潘璋、宋谦等各竞表言'备必可擒，乞复攻之'。权以问逊，逊与朱然、骆统以为：'曹丕大合士众，外托助国讨备，内实有奸心，谨决计辄还。'无几，魏军果出，三方受敌也。"可见，陆逊的决策与诸葛亮的"八阵图"遗迹并没有任何联系。但艺术家笔下所反映的量力而行、知难而退的兵法思想，是具有实际意义的。

八阵图的奥秘

当年，唐代大诗人杜甫由四川前往湖北，路经白帝城时，曾以饱含惋惜之情的笔墨，临江凭吊孔明用兵如神的功绩："功盖三分国，名成八阵图。江流石不转，遗恨失吞吴。"从这首唐诗中可以看出，八阵图作为诸葛亮的用兵一绝，传说之久远。

在《三国演义》中，八阵图被描绘得十分神奇奥秘。早在猇亭之战时，当诸葛亮在西川看了马良绘制的蜀军七百里扎营的地图之后，便料定蜀军必败无疑。他对马良说道：刘备若败，可速往白帝城中躲避，我已"伏下十万兵在鱼腹浦矣"。马良听后大惊，他曾数次往来鱼腹浦，"未尝见一卒"，怎么突然来得十万伏兵？孔明却答："后来必见，不劳多问。"在罗贯中笔下，八阵图是孔明锦囊中的绝技，未及施展，已显神奇。

后来，陆逊火烧连营，率军乘势追袭刘备。当行至夔关附近时，陆逊忽然发现"前面临山傍江，一阵杀气，冲天而起"。他疑有伏兵，立即领兵倒退十余里，"于地势空阔处，排成阵势，以御敌军"。可是，派出的探马回来报告说，前面并无敌军。陆逊心中十分疑惑，下马登高观望，突然"杀气复起"。他几次派探马侦察，结果都说"前面并无一人一骑"。这时，"日将西沉，杀气越加"。陆逊又"令心腹人再往探看"，却见江边只有"乱石八九十堆"。陆逊找来土人询问，土人说道："此处地名鱼腹浦。诸葛亮入川之时，驱兵到此，取石排成阵势于沙滩之上。自此常常有气如云，从内而起。"陆逊听罢，心中的一块石头才算落了地。于是亲自率领数十骑前往观看。谁知一进石阵之中，"忽然狂风大作，一霎时，飞沙走石，铺天盖地"。只见"怪石嵯峨，槎枒似剑；横沙立土，重叠如山；江声浪涌，有如剑鼓之声"。陆逊惊慌失措，急欲回时，却无路可出了。

另外，作者在描写八阵图神奇奥秘的同时，还加进了封建迷信的色彩。正当陆逊在石阵中走投无路时，黄承彦（诸葛亮的岳父）的鬼魂突然出现在他的面前。黄对陆逊说道："昔小婿入川之时，于此布下石阵，名'八阵图'。反复八门，按遁甲休、生、伤、杜、景、死、惊、开。每日每时，变化无端，可比十万精兵。"这样，陆逊由八阵图中"死门"进入，又由黄承彦的鬼魂从"生门"中引出，才幸免一死。陆逊出阵便问："公曾学此阵法否？"黄承彦回答得更神秘："变化无穷，不能学也。"

古代阵法，在历史小说家的笔下从来都被描写得神乎其神，如《封神演义》中讲的"万仙阵"，《杨家将演义》里穆桂英大破的"天门阵"等，都是神化了的阵法。还有一些古代小说中记有"十阵"：一字长蛇阵、二龙汲水阵、三才天地人阵、四门斗底阵、五虎攒羊阵、六子连芳阵、七星斩将阵、八卦金锁阵、九曜星宫阵、十面埋伏阵。这十阵显然是文艺家按照数语联而编造出来的。其实，各种阵法在古代作战中只是用兵的一种常法。正如民族英雄岳飞所说："阵而后战，兵法之常，运用之妙，存乎一心。"八阵图也不例外。

"八阵"之说，最早见于《孙膑兵法》，是各种阵法的统称，在当时属于一种常用的作战方法和训练手段。八阵的基本原则是：要根据不同的地形，运用适当的阵法；凡用阵要把兵力分为三，每阵必有前锋，有后续；都待命而动。三分之一战斗，三分之二待机，用"一"去攻敌，用"二"来解决战斗。兵车、骑兵、步兵一起作战时，要分为三部分：一在左，一在右，一在后。平地多用车，险地多用骑，隘地多用弩（步兵）。

"八阵"的基本内容包括：一、方阵（用于截断敌人），二、圆阵（用于聚结队伍），三、疏阵（用于扩大阵地），四、数阵（密集队伍不被分割），五、锥行之阵（如利锥用于突破敌阵），六、雁行之阵（如雁翼展开用于发挥弩箭的威力），七、钩行之阵（左右翼弯曲如钩，用于改变队形、迂回包抄），八、玄襄之阵（多置旌旗，用于疑敌）。八阵法[①]后来历经秦汉，传到三国。诸葛亮运用时，可能会有所综合创造，《诸葛亮集》中说："八阵既成，自会行师，遮不覆败矣"。这里说的"既成"，就包含有创新之意。

从正史的记载中看，八阵图不过是诸葛亮当时操演军士的训练方式。《三国志·诸葛亮传》载："（亮）推演兵法作八阵图。"王应麟在《玉海》中也说："诸葛武侯治蜀，以八阵教练将士。"演义中写的江边那些石堆，证明了八阵图只是诸葛亮创造的一种"模拟训练"方法而已。它类似现在的沙盘作业，是用石头来标志操演八阵法时兵士所应处的位置。一个空无一人的"模拟训练场"，哪里会杀气冲天，"可比十万精兵"？这样过头的夸张，自然不能使读者相信了。

---

① 《孙膑兵法》中，还有火阵、水阵。但在兵法文中叙述时，火阵被称为火战之法，水阵称为水战之法，不仅是列阵的问题了，故不称之为阵。所以，孙膑虽然说过"凡阵有十"，但基本阵法仍是上述八阵。"八阵"之名即源于此。

古代小说中对古阵法、古阵图神奇般的形容，反映出在科学技术不发达的时代，军事家们对新战法、新的作战手段的一种向往和幻想。与此同时，它也从另一个侧面告诉我们，取胜之道在于迷敌。古代小说中的各种阵法虽被描绘得变幻莫测，不可捉摸，但其共同之点，都是意在使闯入阵中的敌军迷失行动方向，造成错误判断，从而导致指挥失度，行动混乱。同样，演义中神秘的八阵图，尽管不那么真实可信，但它反映出的迷敌之法，如利用地形、气象条件和示形用佯的方法和手段，今天仍值得军事指挥员们所借鉴。

以计代战一当万

运筹帷幄之中，决胜千里之外。这是人们经常形容那些英明将帅善于用兵打仗的一句话。演义第八十五回描写诸葛亮安居平五路的故事，就是这种高超指挥艺术的体现。

刘备自白帝城一命归天的消息传到魏国后，魏帝曹丕依照司马懿之计，立即用"赂以金帛""许以割地"等收买手段，联络南蛮、西番、东吴诸家，共起五路大军，数十万兵马，乘机大举伐蜀。真是风云突变，蜀国面临着十分危险的形势。刚刚登基的后主刘禅一听此事，吓得面如土色，连忙请孔明入朝议事。谁知，诸葛亮竟一连三日"染病不出"。成都众官见此光景，个个像热锅上的蚂蚁。后主刘禅也没了主意，只得亲自率群臣前往丞相府求教。书中写道，那刘禅"独进第三重门"，却见"孔明独倚竹杖，在小池边观鱼"。当他提起曹丕五路兵马杀来,重军压境一事时,孔明大笑:"五路兵至,臣安得不知?臣非观鱼,有所思也。"接着,孔明胸有成竹地说道:羌王轲比能、蛮王孟获、反将孟达、魏将曹真"此四路兵,臣已皆退去了也"。而孙权一路,也"已有退之之计,但须一能言之人为使。因未得其人,故熟思之"。刘禅一听,方才安下心来。

孔明安居成都,镇定自若。他一连几日不出府,暗地里却在调兵遣将,巧妙地粉碎了敌人五路大军的围攻。真是"以计代战一当万"。

在处于内线作战的情况下,面对多路敌人的进攻,聪明的将帅多是在全局的劣势中争取局部的优势,以机动作战的方式,各个歼灭敌人。但是,孔明安居平五路,则采取的是分兵应敌,其妙何在呢?概括地讲,妙就妙在他能从实际出发,针对五路敌军的不同弱点"对症下药"。

历史经验证明,在松散的军事联盟内部,由于各个联盟成员的利益不完全相同,出力的方向也就不甚一致,行动也就不可能步调统一。这样的联盟,貌似强大,实际其合力远远小于各个部分的力量之和。

西番、南蛮、东吴、孟达和曹魏这五家,正是由于各自利益不同,各怀企图,其军事联盟犹如一盘散沙。诸葛亮敏锐地看到了这一点,便因敌用谋,采取了不同的对策。对于西番兵马,孔明早已料到,马超随其父久居西凉,羌人素以"超为神威天将军"而对其十分敬仰,于是暗自派人"星夜驰檄",令马超进驻西平关,埋伏四路奇兵,每日交换,"以兵拒之",果然,"西番兵出西平关,见了马超,不战自退"。对南蛮孟获一路,孔明则深知"蛮兵惟凭勇力,其心多疑",便派魏延率领一军"左出右入,右出左入",结果"南蛮孟获起兵攻四郡,皆被魏延用疑兵计,杀退回洞去了"。而对于反将孟达,孔明了解到他"与李严曾结生死之交""只做李严亲笔"修书一封,派人送给孟达。这样,"上庸孟达兵至半路,忽然染病不能行"。对进犯阳平关的曹真,孔明根据"此地险峻,可以保守"的地形特点,派大将赵云率领一军据关把隘,坚守不出,最后使得魏军"屯兵于斜谷道,不能取胜而回"。同时,孔明料定孙权必忘不了曹丕曾发三路军乘虚袭吴之怨,因此"未必便动",只"须用一舌辩之士,径往东吴,以利害说之"，就可以使东吴退出这次联合行动了。果然不出诸葛亮所料，孙权接到曹丕的出兵命令书后，虽然勉强应允，但并不发兵，只是观望。他见到四路兵败，又在诸葛亮来使的游说下，反而与西蜀结成了盟友。

由此可见，正确的军事决策来源于深入的知彼，来源于对敌情的准确判断。孔明由于对五路敌军的情况了如指掌，所以才能运筹帷幄，稳操胜券。

诸葛亮安居平五路这个故事，充分反映出他在用兵方略上的求实精神。一般来说，对于多路进攻之敌，最忌分兵把口，分散应敌，而诸葛亮因对五路敌军的具体情况都有深透的了解，其分散应敌之策，调度得当，筹划得很周全。而且他在分兵拒敌的同时，又派关兴、张苞二将各引兵三万，作为战略预备队屯于紧要之处，为各路救应，体现出了他对作战部署的周密考虑。

关于诸葛亮安居平五路一事，在史料中并无记载，显然是作者为了刻画诸葛亮的聪明智慧而虚构的。但罗贯中通过虚构这段故事，强调将帅在指挥作战中，必须深入知彼，适时、适情、适敌地用兵，而不要从一般的历史经验或原则出发，这是非常重要的。

第五编
南征北战

孔明重建孙刘之盟，创造南征之机。

七擒孟获，赢得南方长久稳定。六出祁山，虽无进取之功，但次次皆能圆满完好撤退，也是战争史上的奇观。一次成功的战略退却，其智慧胜过一次伟大的战略进攻。前者是在被动而不利的条件下保全，后者是在有利而主动中谋胜。

孔明开发西南
与吴、蜀再次联盟

诸葛亮开发西南，对于中华民族的统一与发展是一大功绩。对此，历史学家们已作了充分的评价，这里毋庸赘述。

在当时三雄争立的情况下，西蜀要想称霸中原，统一天下，毫无疑问首先需要开发西南，求得一个安定的战略后方。另外，自从西蜀政权建立后，三国鼎立之势真正形成，并趋于暂时的稳定状态，魏、蜀、吴三家各有优势，无论哪一家都不可能迅速吃掉另外两方。这时正确的策略，应是通过政治、外交手段来保持这种平衡与稳定，乘机发展和积蓄自己的力量。但刘备却没有充分认识到这一点，仓促发起夷陵之战，企图在短时间内"先灭吴，次灭魏"。结果一战败北，使蜀军的元气受到严重挫伤，已无力再问鼎中原了。在这种情况下，诸葛亮及时将矛头转向西南，去开辟战略大后方，积蓄力量，实在是一个颇有远见的决策。

不过，要出师西南，必须稳住中原，防止魏、吴乘虚而入。夷陵之战后，诸葛亮全面分析了当时的天下大势，认为：在魏、蜀、吴各据一方的战略大棋盘中，曹魏"其势甚大，急难摇动"，并一直处于主动进攻态势，妄图趁刘备新死之际，寻隙夺取西川和汉中；而孙权过去虽与"先帝"结怨甚深，但"吴若通和，魏必不敢加兵于蜀矣"。这样，"吴、魏宁靖"，方可抽出身来挥师"征南"。当时诸葛亮总的战略方针是：待后方巩固，政通人和，势力再度强盛，"然后图魏。魏削则东吴亦不能久存"，由此便"可以复一统之基业"。

还要看到，夷陵之战以后，东吴虽然巩固了荆襄，并且抗住了魏军的三路进攻，但就从总的力量对比来看，仍不能够单独同曹魏相匹敌。它所面临的主要矛盾和威胁，恰恰来自北方。东吴要确保自身的安定，就必须和西蜀联合起来，共同抗曹。因此，这种相对平衡而又实际上存在着"一强两弱"的战略态势，也就造成了吴、蜀再次联盟的客观条件。正如蜀臣邓芝游说孙权时所说的："蜀有山川之险，吴有三江之固。若二国连和，共为唇齿，进则可以兼吞天下，退则可以鼎足而立。"可见，吴、蜀两家只有重新结为盟友，才能避免被曹魏打破力量相对平衡的战略格局，各个击破。

演义正是根据这一历史背景，生动描绘了吴、蜀第二次联盟的过程。

这次联盟，对于西蜀来说，年幼的刘禅刚刚继位，孔明出将入相，大权在握，可以不受到阻力，顺利地按既定的战略意图行事。但在东吴内部，情况却不同了，群臣对联蜀拒魏的思想并非完全一致。孙权每当处于战略决策的三岔路口，总是思虑过细而又容易徘徊，这次他虽有同西蜀"讲和"的想法，"但恐蜀主年轻识浅，不能全始全终"，担心结盟不成，最后反而获罪于曹魏。特别是在东吴的群臣当中，由于历史原因，一部分人视西蜀为仇敌的情绪还没有扭转过来。如张昭听说西蜀来使到达时，便立即建议孙权"于殿前立一大鼎，贮油数百斤，下用炭烧"，待来使入见，"休等此人开言下说词，责以郦食其说齐故事[①]，效此例烹之。"

孙权因惧怕曹魏，听从了张昭的建议。他"命武士立于左右，各执军器"，又于殿前"立油鼎"，一派如临大敌，阴森恐怖的景象。但不承想，蜀使邓芝上殿时，脸上"并无惧色，昂然而行"，他面对侧立两旁、手执刀枪的彪形大汉"微微而笑"，到孙权面前也"长揖不拜"。邓芝运用自己的舌辩才能，机智地挫败了孙权的威胁恐吓。他单刀直入地对孙权说道：今大王若不与蜀通和，"委贽称臣于魏，魏必望大王朝觐，求太子以为内侍，如

[①] 楚汉相争时，郦食其作为刘邦的使者，劝说齐王田广归顺于汉，齐王听信了他的话，解除战备；汉将韩信却乘机袭击齐，齐王认为被郦出卖，就把他烹死。

其不从，则兴兵来攻，蜀亦顺流而进取，如此则江南之地，不复为大王有矣"。这一席话，正好打中了孙权的要害。最后孙权不但没有制服邓芝，反被邓芝说得心服口服，终于下定了"与蜀主连和"的决心，从而实现了吴、蜀在政治、军事上的第二次结盟。

诸葛亮出师西南与吴蜀二次结盟，就如同一架车子上的两个车轮，是一个紧密联系的战略系统结构。因为若不能联吴，则中原不能稳定；中原不稳，诸葛亮出师西南必然会有许多后顾之忧。反过来说，如果只求稳定中原的战略格局，不积极向薄弱处进取，向西南开发，扩大疆土、实力，那么，实际上就变成了偏安一隅的消极保守战略，这样最终是难以求得真正稳定的。这段故事启示我们，在三角形的军事格局中，战略家要善于以灵活的策略，使对抗的力量达到平衡，并利用暂时稳定的局势，积极发展自己。在指导思想上，既要积极进取，又要三思而行；既要有所作为，又要争取和利用机会；先使自己立于不败之地，而后求进。

关于诸葛亮开发西南和派遣邓芝联吴结盟，在史料中均有记载。演义除进行了某些细节上的夸张描写之外，比较真实地反映出了这段史实，再现了诸葛亮作为政治家和军事家的战略远见，以及邓芝随机应变的军事外交才能。

假手于人，坐享其利
——孔明的另一种"借术"

在复杂的军事斗争中，智高一筹的谋略家，由于善于制造矛盾，利用矛盾，常可收到"兵不顿而利可全"的效果。孔明正是这样的一位谋略家。

正当孔明即将率师征南时，探马忽然飞报："孟获大起蛮兵十万，犯境侵掠"；建宁太守雍闿、牂牁郡太守朱褒、越嶲郡太守高定等人，也乘机同时"结连孟获造反"。蜀境的形势一时节又紧张起来了。

孔明这位十分谨慎的谋略家，对西南少数民族地区用兵，一向秉持"和抚"政策，把军事行动与政治攻势结合起来，减少力战，重于智取，收到了良好的效果。他在平息雍闿等人的叛乱中，利用矛盾，兵不血刃地取得了作战胜利。演义对这段故事描写得起伏跌宕，环环入扣，绘制出了一幅绚丽多彩的智慧画图。

首先，诸葛亮连续施展反间计，引起了雍闿与高定二人的猜忌和火拼。

一、释放敌将，以"德"攻心。蜀军在初战中曾擒得高定的部将鄂焕，押解回寨后，孔明不但没有杀他，反而好言宽慰："吾知高定乃忠义之士，今为雍闿所惑，以致如此。"接着，将他放了回去。那鄂焕乃是仗义的武士，回去便如实向高定诉说"孔明之德"，使高定内心"亦感激不已"，雍闿知道此事后，认为诸葛亮是在搞"反间之计，欲令我两人不和"。可高定毕竟已听多了鄂焕关于孔明的"好话"，对雍闿的判断"半信不信，心中犹豫"。这样，诸葛亮通过释放鄂焕，虽没有使敌方诸将立即来降，但在雍、高二人的心里，投下了互不信任的阴影。

二、分营囚俘，惑敌军心。后来，雍闿、高定兵分两路偷袭蜀营，让蜀军杀得大败，被"生擒者无数"。孔明乘机再次施韬展略，将俘获的雍闿、高定之兵分别囚禁，然后令军士谣传："高定的人免死，雍闿的人尽杀。"当孔明提取雍闿的人到帐前问话时，俘虏们都冒充是高定的部下，诸葛亮假戏真做，佯装不知，全部将其释放，并"与酒食赏劳，令人送出界首"。而对被俘的高定士卒，孔明"亦皆免其死，赐以酒食"，并告诉他们雍闿已派人投降，欲献高定、朱褒二人"首级"。这样一来，雍闿的人回寨后，私下传言孔明亲高恶雍的情况，立刻使营内军心惑乱，士卒"多有归顺高定之心"。而当高定听说雍闿已降孔明时，疑心顿起，"随即遣人去雍闿寨中探听"。诸葛亮的这一招数，无疑又在雍闿、高定二人心中埋下了一颗相互猜忌的种子。

三、"错认"敌探，假传"密令"。书中继续写道，孔明把抓到的高定所派密探，故意错认作雍闿的部下，"修密书一封"，教雍闿"早早下手，休得误事"，从而拉燃了雍、高二人矛盾的"导火索"。当高定听到密探的回报后，火由心头起，怒从胆边生，便来了个先下手为强——夜袭雍闿的营寨，取了他的首级，直投孔明。

其次，诸葛亮还巧妙地使用激将法，利用高定的诚心和勇力，挥兵杀掉了反将朱褒。当高定提着雍闿的首级来见孔明时，诸葛亮明知他真心来投，却硬说他是"诈降"，喝令左右推出斩首。高定极力表白，孔明"于匣中取出一缄"，说道："朱褒已使人密献降书，说你与雍闿结生死之交，岂肯一旦便杀此人？吾故知汝诈也。"激得高定又在孔明面前立下了军令状，誓"擒朱褒来见丞相"。果然，高定乘朱褒不备，取了他的首级，引全部叛军归降蜀营。

孔明平定雍闿等人叛乱的这段情节，可谓精彩之至。一般说来，朋友之间的矛盾多从疑心而起。在军事斗争中，欲在敌人营垒中制造矛盾，就需设法点燃敌将之间互相猜忌的火种。反间计在演义中多次出现过，然而在这里，孔明采取多层次、多维度制造假情报，传播谣言的权术，挑起雍闿、高定之间的矛盾，使得旧计翻新，别具一格。

《兵经百篇·借字》中说："……艰于力则借敌之力，难于诛则借敌之刃……鲜军将则借敌之军将……吾欲为者诱敌役，则敌力借矣；吾欲毙者诡敌歼，则敌刃借矣……令彼自斗，则为借敌之军将……己所难措，假手于人，不必亲行，坐享其利。"意思是：自己力量不够，就要设法借用敌人的力量；直接杀敌人有困难，就要设法借用敌人的刃斧；自己缺乏兵将，就要设法借用敌人的兵将。我们想做的事情，诱使敌人去替我们做，就等于借用敌人的力量；我们想杀的人，设法叫敌人去替我们杀，就等于借刀杀人；设法使敌人内部发生斗争而削弱其力量，就等于借用了敌人的兵将。自己难以做的事情，可以假手于人去做，不必亲自动手，就可以坐享其利。因此，善借者胸中自有雄兵百万。孔明从借东风，用天时，到这次借"敌之刃"、借"敌之力"，巧施反间计，制造矛盾，利用矛盾，"不必亲行"而收一将，杀两将,叛乱自平,表现出了高超的"借术"。

关于孔明平定雍闿等人的叛乱,《资治通鉴·魏纪二》中是这样记载的:黄初四年(公元223年),刘备刚死,"益州郡(今云南晋宁)耆帅雍闿杀太守正昂,因士燮以求附于吴,又执太守成都张裔以与吴,吴以闿为永昌太守。永昌功曹吕凯、府丞王伉率吏士闭境拒守,闿不能进,使郡人孟获诱扇诸夷,诸夷皆从之。牂柯太守朱褒、越巂夷王高定皆叛应闿。诸葛亮以新遭大丧,皆抚而不讨,务农殖谷,闭关息民,民安食足而后用之。"直到两年以后,"汉诸葛亮至南中,所在战捷。亮由越巂入,斩雍闿及高定",才平息了叛乱。可见,演义中诸葛亮使用反间计等权谋,利用高定连诛雍闿、朱褒二叛将的情节,是作者的艺术虚构。不过,演义中这段精彩的描写,再次体现出罗贯中博通攻心用间的兵家权谋。读者如果有兴趣看看《间书》就会发现,演义中这段故事所反映的那种"借"法,那种制造矛盾、利用矛盾的斗争艺术,在历史上可以找到许多与之相似或相同的实例。

攻心为上,心战为上
——马谡对开发西南的正确建议

《三国演义》里的马谡,在人们的心目中形象不高,因为失街亭,许多读者都把他同熟读兵书而脱离实际的赵括相提并论,对他贬多褒少。其实,对马谡这个人也要一分为二。他一生有过,也有功,譬如他为诸葛亮开发西南的进言就颇有见地。这位马先生若没有点战略头脑,是提不出那些高论来的。

据演义叙述,诸葛亮率军征南之初,马谡奉后主"敕命",携带"酒帛"前来劳军。办完公事后，孔明将他留在帐中，问对此次征南有何"高见"。马谡郑重其事地说道：

> "愚有片言，望丞相察之：南蛮恃其地远山险，不服久矣；虽今日破之，明日复叛。丞相大军到彼，必然平服；但班师之日，必用北伐曹丕；蛮兵若知内虚，其反必速。夫用兵之道：'攻心为上，攻城为下；心战为上，兵战为下。'愿丞相但服其心足矣。"

这段分析确实很深刻。特别是马谡提出的"攻心为上，攻城为下；心战为上，兵战为下"四句话，与诸葛亮的一贯指导思想是相吻合的，同时也反映出了中国古代兵法思想的精华。攻心为上，是对《孙子兵法·谋攻篇》中"上兵伐谋"思想的继承，其宗旨就在于通过斗智斗谋，达到"兵不钝而利可全""不战而屈人之兵"的最高目标。"三军可夺气，将军可夺心。""屈人之兵而非战也，拔人之城而非攻也。"孙子这些精辟的思想，都贯穿着"攻心为上"的"主题歌"。在战争史上，聪明的指挥员对敌手施计用谋，大多情况下是着眼于"服其心"，注重从精神上给敌以威慑、瓦解和征服。

马谡提出的"攻心为上，攻城为下；心战为上，兵战为下"的谋略思想，一直被历代兵家所推崇。直到解放战争中，在我军与国民党军队进行战略决战的重要时刻，毛泽东同志以及许多卓越的军事指挥员，都还非常重视对这一谋略思想的运用，对敌军坚持军事打击和政治瓦解相结合，收到了很好的效果。据新华社编发的《肖华同志生平》一文中介绍：在围困长春的战役中，我东北野战军第一兵团坚决执行党中央和东北局"久困长春"的作战方针，当时任兵团政治委员的肖华同志就曾提出"攻心为上，攻城为下；心战为上，兵战为下"的作战指导思想。在这个思想指导下，我军积极开展政治攻势，经过多方面努力，促使国民党六十军和新七军先后起义和投诚，长春得以和平解放。

当然，马谡提出的"攻心为上"的方针，主要是从当时开发西南这一特殊的作战情况出发的。西南一带属于少数民族聚居地区，有许多特殊性，需要坚持"和抚"政策，使其归服。若单单以武力去征服，必然是征而不服，后患无穷，这是其一。其二，从西蜀刘氏政权统一天下的战略全局来看，对西南的平定绝不在于一次军事上的胜利，关键是要把西南变为一个长治久安的大后方，以利于将来集中兵力，逐鹿中原。正如马谡指出的，虽然单凭军事力量可以打败孟获，但如果一旦中原战事紧张，西南仍会随风而起，"其反必速"。这一分析，点明了问题的关键所在，堪称高瞻远瞩之见。也正基于此，孔明听了马谡的意见后，不禁为之赞叹："幼常（马谡）足知吾肺腑也！"

关于马谡向诸葛亮进言一事，在史料中确有记载，只是细节上与演义的描述略有出入。《襄阳记》中写道："建兴三年（公元225年），亮征南中，谡送之数十里。亮曰：'虽共谋之历年，今可更惠良规。'谡对曰：'南中恃其险远，不服久矣，虽今日破之，明日复反耳。今公方倾国北伐，以事强贼。彼知官势内虚，其叛亦速。若殄尽遗类，以除后患，既非仁者之情，且又不可仓猝也。夫用兵之道：攻心为上，攻城为下；心战为上，兵战为下。愿公服其心而已。'亮纳其策。"可见，历史上的马谡和演义中的马谡无大差异。

从七擒孟获说力胜与智胜

在《三国演义》里，"七擒孟获"可以称之为诸葛亮的平生得意之作，谈"三国"，说诸葛，几乎无人不晓这段生动的传奇故事。不过，对于这段故事，各家史书记述不一。

严肃谨慎的史学家陈寿在《三国志》里，根本没有记载此事，只是简单地提到：建兴"三年（公元225年）春，亮率众南征，其秋悉平。"

裴松之在《三国志》注引中，则引述了晋人习凿齿《汉晋春秋》的一段记载："亮至南中，所在战捷。闻孟获者，为夷、汉所服，募生致之。既得，使观于营阵之间，问曰：'此军何如？'获对曰：'向者不知虚实，故败。今蒙赐观看营阵，若只如此，即定易胜耳。'亮笑，纵使更战，七纵七擒，而亮犹遣获。"

司马光在《资治通鉴》中也曾提到："七纵七禽而亮犹遣获，获止不去，曰：'公，天威也，南人不复反矣。'"究竟是陈寿以后的历史家们发现了新资料，弥补了《三国志》的不足，还是他们仅仅根据传说而记入史册的，有待于史学家们进一步深究，这里无须详考。

演义所描述的"七擒七纵"孟获的生动过程，形象地表现了诸葛亮一贯的用兵方略。"七擒七纵"每次都有些新道道，擒法互不雷同，在艺术上不使人感到重复乏味，在用兵思想上，启迪人们要善于研究对手心理，因敌致变，达到了文学艺术和军事谋略的高度统一。细加分析，诸葛亮"七擒孟获"在施智斗谋上有两个比较显著的特点：

一是敌变我变，灵活用兵。在"一擒"中，两军初次交手，互不摸底。善于"先胜而后求战"的诸葛亮，经过深入分析情况，略施小计，便先机制胜。后来，孟获在失败中积累经验，改变手法，但诸葛亮并没有把成功的经验当成包袱，他准确地按摸着孟获的心理脉搏，因势利导，不断使用新的手法诱敌就范。例如"三擒"中，由于诸葛亮推断出孟获急欲求胜的心理，便故意犯兵家之大忌——于山林茂盛之处安营扎寨，并领着第二次被擒的孟获查看营寨，故意让他看出"破绽"，诱他前来劫寨放火，结果诸葛亮"识诈降"将计就计，又一次把孟获引进了预先设下的圈套之中。再如在"七擒"中，孟获从乌戈国搬来了刀枪不入的藤甲军，孔明则针对藤甲这一油浸之物的弱点，巧施火攻，将藤甲军杀了个人仰马翻。

二是注重调查研究，适情而动。俗话说，若知山中事，须问打柴人。深入西南少数民族地区作战，由于地形复杂，不熟悉风土民情，不了解周围环境，给蜀军的行动带来了许多困难。当诸葛亮在作战中身处危难境地的时候，演义描写他十分注重向当地"土人"调查访问，从而及时摸清情况，为部队创造了生存条件。如在"二擒"中,诸葛亮曾派马岱率军从泸水下游涉水渡河。谁知,士卒"半渡皆倒""口鼻出血而死"。诸葛亮见此情形,立即找来当地"土人"询问,才知道由于天气炎热,"毒聚泸水",白天过河,"必中其毒";若要渡时,"须待夜静水冷,毒气不起,饱食渡之,方可无事"。诸葛亮听从其言,率蜀军乘半夜顺利渡过泸水,出其不意地夺取了孟获的粮草。在"五擒"时,孟获曾退到秃龙洞据守不出。此处"山险岭恶,道路窄狭",路边"多藏毒蛇恶蝎",而且一到黄昏就"瘴气密布",熏人致命,沿途更有哑泉、柔泉、黑泉、灭泉四个毒泉。在这"水不可饮,人马难行"的地方,蜀军初到时,许多士卒误饮哑泉之水,弄得"皆不能言"。诸葛亮闻知,亲自带人"攀藤附葛",前往山中拜访隐者,请教预防、治疗中毒的办法。终于克服了道道难关,率军直逼秃龙洞前。故事中虽然对困难作了神奇的夸张,在克服困难的斗争中加进了不少迷信色彩,如诸葛亮在前往秃龙洞的途中,曾遇到"山神"的帮助;"六擒"时,孟获请来的八纳洞主木鹿大王,深通法术,"能呼风唤雨"等,影响了军事借鉴价值,但对诸葛亮调查研究的描写还是非常成功的。

"七擒孟获"给人们的启示很多,但重要的还不在于每次擒法上的变换,而在于通过"七擒七纵",具体地反映了"攻心为上,攻城为下;心战为上,兵战为下"的战略策略思想。孟获作为一个少数民族的首领,有着顽强、倔犟的性格,一般情况下,或者在他的招数还没有完全使尽时,是绝不会屈服投降的。诸葛亮为了"安抚"少数民族,真正降服孟获,一而再、再而三地放纵他,这既反映了计谋高深的诸葛亮"擒此人如囊中取物"的必胜信心,也体现了他大度的胸怀和宽忍的耐性。可以说,没有七纵,孟获不会心服;没有争得这个少数民族首领的心服,也就难以实现对西南的安抚。特别是最后决定对西南如何治理时,诸葛亮思有"三不易"①,决定起用孟获为

---

① 《三国演义》第九十回写道:诸葛亮降服孟获后,有人建议留下官吏,"与孟获一同守之"。孔明知说:"如此有三不易:留外人则当留兵,兵无所食,一不易也;蛮人伤破,父兄死亡,留外人而不留兵,必成祸患,二不易也;蛮人累有废杀之罪,自有嫌疑,留外人终不相信,三不易也。今吾不留人,不运粮,与相安于无事而已。"

首的西南少数民族干部，实行"自治"，终于使孟获对他崇敬佩服得五体投地，完全失掉了反叛之心。在这里，孟获不是孤立的一个人，而是代表着"一大片"。

另外，诸葛亮对孟获"七擒七纵"，还说明了力战与智战相结合的重要作用。我们说攻心为上，心战为上，是相比较而言的。"为上"绝不是唯一，"攻心"必须以强大的军事力量为后盾。事实上，如果不造成强大的军事威慑力，攻心也是不会取得很大成效的。演义在描写智擒孟获的过程中，形象地反映出军事威慑与攻心的辩证关系。如在"二擒"和"五擒"中，在孔明重兵压境的关键时刻，孟获都是被自己内部"感诸葛丞相活命之恩"的将帅所擒的。事实证明，从古代战争直到今天的现代战争，有了"战则必胜"的军事力量，才可能实现"不战而屈人之兵"的攻心目的。而且，在多数情况下，"心战为上，兵战为下"，是指军事作战要以攻心伐谋的智战为主，以刀枪相见的力战为辅。

从诸葛亮火烧藤甲军谈伏击作战

一部以描写军事斗争为主线的《三国演义》，战事连迭，兵事不断，但战术战法用得最多、最频繁的是伏击。细算起来，全书一百二十回，单写伏击作战就有八十八次之多。这些伏击作战各有特色，内容丰富多彩，形象地反映出了古代战争中两军斗智斗勇的生动场面，使兵家可以从中领悟出因时、因地、因敌而灵活用兵的奥秘。然而，在这琳琅满目的伏击战中，第九十回讲的孔明火烧藤甲军一战，堪称美玉中的明珠，是一次具有代表性的伏击战。从整个战斗过程看，诸葛亮运用谋略之高超，给我们留下很多有益的启示。

诸葛亮歼灭藤甲军后，曾对此次作战作了一段总结性的评述，他说道：

"我料敌人必算吾于林木多处埋伏，吾却空设旌旗，实无兵马，疑其心也。吾令魏文长连输十五阵者，坚其心也。吾见盘蛇谷止一条路，两壁厢皆是光石，并无树木，下面都是沙土，因令马岱将黑油柜安排于谷中，车中油柜内，皆是预先造下的火炮，名曰'地雷'，一炮中藏九炮，三十步埋之，中用竹竿通节，以引药线；才一发动，山损石裂。吾又令赵子龙预备草车，安排于谷口。又于山上准备大木乱石。却令魏延赚兀突骨并藤甲军入谷，放出魏延，即断其路，随后焚之。吾闻：'利于水者必不利于火。'藤甲虽刀箭不能入，乃油浸之物，见火必着。蛮兵如此顽皮，非火攻安能取胜？……"

结合演义中各次伏击战的具体实例，分析诸葛亮火烧藤甲军一战，可以使我们领悟出这一战法的大要：

伏击作战，是以少胜多、以弱胜强的有效战法。它既可寓于攻，又能寓于防。对进攻作战来说，它是攻中之守；于防御作战而言，则表现为守中之攻。《三国演义》中伏击战运用得那样普遍、广泛和经常，正反映出了冷兵器时代，军事家以智取胜的一个突出特点。乌戈国的三万藤甲军，由于士兵身穿特制的藤甲，"渡江不沉，经水不湿，刀箭皆不能入"。这支突起的异军，真是所向无敌，无坚不摧。蜀军若以堂堂之阵相抗衡，绝不是藤甲军的对手。而诸葛亮这个善打埋伏的老手，坚持从实际出发，发挥其用兵之长，以巧妙的伏击战打击藤甲军，最后大获全胜，充分体现出了这种战法的强大威力。

采取伏击战之所以能够以少胜多、以弱胜强，关键就在于巧妙地利用有利的天候地形，给敌以迅雷不及掩耳的突然打击。劣势之军欲战胜优势之敌，不可不讲有利的地形条件，不可不讲战术上的突然性。演义所描写的每一次成功的伏击战，大多是巧妙地利用了山地、树林、城池等有利的地形，对"上钩之鱼"给以迅猛的打击,一举成功。诸葛亮火烧藤甲军一战,也正是在一个"形如长蛇,皆光峭石壁,并无树木,中间一条大路"的山谷中进行的。装备精良的藤甲军,进入这样一个山谷中,如同长蛇钻进了竹筒,兵力难以展开,首尾不能相顾,藤甲的优长难以发挥作用,自然就成了蜀军的瓮中之鳖、案上之肉了。

就其兵力部署来说,伏击战也叫"口袋战"。它是通过在预定的战场上,四面埋伏,布设"口袋",采取请君入瓮之法,至敌于被动不利的境地。在古代战争中,没有火力杀伤兵器,一般条件下很难打成歼灭战。而利用有利的地形,设置"口袋",则常能达到"全歼"之目的。这次孔明在盘蛇谷中设伏,令赵云、马岱率伏兵守住谷口,藤甲军一进入谷中,二将便点燃草车、干柴,"垒断"谷口,扎住"口袋",从而造成了对敌全歼之势。

运用伏击来达成全歼之目的,重要的是要将敌人诱入伏击圈内。演义中所描写的伏击战例,可以分成待伏和诱伏两种形式。待伏,是获得敌人行动的时间、兵力和必经道路的情报后,预先把兵力埋伏好,待机伏击敌人。诱伏,是将主要兵力设伏于有利地区,以少数兵力用各种方法把敌人诱骗到设伏地区予以歼灭,或佯攻某一地,引诱别地的敌人来援时伏击之。诸葛亮伏击藤甲军一战,诱敌入"袋"的方法用得极为高妙。由于孟获与蜀军多次交手,虽屡战屡败,但也从中看出了孔明的一些用兵招数,所以,他在战前特别提醒藤甲军主将兀突骨说:"诸葛亮多有巧计,只是埋伏。今后交战,分付三军;但见山谷之中,林木多处,不可轻进。"在这种情况下,若再采用以往的诱敌之法,就很容易被对方识破。诸葛亮用兵的高明之处,就在于他了解敌手对自己认识的程度,从而一反常法,在半个月内,让魏延连败"十五阵",丢了"七个营寨"。眼力较低的将军哪能看出其中的诈术?况且,藤甲军本来就很高傲,自然确信蜀军是真败,而非诈退。就连屡次吃亏的孟获也得意忘形起来,认为"诸葛亮已是计穷",只此一进,便"大事定矣"。更妙的是,在过去作战中,孟获只看到孔明多在林木茂盛之处设伏(通常的伏击战都是如此,因为林木茂盛之处,便于隐蔽兵力),但这次作战,诸葛亮却反其道而行之,恰恰示形于密林深处,却在光秃秃的山谷中暗设伏兵。兀突骨在与魏延交战中，因"望见山上并无草木"，便"料无埋伏，放心追杀"，毫无顾虑地被对手"引"进了伏击圈。

孔明伏击藤甲军的成功之处，还在于因敌而宜，活用战术，演义中描写的伏击战场，通常选在林木丛生的山谷之中，除了便于隐蔽兵力外，还因为作战对手多是步骑兵。茂密的林木不仅是设伏的屏障，也是实施火攻的天然场所。而这次作战，敌军藤甲乃是"油浸之物，见火必着"。孔明正是根据敌军的判断力和藤甲易燃怕火这一弱点，把伏击区选在盘蛇谷，创造出了火攻的新战法——"只见山上两边乱丢火把，火把到处，地中药线皆着，就地飞起铁炮。满谷中火光乱舞，但逢藤甲，无有不着"，使三万藤甲军全部葬身于火海之中。伏击和火攻，本是孔明的常用之法，但这里并不是简单地照搬以往的经验。

综上所述，可以看出伏击战确实是一个灵活巧妙的克敌之法。它不仅在古代战争中，而且在现代和未来的作战中还将会广泛运用。因此，认真分析古代战例，汲取历史经验，对于今天的指挥员指导训练与实战，是大有裨益的。

凡战者，以正合，以奇胜
——魏延对北伐中原的重要建议

诸葛亮巩固西南以后，便按照隆中对策中既定的战略方针，开始北伐中原。大军行至沔阳，探马飞报，魏军都督夏侯楙，"调关中诸路军马，前来拒敌"。这时，行伍出身的名将魏延向诸葛亮提出一个发人深省的建议：

"夏侯楙乃膏粱子弟，懦弱无谋。延愿得精兵五千，取路出褒中，循秦岭以东，当子午谷而投北，不过十日，可到长安。夏侯楙若闻某骤至，必然弃城望横门邸阁而走。某却从东方而来，丞相可大驱士马，自斜谷而进。如此行之，则咸阳以西，一举可定也。"

真可惜，诸葛亮却认为魏延的主意"非万全之计"，因而固执地决定"从陇右取平坦大路，依法进兵"。

当时，蜀军从汉中北进中原，必须通过几百里的高山险谷。因地形条件所限，只有两个方向可供选择：一是出秦岭入关中。这个方向有三条通道，即子午道、傥骆道和褒斜道。三条通道，都是谷长路险，给军事行动特别是大兵团行动带来诸多困难。相比较来说，位于秦岭东头的子午道，离长安最近。据兵要地志介绍，它的南谷叫午，北谷叫子，从石泉起，向北到长安以南百余里止，谷长六百六十里。另一个方向，则是由汉中经阳平关、武兴、祁山至天水，道路虽远，但比较平坦。

魏延的建议对当时的敌情、道路、作战方案及战役演变等各个方面，都作了比较切合实际的分析，应该说是颇有见地的。倘若诸葛亮能够采纳，并以此作为北伐作战的军事指导思想，可能很快就会实现夺取长安，收复三秦的目的。魏延建议的正确性，主要表现在以下几个方面：

首先，山地作战须多用奇兵，包括奇袭、伏击等出其不意的军事行动。出奇制胜，在军事指挥上是一个通则。不论平原、山地或江河、湖泊，都应坚持以奇兵取胜。这一点在山地更为重要。这是由于山区复杂的地形所限，不利于大兵团展开正规作战，而最适宜小部队、特种作战部队活动。还要看到，对于进攻者来说，高山峻岭既是影响军事行动的障碍，又是隐蔽军事行动的屏幕。善于出奇制胜的将军，总喜欢在这个屏幕的掩护下去钻对手的空子，造成对方防守作战时的时间差和空间差。汉中与秦川，为秦岭山脉的重峦叠嶂所阻隔，宜守而不宜攻。蜀军欲北至秦川，如非奇袭，难以制胜。魏延正是根据这一实际情况，提出了自带"精兵五千""循秦岭以东，当投子午谷而北"的奇袭建议。但诸葛亮却拒不采纳这一正确的建议，反而采取了兜大圈子的方法，自汉中向西，出祁山，率十万大军在崇山峻岭中进行"武装大游行"。摆这种正规作战的架势不但目标大，难以达成出其不意，而且劳师疲众，必然造成自己后劲不足。

魏延这一建议不仅是出奇之策，同时还是一个奇正并用，相映生辉的谋略。在古代兵法中，奇和正是相反相成的两种用兵手法，若只采用一种手法必然形单势孤；只有二者并用，才能收到相得益彰之效。孙子讲："凡战者，以正合，以奇胜。"这里说的合，指会合、交战。此句话的意思是，大凡用兵作战，一般都是以正兵合战，以奇兵制胜。公元前718年，郑国进攻卫国，燕国出兵救援，与郑国的军队战于北制（今河南荥阳）。郑以三军部署在燕军的正面，另以一部兵力偷袭其侧后。当燕军只注意防备正面时，背后却遭到了郑军的突然袭击，结果大败。同样，在魏延的建议中，一方面提出自己带五千精兵从子午谷突击魏军防御腹地长安，另一方面又强调"丞相可大驱士马，自斜谷而进"，这样，就形成了奇正相辅的进攻态势。按照孙子关于"奇正"的用兵思想，在奇正二者并用的情况下，正兵主要为了吸引敌人，示形于敌，以掩护奇兵行动的突然性。诸葛亮在"隆中对"中提出把夺取秦川作为战略出击，统一华夏的主要方向，毫无疑问是借鉴了刘邦兵出关中与项羽争夺天下的历史经验。当时，刘邦的大将韩信采用"明修栈道，暗度陈仓"之计，由汉中攻入关中，一举平定三秦。"明修栈道"的目的就在于示形于敌，吸引敌人的注意力，也算是一种用"正"。而当敌人把目光集中在通往关中的栈道老路上时，韩信却率军暗中抄小路迂回到陈仓（今陕西宝鸡），发起突然袭击，打敌一个措手不及。应该承认，若没有"明修栈道"之举，是不会取得"暗度陈仓"之功的。魏延建议诸葛亮率大军"自斜谷而出"，也是意在把敌人的注意力吸引过去，以保证他从子午谷出奇制胜。但遗憾的是，诸葛亮却把魏延的建议视为"危计"，坚持兵出祁山，由此形成了一面平推之势。

魏延的建议还包含着奇与险、险与夷的辩证关系。一部活生生的战争史表明，无奇不险。出奇用兵，本身就意味着担风险，闯难关。然而，军事辩证法就是如此，地狱的入口处也是通往天堂的大门，在许多情况下，危途险地其实也正是对手的不虞之处，正是敌方将帅思维判断的"死角"。因此，从这个意义上讲，在最大的危险中，常常包含着最多的安夷和成功的因素；

人们以为不可取胜的时间、地点，往往是可以走向胜利的坦途。用兵一贯谨慎的孔明，在决策时只看到魏延建议的危险方面，却忽略了险中有夷、危中有利的另一面。由此也说明了一个道理，过于谨慎的将帅，虽然处处考虑很周全，但常常因为不敢冒必要的风险而难以创造出惊人的业绩。诸葛亮六出祁山，虽然在战术上取得了一些胜利，但由于在总的作战指导思想上采取了谨慎、保守的策略，所以终未获取大的成功（这一点后文还将提到，这里且不多述）。

另外，关于魏延这个建议的正确性，还可以从司马懿的一段话中得到反证。据演义讲，后来司马懿带兵来拒蜀军时，曾对先锋张郃说："诸葛亮平生谨慎，未敢造次行事。若是吾用兵，先从子午谷径取长安，早得多时矣。他非无谋，但怕有失，不肯弄险。"作者通过司马懿之口，再次说明了由于诸葛亮过于小心谨慎，造成了蜀军作战指导上的失策。

魏延建议由子午道出奇兵直取长安，在历史上确有其事。《魏略》中说："夏侯楙为安西将军，镇长安。亮于南郑与群下计议，延曰：'闻夏侯楙少，主婿也（曹操之女婿），怯而无谋。今假延精兵五千，负粮五千，直从褒中出，循秦岭而东，当子午而北，不过十日可到长安。楙闻延奄至，必乘船逃走。长安中惟有御史、京兆太守耳，横门邸阁与散民之谷，足周食也。比东方相合聚，尚二十许日，而公从斜谷来，必足以达。如此，则一举而咸阳以西可定矣。'亮以为此悬危，不如安从坦道，可以平取陇右，十全必克而无虞，故不用延计。"不少历史学家都从祁山作战中，看出了诸葛亮在用兵上的不足之处——尽管他足智多谋，满腹经纶韬略，但在用兵指导上常因性格谨慎而坚持保守的策略。对此，陈寿在《三国志》中的评语尤为肯切："（亮）治戎为长，奇谋为短；理民之干，优于将略。"演义的作者尽管想把孔明描写成完人，特别是在智谋韬略上，企图把诸葛亮塑造成智慧的化身，但像诸葛亮六出祁山没有什么进取这样一些重大历史事实，是不能违背的。因此，罗贯中笔下的孔明，也必然是一个美玉有瑕的人物形象。

兵不厌诈

蜀军的整个祁山作战，尽管诸葛亮在指导思想上存有不少缺陷，但在具体战斗中，还是有许多成功之处的。在一出祁山的作战初期，孔明智夺三城，巧收姜维，为他北伐中原，赢得了一个良好的开端。这在战术上就有不少值得借鉴的地方。

从演义的描写来看，孔明在智夺三城的过程中，有些谋略是照套历史上的经验，比如他派心腹装扮成魏军将领，假传军情，巧夺安定，就与他在南郡之战中利用敌方的兵符调动曹兵，一箭双雕得荆襄的战例极为相似。不过，此次作战中，诸葛亮为收姜维，连续制造假情报，还是充满了新意的。

当时的情况是，蜀军已夺得南安、安定两城，俘虏了魏军都督夏侯楙。而在攻取天水时，遇上了智勇双全的骁将姜维，两军一交手，诸葛亮竟连失两阵。孔明爱才，决心收降姜维。他"思之良久"，后来打听到姜维的母亲在冀县，姜维又是一个孝子，便派魏延率军诈攻此城，调动姜维出天水驰援冀县，乘机将他围困在城中。然后，诸葛亮接连施展了一系列计谋。首先，他明知夏侯楙不会劝降姜维，却故意将他放出，要他去"招安姜维"。夏侯楙临行时，孔明说道："目今天水姜维现守冀城，使人持书来说：'但得驸马（指夏侯楙）在，我愿归降。'"孔明用这段假情报，本意不在争取夏侯驸马，而是为了蒙骗这位三军都督，在他的心里先投下一个姜维已有降蜀之意的阴影。由此，孔明导演的姜维投蜀的"好戏"便开场了。书中写道，夏侯楙刚出蜀营，正行之间，忽"逢数人奔走"，他们自称是"冀县百姓"，煞有介事地说道："姜维献了城池，归降诸葛亮，蜀将魏延纵火劫财，我等因此弃家奔走，投上邽去也。"夏侯楙一听，急忙问明了方向，直向天水而来。路上又遇见一群"携男抱女"的百姓，"所说皆同"。夏侯楙经受不住这种连续的情况刺激，终于相信姜维已经降蜀的传说。但这时天水的一些将领还没有亲身感受，不信真有此事。恰巧就在他们猜疑不定的时候，蜀兵突然乘夜前来攻城，"火光中见姜维在城下挺枪勒马"。耳听为虚，眼见为实，天水的将领们也不得不相信这一"事实"了。其实，这又是孔明的一计，他从部卒中找来一个与姜维"形貌相似者"，假扮成姜维前来攻城，而真姜维这时正困在翼城，已"军食不敷"了。接着，诸葛亮又以粮草为诱饵诱出姜维，袭了冀城。当匹马单枪的姜维逃到天水城下时，却被城上的"乱箭"射回，途中又遭蜀军埋伏。他人困马乏，走投无路，最后终于下马投降了诸葛亮。

历史经验告诉我们，在战争中，对立的双方都企图利用假情报来欺骗对手。古代兵法曾经讲过："兵不厌诈。"诓骗，就是一种典型的诈术。尽管军事家们可以利用他们的头脑来分辨情报的真伪，但是，如果一种虚假情报连续不断地涌来，或者从不同渠道传来一个相同的虚假信息，那么，即使很坚定的将军，即使在当初对假情报持怀疑态度的指挥员，也很容易动摇自己原来的判断和决心。在魏军将领们的心目中，姜维是一名忠义之士，如果只有一次姜维降蜀的谣传，夏侯楙也是断然不会相信的。然而，这些魏军将领经受不住"海浪般"的假情报的连续冲击，最终还是判断失误，弄假成真，致使原来并无降意的姜维真的归顺了诸葛亮。

我们从这个故事中，可以悟出两方面的道理：

一、要想使敌手上当受骗，就我所范，必须善于从多方面、多角度制造假情报。记得美国心理学家来我国上海时做过一次试验。他画出两条线，A线略长，B线略短。他布置在座的听众，当一位没有看见过这两条线的教授进来时，大家一定要说B线长。结果，教授进来先讲A线长，可是，当三四个人都讲B线长后，教授就有点神色紧张，连忙再看个仔细。一阵笑声过后，美国心理学家解释道：这就叫"随多性"。在军事心理学上，随多性不仅表现为对多数人判断意见的附和，还表现为对多次出现的同一情况信以为真。心理上的随多性固然是难免的，但对一个指挥员来说，盲目的随多性则是造成错误判断的根源之一。可见，连续用诈，敌常常会因此而上当。

二、当敌人从多方面传递同一信息时，绝不可因为这种连续刺激就盲目轻信。越是连续传来的情报，越要慎重对待；相反，那些偶然出现的情况，倒应引起足够的警觉。在信息情报纷纭庞杂、真假混淆的战场上，指挥员必须"坚持自己的信念，像屹立在海中的岩石一样，经得起海浪的冲击"。（克劳塞维茨《战争论》）

关于姜维降蜀一事，《三国志·姜维传》中是这样记载的："建兴六年（公元228年），丞相诸葛亮军向祁山，时天水太守适出案行，维及功曹梁绪、主簿尹赏、主记梁虔等从行。太守闻蜀军垂至，而诸县响应，疑维等皆有异心，于是夜亡保上邽。维等觉太守去，追迟，至城门，城门已闭，不纳。维等相率还冀，冀亦不入维。维等乃俱诣诸葛亮。"裴注所引《魏略》对此事所述，稍有不同。《魏略》云，姜维受到天水太守的猜忌后，"遂与郡吏上官子修等，还冀。冀中吏民见维等大喜，便推令见亮。二人不获已，乃共诣亮。亮见，大悦。"这些记载都说明，姜维是主动投奔诸葛亮的，并非孔明的谋略所致。而演义的作者在描写这段故事时，加进了诸葛亮一系列的谋攻之术，使故事的情节曲折生动，富于变化，同时也表现出诸葛亮思贤若渴，重视人才的战略眼光。

军事斗争中，情报战历来是一种常用战法。在古代，由于情报信息传递速度慢，百里之隔，不知消息，从而给对手留下了制造假情报的空隙。而在当今的"信息化战场"上，情报信息流量大，来源广，远非昔日所比。现代科学一方面提供了先进的侦察技术和情报传递手段，同时，也为情报欺骗、信息干扰提供了新招数。所以情报战的作用在未来不是缩小了，而是增大了。演义描述的诸葛亮智收姜维这场情报战，向我们揭示出了一条共同规律——谋以诈立，兵不厌诡，乃是兵家的制胜之道。

以己度敌，破彼之破
——析蜀、魏渭河之西相互反偷袭战斗

看过电影《平原游击队》的观众大概都还记得这样一个镜头：当日军夜袭李庄时，李向阳的游击队仅用两颗手榴弹，就造成了日军和伪军一场自相残杀的混战。许多观众曾为此捧腹大笑，情不自禁地赞叹游击队员们的聪明才智。这种引敌互斗的谋略，《三国演义》在孔明一出祁山的作战中，也有一段极为生动的描述。

却说孔明智夺三城之后，"威声大震"。消息传到洛阳，魏主曹睿大惊，急忙命曹真为大都督，率兵前往祁山一带拒敌。在渭河之西，蜀、魏两军摆开了阵势，孔明先在阵前巧施计谋，以尖刻、辛辣的语言，将企图用"一席话"就叫"蜀兵不战自退"的魏军军师王朗气死于马下，双方遂形成了对峙状态。

这时，两军统帅之间展开了一场有趣的谋略战：

在魏军大营内，副都督郭淮向曹真献计道："诸葛亮料吾军中治丧，今夜必来劫寨。可分兵四路：两路兵从山僻小路，乘虚去劫蜀寨；两路兵伏于本寨外，左右击之。"这是一个以偷袭对偷袭和反偷袭相结合的战法。曹真听罢大喜，便依计而行。

在蜀军帅帐中，孔明果然正在传令赵云、魏延二将，"各引本部军去劫魏寨"。魏延认为："曹真深明兵法，必料我乘丧劫寨。他岂不提防？"但诸葛亮却早已料到了敌人的这一着，设下一条妙计："吾正欲曹真知吾去劫寨

也。彼必伏兵在祁山之后，待我兵过去，却来袭我寨，吾故令汝二人引兵前去，过山脚后路，远下营寨，任魏兵来劫吾寨。汝看火起为号，分兵两路：文长拒住山口；子龙引兵杀回，必遇魏兵，却放彼走回，汝乘势攻之，彼必自相掩杀。可获全胜。"

紧接着，演义的作者以十分精彩的笔调，绘声绘色地描写了这场双方将计就计，相互交叉反偷袭的战斗：

> 却说魏先锋曹遵、朱赞黄昏离寨，迤逦前进。二更左侧，遥望山前隐隐有军行动。曹遵自思曰："郭都督真神机妙算！"遂催兵急进。到蜀寨时，将及三更。曹遵先杀入寨，却是空寨，并无一人。料知中计，急撤军回。寨中火起。朱赞兵到，自相掩杀，人马大乱。曹遵与朱赞交马，方知自相践踏。急合兵时，忽四面喊声大震，王平、马岱、张嶷、张翼杀到。曹、朱二人引心腹军百余骑，望大路奔走。忽然鼓角齐鸣，一彪军截住去路，为首大将乃常山赵子龙也，大叫曰："贼将那里去？早早受死！"曹、朱二人夺路而走。忽喊声又起，魏延又引一彪军杀到。曹、朱二人大败，夺路奔回本寨。守寨军士，只道蜀兵来劫寨，慌忙放起号火。左边曹真杀至，右边郭淮杀至，自相掩杀。背后三路蜀兵杀到：中央魏延，左边关兴，右边张苞，大杀一阵。魏兵败走十余里，魏将死者极多……

演义中描写过许多次偷袭与反偷袭的战斗，但孔明在双方交叉反偷袭中，引诱魏军两次自斗这段情节则别具一格，尤其耐人寻味。

《兵经百篇·累字》中说："我以此制人，人亦以此制我，而设一防；我以此防人之制，人亦以此防我之制，而增设一破人之防；我破彼防，彼破我防，又增一破彼之破。递法以生，踵事而增，深乎深乎！"这段话提出了一个重要的谋略思想——"破彼之破"。军事家运筹计谋，制定战术，不能只考虑第一个层次的破敌之策，同时更要想到由于自己设谋定计而可能引起的敌方战术、策略的变化，破敌之破。孔明渭河之西败曹军正是看到了这一点，他故意欲使"曹真知吾去劫寨"，却把功夫下在了第二步和第三步棋上，将计就计，破敌偷袭，令其自相残杀，可算是个"破彼之破"的精彩战例。这个故事启示人们，在作战双方相互料敌定策时，谁多看一步，看得更深一层，想得更远一点，谁就能夺取先机之利，赢得主动权。

关于蜀、魏两军反偷袭一战，史料中并无记载，纯系虚构。但它反映出的"以己度敌，破彼之破"的韬略思想，还是很有意义的。而作者在这里的创作意图，不过是想通过虚构诸葛亮在战术上胜利的故事，来弥补他在整个作战指导上的失误。

司马懿的决断与妙算

"攻其无备，出其不意"，孙子在两千多年前提出的这一军事思想，可以说是进攻作战的一条通则。古往今来，多少创造奇迹的英雄，都是由于达成了战役、战斗的突然性，才牢牢地掌握了进攻作战的主动权。在《三国演义》中，有许多出其不意的成功战例，都写得绘声绘色，读来引人入胜。第九十四回"司马懿克日擒孟达"，更是别具一格。

演义写道，孔明兵出祁山，连战皆捷，所向披靡，造成了关中的紧张局势。魏主曹睿不得不"御驾亲征"，率军前往长安，抗拒蜀军。当时，出任新城太守的原蜀军降将孟达，由于不受曹睿重用，又加上"朝中多人嫉妒"，便想趁曹魏后方空虚之际，举兵谋反，直取洛阳，再归降诸葛亮。孟达此举若能成功，必将会与诸葛亮形成对曹魏前后夹击的战略态势，陷敌于完全不利的境地。与此同时，曹睿为了抗蜀的需要，重新起用了正在宛城住闲的司马懿①。可就在司马懿整顿军马欲赴长安时，忽然得知孟达策划谋反的消息。在这危急时刻，他当机立断，自作主张，一方面立即命大军向新城进发，传令"一日要行二日之路，如迟立斩"；另一方面，他又派参军梁畿赍檄乘轻骑星夜先一步赶往新城，"教孟达等准备征进，使其不疑"，并制造司马懿大军已"离宛城，望长安去了"的假情报。孟达果然中计，丝毫未加防范。结果，几天之后，司马懿率大军突然出现在新城城下，以迅雷不及掩耳之势，一举平定了这场叛乱。

战争历史表明，在敌手失去戒备或者料想不到的时间、地点实施突然袭击，常能在军事上取得巨大效果，司马懿克日袭孟达一战，充分证明了这一点，给我们留下了一些宝贵的启示。

实现出其不意，攻其无备，首先必须要想方设法隐蔽作战企图。袭击孟达一战，司马懿在这方面干得十分漂亮。当他得知孟达企图谋反的消息后，采取了一系列欺骗麻痹的手段，使孟达自以为得计，疏于戒备，为达成战斗的突然性创造了条件。

根据敌情果断灵活地实施指挥，才能为突袭行动争取到极为宝贵的时间。稍有军事常识的人都清楚，行动神速是实现出其不意的重要条件。但对一支军队来说，神速的行动，并不单单表现在部队的机动能力上，更重要的还体现在军事指挥员当机立断的决策水平上。当时司马懿刚刚被起用，身在宛城，并非朝中之臣。按照规矩，采取如此重大的军事行动，必须"写表申奏天子"，待奏准后才可行事。孟达也正是这样判断问题的，他认为"若司马懿闻达举事，须表奏魏主"，来回要费去月余时日，这就可以使自己从容地作好迎敌准备。但聪明的司马懿并没有死搬教条，他深知"将在外，君命有所不受"的道理，在事关安危的决策问题上，敢于先斩后奏，毅然采取了果断的行动。结果，使原先企图乘虚直袭洛阳的孟达，反被司马懿这一突然

---

① 演义第九十一回载：曹丕死后，曹睿继位，孔明为了抓住这一时机北伐中原，曾派人到洛阳散布谣言，说司马懿蓄意谋反。结果，曹睿将司马懿"罢归田里"。在史料中并无此记载，只是说："太和元年（公元227年）六月，以司马懿都督荆、豫州诸军事，率所领镇宛。"当时司马懿也没有率军前往长安，而是在平定孟达叛乱后，"归于洛阳"。

袭击打得蒙头转向。这一仗，真可谓是以快制快、先机破敌的典型战例，体现出在关键时刻，军事指挥员临机处置、决断行事的重要价值。

另外，在此战例中，还有一点值得注意：如何认识数学计算问题。正确的战术指挥，离不开具体的定量分析，数学计算在军事行动中占有重要的地位。孙子曾说过："多算胜，少算不胜。"不过需要强调的是，数学计算只有在正确的作战指导思想下，才能发挥其作用，否则，反而会推算出与实际相反的结论来。这次作战，孟达对司马懿作战的行程和时间，进行了具体的换算：

宛城至洛阳八百里，宛城至新城一千二百里。

孟达的计算公式是：

$$800 \times 2 + 1200$$

就是说，司马懿若前来讨伐，须先得派人前往洛阳"表奏"，待得到魏主的"手令"，才能向新城发兵。由此，孟达得出结论，这两千八百余里的行程，至少需要"往复一月间"。到那时，"城池已固，诸将与三军皆在深险之地。司马懿即来，达何惧哉？"

可司马懿的计算公式却是：

$$(2800 - 800 \times 2) \div 2$$

就是说，魏军决定先斩后奏，直接发兵前往新城，省去了往返洛阳"表奏"的时间，并且严令部队"一日要行二日之路"，结果仅用八天就赶到了出事地点。

孟达在作战指导思想上的失误，造成了对敌情的错误判断，结果导致了他在数学计算上的"时间差"。这一教训，应特别引起我们今天军事指挥员的深思。

关于司马懿平定孟达叛乱一事，在《资治通鉴》《晋书》等史料中都有记载。《晋书·宣帝纪》评价司马懿："内忌而外宽，猜忌多权变。"从演义的这段艺术描写中可以看出，司马懿确实不愧为一个老奸巨猾的"智囊人物"。

失街亭中的王平和马谡

对"失街亭"这个故事,政治家和军事家们都曾经从各自不同的角度进行过研究和分析。从中有的引出了死读兵法、照搬照套必打败仗的教训,有的悟出了治军治国必须严明法令这一道理,也有的总结出选才用将的某些经验等。随着时间的推移,人们还可能从"失街亭"中引出更多的经验教训来。本文感到在街亭之战中,还有一个值得探讨的问题:饱读兵书的马谡为什么反不及"斗大的字识不得半升"的王平?

马谡可以称得上是一位知识分子。他"自幼熟读兵书,颇知兵法"。在蜀军平定西南时,马谡曾向诸葛亮提出过富有战略远见的正确建议,足见其韬略之深。可是,当他身为街亭之战的主将时,复杂的战争环境,竟使这位知识渊博的将军,突然变得头脑简单起来,闹出了一场因机械照搬兵法原则而损兵失地的大笑话。

古人说,死读书等于无书。马谡的思想僵化,并不在于饱读兵书,而在于死读兵书。当自己站在"场外指导"的位置上观察问题时,引古论今,头头是道,有时表现得见解颇高;一旦自己成为局内人,就被复杂的客观现象所迷惑,而不自觉地去照套历史经验。

《孙子兵法》上讲过:"投之亡地然后存,陷之死地然后生。"所谓"亡地""死地",按孙子的解释是,"疾战则存,不疾战则亡者。""陷之死地"

本来是大患，但却能因为"疾战则存，不疾战则亡"的客观形势，唤起万众一心，奋力死战，从而转败为胜，转患为利。所以，韩信在井陉口背水列阵，大破赵军。然而，马谡照搬韩信的经验，违背孔明依山近水安营的命令，扎寨于山顶，以为受敌包围后可收"陷之死地然后生"的效果。可是，当司马懿断其汲水道路后，并没有引起蜀军决一死战的勇气，反而弄得士气瓦解，一触即溃。这是因为司马懿利用马谡山顶扎寨的错误，采取了以困制敌而不以疾战取胜的策略；蜀军在受困的时间线上，还有苟且的余地。在这里，丰富的历史知识和理论知识，确实成了限制马谡从实际出发研究战争的框框。

其实，博览群书，拓展宽阔的知识面，对于一个有作为的将军来说，是十分重要的。知识渊博的将军在思考问题、制定计划时，无疑要比知识贫乏的指挥员具有更多的优势。但同时也应看到，知识并不等于能力，这正像人们从理论上学了游泳知识并不等于就掌握了游泳技术，背熟各种棋谱并不等于成为棋坛高手一样。克劳塞维茨曾经说过："理论应该培养未来指挥官的智力……而不应该陪着他们上战场。"（《战争论》）这里提出了一个很重要的问题，即如何把丰富的知识转化为作战指挥能力。

事实证明，要将知识转化为能力，就必须以创新的精神，在实践中对所学到的知识进行消化，使之成为滋长智能的营养。将军只有经过用心揣摩，把所学的知识真正变为驾驭战争的能力时，他才能叱咤风云，在战争的海洋中赢得自由。马谡的悲剧就是由于他没有把知识真正转化为指挥作战的能力而造成的。

在街亭之战中，蜀军副将王平倒是看出了制胜的门道。当马谡作出"屯兵于山上"的错误决定时，王平曾谏道：倘魏军"四面围定"，"断我汲水之道，军士不战自乱矣"。他根据当时的具体地形，提出了"若屯兵当道，筑起城垣，贼兵总有十万，不能偷过"的正确建议。如果当时马谡听从王平的劝告，街亭之战恐怕将是另外一番结局了。

值得令人思索的是，向马谡提出这个正确建议的王平，竟是一位没有文化的将领。据《三国志·王平传》记载："平生长戎旅，手不能书，其所识不过十字。"这样一位"所识不过十字"的将军，何以能提出颇有见地的建议？从王平的文化程度分析，他读兵书不会太多，但几十年的戎马生涯，却使他掌握了大量活的知识——丰富的实战经验。他"累随丞相经阵，每到之处，丞相尽意指教"。在实践中，他把这些活的知识真正转化成了组织指挥、运筹谋划的实际才干。这也说明，战争本身就是一所大学校，没有进学校读过书的人，在战场这个"活课堂"中，只要善于研究问题，总结经验，也是可以成为军事行家的。另外，虽然王平识字不多，但据史料记载，王平"口授作书，皆有意理。使人读《史》《汉》诸纪传，听之，备知其大意，往往论说不失其指"。可见，作为"大老粗"的王平，也深知学习的重要。可以想象，假如王平文化程度比较高，是一个满腹经纶的读书之士，再加上他丰富的战场经验，那么，即使不会成为孔明第二，也要比"大文盲"的王平高明许多。

因此，我们从王平与马谡的对照分析中，绝不能得出学习理论知识无足轻重的片面结论，特别是在现代，新的科学技术广泛地运用于军事领域，战争的复杂性非昔日所能相比。倘若指挥员企图只靠从战争中学习战争，而不注意在战前系统地学习军事理论及其他多方面的科学知识，研究未来战争的发展规律，事到临头，是要吃大亏的。

关于马谡不听王平劝谏兵败街亭一事，《三国志·王平传》中是这样记载的："建兴六年（公元228年），（平）属参军马谡先锋。谡舍水上山，举措烦扰，平连规谏谡，谡不能用，大败于街亭。"演义的作者运用文学艺术手法，比较真实地反映了这段历史事实。不过，从史料中看，在街亭与马谡对阵的只有魏将张郃，而演义却把司马懿也加了进去，并把他描写成这次作战的组织指挥者。

空城计略考

孔明巧设空城，智退司马懿这段佳话，在我国民间流传甚广。京剧《失空斩》，将"失街亭""空城计""斩马谡"串在一起，成了非常有名的传统剧目。

诸葛亮巧设空城，是在马谡丢失街亭之后，为了挽回不利的作战局面，而被迫采取的冒险之策。罗贯中通过这段生动感人的艺术情节，又在智慧的化身——诸葛亮头上，增添了一道迷人的灵光。

关于诸葛亮巧施"空城计"的故事，史家众说不一。在《三国志》《资治通鉴》等正史材料中均无此记载。然而，在《三国志·诸葛亮传》裴松之注引的郭冲《三事》中却有一段记述，其中写道：

"亮屯于阳平，遣魏延诸军并兵东下，亮惟留万人守城。晋宣帝（司马懿）率二十万众拒亮，而与延军错道，径至前，当亮六十里所，侦候白宣帝，说亮在城中兵少力弱。亮亦知宣帝垂至，已与相逼，欲前赴延军，相去又远，回迹反追，势不相及，将士失色，莫知其计。亮意气自若，敕军中皆卧旗息鼓，不得妄出又庵幔，令大开四城门，扫地却洒。宣帝常谓亮持重，而猥见势弱，疑其有伏兵，于是引军北趣山。明日食时，亮谓参佐拊手大笑曰：'司马懿必谓我怯，将有强伏，循山走矣。'候逻还白，如亮所言。宣帝后知，深以为恨。"

但裴松之引了这段记述后，又根据确凿的史料，进行考证，指出郭冲这个说法是不可信的。因为从历史的时间表看，诸葛亮开始屯兵汉中阳平时，司马懿尚为荆州都州，镇宛城，直至曹真死后，他才有机会与诸葛亮于关中对阵。由此可以断言，历史上的诸葛亮确实没有搞过什么"空城计"。

不过，在三国这段历史中，战事迭出，奇迹纷呈，各种诈计谲谋用之颇多。据史料讲，除了赵云使用过"空营计"之外，确实有一个与诸葛亮"空城计"相近似的真实战例，这就是魏将文聘石阳巧退孙权一战。《魏略》载：

"孙权尝自将数万众，猝至。时大雨，城栅崩坏，人民散在田野，未及补治。聘闻权到，不知所施，乃思惟：莫若潜默可以疑之。乃敕城中人使不得见，又自卧舍中不起。权果疑之，语其部党曰：'北方以此人忠臣也，故委之此郡，今我至而不动，此不有密图，必当有外救。'遂不敢攻而去。"

可见，罗贯中在演义中虚构这个"空城计"，是有其实际根据的。

其实，在我国的战争史上，那些满腹韬略的军事家们还曾多次成功地运用过"空城计"这一谋略。

公元573年，北齐范阳人祖珽，刚刚出任北徐州刺史，南陈军队突然大举进犯，形势一时非常危急。在这紧要关头，祖珽临危不惧，急中生智，他命令士兵大开城门，部队全部下城静坐在街巷里，全城沉寂无声。敌军来到城下，见此情形，疑窦顿生，止步不前。就在这时，祖珽突然命令士卒齐声呐喊，震天价响。结果，南陈军队不战自乱，纷纷逃散。

唐玄宗时，吐蕃人进攻瓜州，守将王君焕战死。张守珪被派去做瓜州刺史。他到任后，立即组织百姓修筑城墙，还没等城墙修好，吐蕃人又突然来攻。这时，大家都很恐慌。张守珪说：敌众我寡，不能用利箭、礌石硬抗，必须施用计谋退兵。于是，他命令众人在城楼上摆好酒席，找来乐工吹打弹奏，自己和将士们饮酒作乐，并将城门大开。吐蕃人见了，疑心城里有埋伏，便撤兵而去。

战争史上，诸如此类成功运用"空城计"的战例，很可能都是罗贯中进行艺术创作的真实素材。由此可以说，演义中的"空城计"，源于生活，高于生活，这就更充分地反映出了兵家在战争实践中施计用谋的一般规律。

谋略战，或曰攻心战，它在很大程度上是要利用对方的心理因素来示形用诈，从而达到迷惑敌手，造成敌手判断错误的目的。

心理学有个名词叫心理定势，指认识主体（人）在过去经验的影响下，产生一种经常稳定的心理准备状态，这种准备状态一经接收到外来信息，就会作出带有一定的倾向性、专注性和趋向性的反应。司马懿研究诸葛亮的生平处事，用兵特点，形成诸葛亮一生唯谨慎，从不弄险的心理准备状态，当他看到诸葛亮在城楼端坐抚琴，城门大开的那番景象时，就自然而然地产生了城内"必有埋伏"的心理反应。此外，司马懿本身就是一个"猜忌多权变"的人。当对方一改惯例，反常用兵时，就更迫使他按照心理定向去判断问题了。

像"空城计"这种"虚而虚之"的谋略，在运用上是要有一定条件的：第一，它是在不得已的情况下而弄险，以冒最大的风险来争取最大的成功。第二，它是一改常法而使用的变法，是逆自己指挥习惯来迷惑敌人，自然不能连续使用。倘若一个将军处处使用此法，那是注定要失败的。第三，此计是利用了对手的心理缺陷，一般地说，只有用于那些性格多疑好猜忌的对手方见成效；假若对方的指挥员是个鲁莽汉子，那就需要另作考虑了。

在现代条件下，由于侦察技术和远射兵器的发展，演义描写的"空城计"这类策略，已毫无实际意义了。但是，借鉴这一用谋原理，以新的伪装模拟技术布设假阵地、假仓库、假基地等，作为疑兵之计，迷惑敌方的"太空眼睛"，仍是十分必要和可行的。从识计的一方说，指挥员面对异常的情况，必须破除心理定势，采用发散式思维；不要被一般的作战原则、经验束缚住腾飞的思维翅膀；勇敢地在人们通常认为不可能通过的"荒漠"上，蹚出几条希望之路来。

要善于利用"后台"演戏

"兵马未到,粮草先行。"古往今来,后勤保障对战争的胜负起着至关重要的作用。所以,在战争史上,围绕着偷袭与保护粮草、切断和维护粮道的斗争,也就成了兵家施计用谋一个重要的关节点。有人曾把这类斗争称之为"后台"演戏,这是一个非常形象的比喻。

在壮丽的古代战争画卷中,智谋高深的军事家们确实利用"后台"导演出了许多威武雄壮的话剧。例如,公元679年,唐高宗委裴行俭为定襄道行军大总管,率军十八万反击突厥。行至朔川时,裴行俭对诸将说:前不久统帅萧嗣业反击突厥,由于粮食在运输途中被突厥军抢去,致使部队挨饥受饿,惨遭失败,这次应当用欺骗的办法击破之,他下令把兵车伪装成三百乘粮车,每车中藏精兵五人,各带大刀、弓箭,派老弱士兵随车护送,又派精锐部队在险要地埋下伏兵。突厥军上次尝到了甜头,这次果然又前来劫粮车。护送粮车的老弱士兵见到突厥军,丢掉粮车就跑。突厥军劫获粮车,喜气洋洋地赶到一片水草丰美之地,卸下鞍蹬,放马吃草,然后开车取粮。此时,藏在粮车里的唐军一起跳将出来,一阵猛杀猛砍,突厥军惊慌逃窜,途中又遭伏兵截击,几乎全军覆没。这可以称得上是一出漂亮的"后台戏"。从此以后,突厥军再也不敢截击唐军粮道。裴行俭有了一条安全畅通的后方补给线,大胆北上,歼灭了突厥军主力。

演义在描写孔明二出祁山作战时,魏军主将曹真也曾利用"后台"演戏,但由于"演技"不佳,露出了"马脚",最后弄巧成拙,反被孔明所算。

却说孔明兵出祁山,再次与魏军交战。初期,双方互有胜负,遂在祁山一带对峙,形成僵局。这时,远在后方的司马懿通过对祁山地形、军情的分析,看出了蜀军"运粮艰难""粮草不敷"的弱点,便劝魏主曹睿下诏:"令曹真坚守诸路关隘,不要出战。不须一月,蜀兵自走。那时乘虚击之,诸葛亮可擒也。"司马懿这个以持久对速决的建议,应该说是符合实际情况的正确策略。然而,在前方指挥打仗的曹真却求胜心切,一心只想早日向魏主报功领赏。为了实现这一目的,部将孙礼向他献了一计:"某去祁山虚妆做运粮兵,车上尽装干柴茅草,以硫黄焰硝灌之,却教人虚报陇西运粮到。若蜀人无粮,必然来抢。待入其中,放火烧车,外以伏兵应之,可胜矣。"此计正中曹真下怀,他立即令孙礼率兵依计而行,又命张虎、乐綝为先锋,只"看今夜山西火起",便奔袭蜀营,企图将诸葛亮打个一败涂地。谁知经验丰富的孔明一眼就看穿了曹真的计谋,将计就计,巧布伏兵,反把曹真打了个落花流水。书中写道:

> 却说孙礼把军伏于山西,只待蜀兵到。是夜二更,马岱引三千兵来,人皆衔枚,马尽勒口,径到山西。见许多车仗,重重叠叠,攒绕成营,车仗虚插旌旗。正值西南风起,岱令军士径去营南放火,车仗尽着,火光冲天。孙礼只道蜀兵到,魏寨内放号火,急引兵一齐掩至。背后鼓角喧天,两路兵杀来:乃是马忠、张嶷,把魏军围在垓心。孙礼大惊。又听的魏军中喊声起,一彪军从火光边杀来,乃是马岱。内外夹攻,魏兵大败。火紧风急,人马乱窜,死者无数。孙礼引中伤军,突烟冒火而走。
>
> 却说张虎在营中,望见火光,大开寨门,与乐綝尽引人马,杀奔蜀寨来,寨中却不见一人。急收军回时,吴班、吴懿两路兵杀出,断其归路。张、乐二将急冲出重围,奔回本寨。只见土城之上,箭如飞蝗,原来却被关兴、张苞袭了营寨……

这可真是偷鸡不着蚀把米,赔了营寨又折兵。曹真本想尽快取胜,抢下头功,但到头来不但没有打胜,反而丢掉了自己的优势。

魏军的这场"后台戏"何以演得如此糟糕?主要有这样一些原因:第一,

曹真缺乏对战场全面情况作深入细致的研究分析，没有考虑到作战对手是智谋高深、料事如神的诸葛亮，轻率地玩弄这种小权术，自然是无异于鲁班门前弄大斧，孔夫子面前卖字画了。第二，曹真虽然对蜀军营中缺乏粮草的判断是正确的，但却把实行坚守不出的作战方针忘在了脑后。当蜀军正在缺粮之际，他却以"陇西魏军运粮数千车于祁山之西"作为诱饵，施展计谋，这种过于巧合的安排，恰好说明他是在故意借蜀军粮草不济作文章，留下了明显的人为造作的痕迹。第三，孙礼"乃曹真心腹人也"，曹真不将他用于阵前，却派他自"陇西"押粮而来，这必然会引起孔明的十分注意。事实也正是如此，当孔明了解到"运粮官乃孙礼"，而孙礼又是曹真的心腹将领时，便立即断定"此是魏将料吾乏粮，故用此计"。由此可见，两军相交，当后勤保障被视为争夺的焦点时，双方都会在利用"后台"演戏这一点上下功夫，作文章。这就需要军事指挥员在施谋定策时，把问题想得更深一些，多用些心计。如果不善于因情、因敌、因时灵活地演"后台"戏，就会适得其反，自讨苦吃。

在真实的历史材料中，并没有曹真、孙礼以"粮草"为诱饵同蜀军作战的记载，这显然是作者虚构出来的。不过，罗贯中在构思这段情节时，无疑借鉴了战争史上那些围绕粮草、辎重斗智斗谋的大量真实材料。

算在敌先，引敌就范

在演义描写的蜀、魏祁山之战中，诸葛亮与司马懿的智斗，真是达到了出神入化的地步。罗贯中一方面写司马懿老谋深算，精于运筹；另一方面又写诸葛亮着着占先,处处制敌于自己的掌握之中。那一回回拨动人们心弦的故事,展示了古战场上谋略战的精彩场面。

《孙子兵法》中讲:"未战而庙算胜者,得算多也;未战而庙算不胜者,得算少也。"诸葛亮在智谋上所以能高出司马懿一筹,处处占据主动,不仅在于"多算",而且还在于算在敌先,具有先见之明。在孔明三出祁山作战中,蜀、魏两军围绕着武都、阴平的争夺,就十分出色地显示了诸葛亮这种算在敌先的智谋。

孔明取陈仓,夺散关,第三次兵出祁山后,魏主曹睿急忙命司马懿为大都督,率兵十万出长安,于渭水之南下寨,抗拒蜀军。紧接着,两军便展开了一场争夺武都、阴平的智斗。演义对这段精彩的故事是分两层叙述的:

司马懿一到前线,先是从魏军守将郭淮、孙礼那里了解到,孔明自出祁山以来,一直未曾出兵"对阵"。这一情况立刻引起了司马懿的怀疑。于是,他马上查问陇西诸郡的情况,发现只有武都、阴平二郡未曾回报过消息。他由此料定,蜀军"必有谋也"。司马懿确实不是等闲之辈,他眉头一皱,计上心来:一方面"差人与孔明交战",另一方面却暗派郭淮、孙礼抄小路急救武都、阴平,企图"掩在蜀兵之后",打对手一个冷不防。司马懿自认为这一计谋很高明,但殊不知强中更有强中手,魏军援兵刚刚行至半路,就"掉"进了蜀军的"陷阱"之中。早在途中恭候的诸葛亮,面对郭淮、孙礼二将,稳坐在四轮车上笑道:"司马懿之计,安能瞒得过吾?他每日令人在前交战,却教汝等袭吾军后,武都、阴平吾已取了。"说罢,蜀军伏兵合同袭夺武都和阴平的姜维、王平两军,以前后夹击之势,把魏兵打得大败。

司马懿一计不成,又生一计。他对当时的情况进行了一番分析,认为孔明刚刚夺取武都、阴平,"必然抚百姓以安民心,不在营中"。便命张郃、戴陵二将:"汝二人各引一万精兵,今夜起身,抄在蜀兵营后,一齐奋勇杀将过来。吾却引军在前布阵,只待蜀兵势乱,吾大驱士马,攻杀进去。两军并力,可夺蜀寨也。"张郃、戴陵依计而行,各率一军分别从左右取小路连夜深入敌后。半夜三更时分，两军会合于大路，以迅猛的行动直向蜀寨袭来。但行不到三十里，"只见数百辆草车横截去路"，张、戴二将急欲退军。这时，忽然满山鼓角大震，火光齐明，蜀军从四面杀出，将魏兵团团围住。孔明在祁山上大叫曰："戴陵、张郃可听吾言：司马懿料吾往武都、阴平抚民，不在营中，故令汝二人来劫吾寨，却中吾之计也。"结果，魏兵又被蜀军打得大败。

孔明算在敌先，使狡猾的司马懿步步被动，处处挨打。分析起来，诸葛亮引敌就范的奥秘，主要有这样几点：一、他善于从自己用兵的"破绽"中，预料敌手的对策，再设一新策，破敌之策。司马懿一到祁山，就从蜀军相持不攻的态势中，判断出诸葛亮必有所谋。而孔明早已想到，自己相持不攻的反常之举，虽能骗过郭淮、孙礼，但绝对蒙蔽不了司马懿的眼睛。因此，他在攻打武都、阴平的同时，便进行了打敌援军的部署。二、他对双方的作战行动，具有周密的时间计算。演义对蜀军先机夺取武都、阴平，又以伏兵抗击司马懿的援军，虽没有叙述出一个清晰的时间表，但联系实际的作战过程可以看出，蜀军是以争夺时间来换取战场主动权的。首先，蜀军必须在魏军援兵到来之前夺取武都和阴平，否则就会陷入被动境地。诸葛亮正是通过周密的时间计算，先令姜维、王平以奇袭的方式速战速决，拿下武、阴二城，然后又回师合击援敌于运动之中。在这一时间计算中，诸葛亮不仅算出自己攻关夺隘所要花的时间，而且也算出了对手作出决策、采取行动、开进到我方预定的作战地域所需要的具体时日。倘若没有准确的时间计算，是很难收到这种夺城打援，一箭双雕之利的。相反，司马懿虽然料到孔明相持不战的背后用意，但忽略了时间计算，结果迟来一步，反遭伏击。三、算敌所算，一改惯例。算在敌先，必须要按住对手算我的"心理脉搏"。在古代战争中，当进攻之军夺城占地之后，主将一般总要先进行一番安抚百姓的工作。演义中的许多攻伐作战，都曾经提到过此事。这似乎成了一个不成文的惯例。司马懿正是按照这个惯例，推算孔明"必不在营中"。而诸葛亮却依照这个惯例，先算出了司马懿所要采取的必然行动，一反常规，暗设机关，从而造成了魏军劫寨的失利。由此可见，在这种双方相互算计的智谋比赛中，诸葛亮算在敌先是有其必然性的。"凡事预则立，不预则废。"军事指挥员只要善于从实际出发，开动脑筋，揣摩对手，多想几步棋，便能以先见之明，赢得先机之利。

关于蜀军攻夺武都、阴平一事，《资治通鉴·魏纪三》中是这样记载的：太和三年（公元229年），"春，汉诸葛亮遣其将陈戒攻武都、阴平二郡，雍州刺史郭淮引兵救之。亮出至建威，淮退，亮遂拔二郡以归。"演义的作者根据这段平淡无奇的史料，构思出这样一个妙趣横生的谋略故事，将司马懿的狡猾和诸葛亮的智慧刻画得淋漓尽致；并通过这个故事，形象地反映出两军在战场上斗智斗谋，先算者赢，多算者胜的兵法思想。

孔明对退避三舍的新用

对于"退避三舍"这个成语典故，人们并不陌生。春秋时期的晋、楚城濮之战中，晋军曾采取"退避三舍"（古时行军三十里为一舍）的谋略，赢得了有利的地形，麻痹了敌人的思想，最后大败楚军。晋军的"退避三舍"，表面上是履行文公的诺言，报答当年楚王对晋文公的一番厚意①，实际上却是一个避敌锋芒，诱敌深入的军事计谋。

---

① 《左传》记载，晋国公子重耳（晋文公）逃亡到楚国，受到恩遇。他表示归国后，如晋、楚交战，晋军将退避三舍。

事有凑巧。罗贯中或许是受了历史上这一闻名战例影响的缘故，在描写诸葛亮祁山作战中，精心设计了一个"退避三舍"的新例。

演义写道，司马懿在武都、阴平之战中连败两阵以后，便采取了坚守不战的策略。一连半月，尽管蜀兵天天骂阵挑战，但魏军只是紧闭寨门，坐视不出，企图以此疲惫蜀军，创造一个周亚夫坚壁昌邑式的战绩。但是，道高一尺，魔高一丈；你有你的奇谋，我更有破你奇谋的法术。由此便又引出了诸葛亮和司马懿斗智的新篇章，书中写道：

> 孔明见司马懿不出，思得一计，传令教各处皆拔寨而起。当有细作报知司马懿，说孔明退兵了。懿曰："孔明必有大谋，不可轻动。"张郃曰："此必因粮尽而回，如何不追？"懿曰："吾料孔明上年大收，今又麦熟，粮草丰足；虽然转运艰难，亦可支吾半载，安肯便走？彼见吾连日不战，故作此计引诱。可令人远远哨之。"军士探知，回报说："孔明离此三十里下寨。"懿曰："吾料孔明果不走。且坚守寨栅，不可轻进。"住了旬日，绝无音信，并不见蜀将来战，懿再令人哨探，回报说："蜀兵已起营去了。"懿未信，乃更换衣服，杂在军中，亲自来看，果见蜀又退兵三十里下寨。懿回营谓张郃曰："此乃孔明之计也，不可追赶。"又住了旬日，再令人哨探。回报说："蜀兵又退三十里下寨。"郃曰："孔明用缓兵之计，渐退汉中，都督何故怀疑，不早追之？郃愿往决一战！"懿曰："孔明诡计极多，倘有差失，丧我军之锐气。不可轻进。"郃曰："某去若败，甘当军令。"懿曰："既汝要去，可分兵两枝：汝引一枝先行，须要奋力死战；吾随后接应，以防伏兵。汝次日先进，到半途驻扎，后日交战，使兵力不乏。"……

这样，狡猾的司马懿在孔明连连退却的诱惑下，终于被"调"出了营寨。尽管他采取了稳扎稳打的对策，兵分两支，前后呼应，但无奈诸葛亮采用连环妙计，以多路伏兵围战运动之敌，又以两路奇兵直袭魏营，结果司马懿首尾不得相顾，还是败在了诸葛亮的手下。

毫无疑问，孔明的这一"退避三舍"，是为了调动敌人。他不是对历史经验的照搬，而是一次创新。很明显，蜀、魏两军对峙于祁山，相持的时间愈长，对于蜀军就愈不利。由于地形复杂，蜀军劳师远征，面临的最大困难是后勤保障方面的问题。蜀军二出祁山不久，就是由于粮草不济才被迫撤回汉中的。因此，蜀军只有设法打破对峙的僵局，迅速同魏军决战，才能争取主动。但蜀军的作战对手司马懿，则是一个老谋深算、稳健持重的将帅，采取一般的调虎离山之法是很难奏效的。诸葛亮针对作战对手的这一特点，每隔一旬，后退一舍，如法炮制，连续进行。尽管司马懿神机妙算，却没有经住这接二连三的诱惑。当孔明第三次撤退三十里下寨时，司马懿的思想终于动摇了，与张郃一起率兵追出了寨门，结果再一次中了诸葛亮的"圈套"。从这个故事中可以看出，诸葛亮的"退避三舍"和春秋时晋军的"退避三舍"，虽然形式相似，但因意图和条件不同，在用法上却有很大区别：晋、楚交兵，是在楚强晋弱，楚将骄横，急于求战的情况下，两军刚一接触晋军就开始实行退却的；而蜀、魏相斗，孔明则是在连胜两阵，魏军一连半月坚守不战时想出的这条计策。晋军是一口气连撤九十里，使楚军进一步滋长了骄傲轻敌的思想，很快就成了"上钩之鱼"；而诸葛亮则是面对狡猾的敌手，每隔十日后退一舍，连续三次退却，终于造成撤回汉中的假象，"牵"出了一直坚守不战的敌人。所以从谋略运用上看，诸葛亮的"退避三舍"也就显得更艰难、更巧妙。

孔明对"退避三舍"的新用可以启示我们：借鉴前人创造的成功经验，是一个再创造的过程，运用之妙，在于根据实际情况灵活变通。诱敌就范，调敌上钩，可谓兵家常用之法，但在实际运用中，则千姿百态，各不相同。正像普遍寓于特殊一样，常法寓于变法之中。

从史料中考证，诸葛亮"退避三舍"、智骗司马懿的情节纯系虚构。但是，罗贯中在创作这个故事时，并不是随意编造，而是经过精心研究战史，慎重地创造出这则活用兵法的艺术情节，反转来又在前人的经验中注进了新的活力。

将在外，君不疑者胜

据演义所述，孔明在第四次出祁山的作战中，经过和司马懿一番斗智斗法，终于赢得了战场上的主动权，使魏军陷入不利的境地。在这一有利的局面下，倘若西蜀朝中有"明主"坐镇，通观全局，又有萧何式的人物运筹后方，那么，孔明夺长安、定三秦是很有希望的。三秦一定，则蜀军争夺中原便有了战略基地，无疑将会使形势大大改观。然而遗憾的是，司马懿一个"反间计"，就使刘禅这位不明事理的昏君，硬是把诸葛亮从前线召回成都，丧失了北伐作战的大好时机。

书中写道，正当诸葛亮在祁山前线连胜敌军时，驻守在永安的李严派都尉苟安前往押运粮草。谁知，这位苟都尉嗜酒成性，延误了运粮期限，被孔明重责八十军棍，打得皮开肉绽。苟安因此"心中怀恨，连夜引亲随五六骑，径奔魏寨投降"。正为连遭失败而苦恼的司马懿，一见苟安来投，心中大喜，眉头一皱，顿生一计。他将苟安经过一番安排，又派回成都。苟安回到成都后，遇见朝中宦官，便大肆造谣"孔明自倚大功，早晚必将篡国"。宦官们马上"入内奏帝"。无知的刘后主竟听信了他们的谗言，立即"遣使赍诏星夜宣孔明回"。孔明受诏后，不禁仰天长叹："主上年幼，必有佞臣在侧！吾正欲建功，何故取回？我如不回，是欺主矣。若奉命而退，日后再难得此机会也。"孔明毕竟是封建社会一位"鞠躬尽瘁，死而后已"的忠良，最后只得忍痛被迫撤军。

从演义的这段叙述中可以看出，孔明第四次兵出祁山功败垂成，关键就在于后主刘禅的猜忌。他不该在蜀军节节胜利的有利时刻，命令孔明收兵撤军。在史料中，关于孔明兵出祁山的次数史家众说不一①，司马懿巧施"反间计"迫使孔明撤军的事也无记载，但诸家对刘禅宠幸宦官，偏听偏信，给诸葛亮造成许多人为的困难，评说却是一致的。罗贯中根据史学家的评论，虚构出这段故事（演义的作者还根据史料描写了后来姜维北伐中原时，刘后主听信宦官谗言，以致再次影响到前方作战一事），用形象的艺术描写，从反面揭示了"将在外，君不疑者胜"这个重要的兵法思想。

"将在外，君不疑者胜"，反映了封建社会领兵挂帅的将军与君主之间的合作关系，特别强调在思想上要协调一致。君主应信任在外指挥作战的将领，不能乱加干涉、掣肘，这一点极为重要。

"兵者，国之大事，死生之地，存亡之道。"孙子的这句名言表明，用兵作战不是件随意的事情，领导者在决策时必须慎重地进行考虑，在作战过程中也不能任意改变原定的决策。

在战争史上，由于君主对前方将帅的疑心而钳制军队的作战行动，造成己方力量内耗，甚至失败的事例，是屡见不鲜的。南宋时，岳飞于郾城、朱仙镇大破金军，正欲乘胜驱兵"直抵黄龙府"，却因内奸秦桧作祟，宋高宗连下十二道金牌调岳飞回师，结果使岳飞率军浴血奋战换来的抗金战果全部付诸东流，白白丧失了大好时机。难怪岳飞回朝路经南阳卧龙岗时，夜不能寐，挥泪疾书诸葛亮的前、后《出师表》，以表达自己与孔明息息相通、心心相印的忠君思想，以及相同处境下的心情。

当然，历史上也有一些聪明的将领，他们在挂帅出征时，为了保证作战胜利，总要处心积虑地打掉朝廷的猜疑心。对这一点，秦始皇统一六国后期，王翦出兵伐楚就是一个很好的例证。

公元前225年，秦王政相继灭掉韩、赵、魏、燕等国之后，紧接着便准备大举伐楚。秦王政事前征求老将王翦的意见，王翦认为楚国地广人多，兵力雄厚，提出要带六十万大军出征。而青年将领李信却说，他只带二十万人马就可讨平楚国。于是，秦王便让李信率军攻打楚国。但没过多久，李信

---

① 史家对诸葛亮出祁山的次数，有的说是四次，有的说是五次，有的说六次，甚至还有的说是七次。

就被楚将项燕打得大败而回。这时,秦王只得去请王翦出山。王老将军仍然坚持要带六十万人马。秦王为了早日平楚,统一天下,只好答应了王翦的要求,拜他为大将,率六十万大军出征。在饯行宴上,王翦并没有向秦王表示杀敌灭楚的决心和壮志,而是一再打躬作揖,请求秦王多赏赐田地房屋,以便为子孙后代留点家业。后来,王翦领兵经蓝田至武关,一路上又连续五次派人回朝,请求秦王快点赏赐他田园房舍,结果引起了朝野上下的议论,甚至连他身边的亲随人员都感到太过分了。而王翦却笑着对左右说道:你们有所不知啊!秦王交给我六十万大军,这几乎是秦国的全部兵马了,他怎么能放心呢?一旦心生疑忌,轻则派人监督,束缚我用兵的手脚;重则解除兵权,甚至还会招来身首分家的祸患。我一再请求赏赐,正是借此让他相信我毫无反主篡位之心,使我能够专心对敌,放手用兵。果然,由于王翦的这一"招数",秦王一直很信任他。他放开手脚与楚军作战,最后终于大获全胜,平定楚地,为秦王朝完成统一六国的大业,建立了不朽的功绩。

这些正反两方面的事例充分反映出,在封建社会中,帝王贤明与否,对将帅的作战指挥所起的重要作用。君主只有信任将帅,授予全权,才能充分发挥将帅的聪明才智;相反,如果猜忌心重,束缚将帅的手脚,只会导致作战的失败。

孔明效虞诩之法

孙膑"减灶"诱庞涓,赢得马陵战机。这段历史战例,充满着军事辩证法,后人有口皆碑,广为传颂,"减灶法"也由此被兵家视为奇谋。在演义

第一百回中，孔明受刘后主之命撤兵回成都时，却采用"增灶法"，使多疑的司马懿未敢出兵追击，蜀军安全返回，从而为演义中丰富多彩的军事谋略篇章又增添了有趣的一页。

当孔明决定撤军时，面临着一个重大问题，即如何摆脱魏军可能实施的追击？当时，诸葛亮针对司马懿性格多疑的特点，对蜀军撤退作了一番周密的布置。书中写道：

> 姜维问曰："若大军退，司马懿乘势掩杀，当复如何？"孔明曰："吾今退军，可分五路而退。今日先退此营，假如营内一千兵，却掘二千灶，明日掘三千灶，后日掘四千灶；每日退军，添灶而行。"杨仪曰："昔孙膑擒庞涓，用添兵减灶之法而取胜；今丞相退兵，何故增灶？"孔明曰："司马懿善能用兵，知吾兵退，必然追赶；心中疑吾有伏兵，定于旧营内数灶；见每日增灶，兵又不知退与不退，则疑而不敢追。吾徐徐而退，自无损兵之患。"

果然，蜀军撤退后，司马懿立即命军士前往蜀寨，查点灶数。当他得知锅灶愈来愈多时，便说道："吾料孔明多谋，今果添兵增灶，吾若追之，必中其计；不如且退，再作良图。"直到蜀军"不折一人"撤兵尽去之后，司马懿才从当地土人那里听说孔明退兵之时，"未见添兵，只见增灶"。于是，他追悔莫及，喟然叹曰："孔明效虞诩之法，瞒过吾也！其谋略吾不如之！"

从司马懿的话中可以看出，原来"增灶法"并非诸葛亮首创，东汉的虞诩就曾使用过。据史书记载，公元115年，羌兵进犯武都，朝廷命虞诩为武都太守，抵御羌人。当虞诩率三千人马行至陈仓时，突然遭到众多羌军的拦截。虞诩为了尽快到达武都，故意扬言已向朝中申请援兵，等援兵来到后，再向武都进发，并有意作出驻守待援的姿态。羌兵见汉军不动，果然放松了警惕，并分兵到各地掠夺财物、牲畜。这时，虞诩突然领兵疾进，并令部队按日成倍增加锅灶，使敌人误以为武都已来部队接应，不敢追击。虞诩顺利到达武都，很快站稳脚跟，终于打败了羌兵。

在古代战争史上，虽有"增灶""减灶"两种用兵方法，但由于"孙膑败庞涓"的盛名，使"减灶法"广为流传，而虞诩的"增灶诳羌兵"一法，却鲜为人知。这样，在许多人的心目中，"减灶法"就成了谋略学中的一个奇迹。其实，无论任何计谋，都只能因情、因势而用。孙膑施展"减灶法"，是为了引诱庞涓就范，歼灭魏军；虞诩使用"增灶法"，目的在于欺骗羌兵散离，尽早到达武都；而孔明再次使用"增灶法"，意在稳住对手，使蜀军安全撤离祁山。可见："减灶"者，为了引诱敌人，消灭敌人；而"增灶"者，则为了迷惑敌人，摆脱敌人。目的不同，用法各异，这是非常自然的事理。

演义中这个故事启示我们，一个聪明的军事家，在谋略斗争中特别要善于从矛盾的对立面中寻求制胜之策。"增灶"与"减灶"，相反而又相成。当一些兵家的头脑里只有"减灶"用兵的记忆时，"增灶"欺敌的采用则可以创造奇迹。这段故事还告诉我们，用谋示形，目的和手段多是相对的。当敌手表示自己力量弱小无为的时候，恰恰是准备吃掉你；当敌手表示自己力量增大时，则必然是他难以再坚持了。

史料中并没有诸葛亮增灶撤军的记载。显然，这是罗贯中按照历史上虞诩的"增灶法"而设计出来的一段谋略故事。从作者借司马懿之口讲出的此一计谋的出处——"孔明效虞诩之法，"可以充分证实这一点。

应该指出的是，作者对这一史例的移植比较牵强。既然司马懿亲自运用了"反间计"，从逻辑上讲，他对孔明在节节胜利之时突然撤退的真实原因应该很清楚，又怎么会"不知退与不退"呢？既然司马懿知道诸葛亮是撤军，且了解东汉的虞诩曾以"增灶法"欺骗过羌人，那么，这位善于分析的魏军主将完全应该看出，在蜀军增灶的现象背后所掩盖的本质是什么，不可能轻易地上当受骗。另外，当初虞诩在使用"增灶法"之前，曾于不利的形势下，散布过等待援军到来再行动的假情报，后来，羌兵在不摸虚实的情况下，看到汉军增灶，自然会误认为对方援军的到来。而诸葛亮在有利形势下奉诏撤军。根本不会再有援军到来，采用"增灶法"，反而显得做作。可见，即使在艺术创作中，如果照搬照套历史经验，缺乏创新之意，也同样会失去艺术的真实性，从而降低作品对读者的思想启迪作用。

虚设疑兵，因粮于敌

诸葛亮数出祁山作战，粮草始终是一个胜败攸关的重要问题。为了争取作战胜利，诸葛亮总是费尽心机，谋求粮草。这一实践反映出历代战争的一般特点，即后勤保障在战争中占据着十分重要的地位。没有充足的作战物资，用兵愈多，困难愈大，弄不好就会受制于敌。特别在战略、战役性的进攻作战中，后勤保障显得尤为重要。

《孙子兵法》中讲："国之贫于师者远输，远输则百姓贫。"意思是说，国家因用兵而导致的贫困，远道运输是一个重要原因。远道运输，常会造成国库空虚，百姓饥疲。由此孙子提出了一个观点："取用于国，因粮于敌。"即：武器装备由国内供给，军粮饲料在敌国就地解决。孙子为了说明"因粮于敌"的重要性，作过一番具体的计算：从前方取得敌人的粮食一钟（古代一钟等于六十四斗），就抵得上我后方补给二十钟；从前方取得敌人的饲料一石（古代一石等于一百二十四斤），就等于我后方补给二十石。从这个二十比一的比例中可以看出，前方有一人作战，后方就要有许多倍的人力来进行物资保障，并且还需派出相当部分的兵力维护粮道。其代价之大，可想而知。因此，历代兵家无不为解决后勤保障问题而煞费苦心，孙子"因粮于敌"的思想也就显得更有价值。

据史料记载，孔明六出祁山有四次选在春季出征，除去长途跋涉的时间，与敌交锋都是在陇上粮熟草壮之时，有利于向敌方"借粮"。演义在描写诸葛亮五出祁山作战中，施韬展略，巧收魏军陇西的小麦，就是"因粮于敌"的突出一例。

书中写道，建兴九年（公元231年）春二月，孔明再次"率大军望祁山进发"，却令先头部队"径出陈仓，过剑阁，由散关望斜谷而来"。狡猾的司马懿识破了孔明这一声东击西之计，料定孔明此举"必将割陇西小麦，以资军粮"，便亲自率大军前往天水诸郡，护粮抗敌。果不其然，诸葛亮一到前线便对众将说道："吾料陇上麦熟，可密引兵割之。"

然而，"因粮于敌"并不是轻而易举的事情。你要夺取敌人的粮草，敌人必然会千方百计设法保护。在这种情况下，唯智高者巧于运筹，方能争先得利。在作者描写的诸葛亮与司马懿争夺粮草的这场智力赛中，孔明运用"缩地术"一直牵着魏军的鼻子走，当魏军被拖得精疲力尽，"尽皆痴呆"时，战场上突然先后出现了好几个诸葛亮，弄得魏兵丈二和尚摸不着头脑。且看作者写道：

（魏）众军方勒马回时，左势下战鼓大震，一彪军杀来。懿急令兵拒之，只见蜀兵队二十四人，披发仗剑，皂衣跣足，拥出一辆四轮车，车上端坐孔明，簪冠鹤氅，手摇羽扇。懿大惊曰："方才那个车上坐着孔明，赶了五十里，追之不上，如何这里又有孔明？怪哉！怪哉！"言未毕，右势下战鼓又鸣，一彪军杀来，四轮车上亦坐着一个孔明，左右亦有二十四人，皂衣跣足，披发仗剑，拥车而来。懿心中大疑，回顾诸将曰："此必神兵也！"众军心下大乱，不敢交战，各自奔走。

正行之际，忽然鼓声大震，又一彪军杀来，当先一辆四轮车，孔明端坐于上，左右前后推车使者，同前一般。魏兵无不骇然。司马懿不知是人是鬼，又不知多少蜀兵，十分惊惧，急急引兵奔入上邽，闭门不出。此时孔明早令三万精兵将陇上小麦割尽，运赴卤城打晒去了。司马懿在上邽城中，三日不敢出城。后见蜀兵退去，方敢令军出哨，于路捉得一蜀兵，来见司马懿。懿问之，其人告曰："某乃割麦之人，因走失马匹，被捉前来。"懿曰："前者是何神兵？"答曰："三路伏兵，皆不是孔明，乃姜维、马岱、魏延也。每一路只有一千军护车，五百军擂鼓。只是先来诱阵的车上乃孔明也。"懿仰天长叹曰："孔明有神出鬼没之机！"

一个诸葛亮，就已经使司马懿很头疼了，四个"孔明"几乎同时出现，确实够这位司马老先生"喝一壶"的，这无疑会在他心理上造成巨大的惊恐。司马懿怀疑这是孔明使用的"奇门遁甲"之术。"引兵奔入上邽，闭门不出"，让孔明得了一个"大便宜"。实际上，说孔明会"奇门遁甲""六丁六甲""缩地术"等，都是不可信的。在战争的"迷雾"中，敌对双方都会施展各种蒙骗术，尽管许多指挥员知道敌人在施诈用骗，当他没有揭开"谜底"时，还是不敢贸然采取行动。演义中的司马懿，毕竟是一位思想上打着迷信烙印的封建时代的将帅，所以当他对诸葛亮示形用诈的手段猜不透的时候，也就自然会误认为孔明施展了"邪术"。这也说明，在军事斗争中，攻心用诈都带有一定的历史特色，千谋百策都打有每一时代的印记。

关于诸葛亮率军割陇西小麦一事，《资治通鉴·魏纪四》中是这样记载的："亮分兵留攻祁山，自逆懿于上邽。郭淮、费曜等徼亮，亮破之，因大芟刈其麦，与懿遇于上邽之东。懿敛军依险，兵不得交，亮引还。"罗贯中为了将这场简单的斗争描写得引人入胜，突出诸葛亮的智谋，虚构了"假诸葛吓住真司马"的故事情节，使这场斗争展现出精彩复杂的画面。作者虽然掺杂进一些封建迷信的糟粕，但仔细研究这场斗争的全过程，还是可以从中悟出一些有益的道理的。

用兵命将，以信为本

孔明在第五次兵出祁山之前，长史杨仪曾向他进了一个分兵轮战的建议："前数兴兵，军力罢敝，粮又不继。今不如分兵两班，以三个月为期，且如二十万之兵，只领十万出祁山，住了三个月，却教这十万替回，循环相转。若此则兵力不乏，然后徐徐而进，中原可图矣。"

孔明采纳了杨仪的建议，率军出祁山时，下令分为两部，"限一百日为期，循环相转"，企图以此法保持军队的锐气，减少前线对粮草的需求，以便使北伐中原的这场持久战能够持续下去。

在描写蜀军执行这一分兵轮战策略的过程中，演义的作者着力表现了诸葛亮以严守信义，赢得军心的带兵思想。

却说诸葛亮率军巧割陇上小麦之后，接着又挫败了司马懿的偷袭行动，两军遂相持于卤城一带。这时，百日期限已到，"汉中兵已出川口"，向祁山而来，诸葛亮便令前线部队"各各收拾起程"，准备返回后方。谁知，命令刚下，就得到探马飞报：魏将"孙礼引雍、凉人马二十万来助战"，司马懿亲自点兵欲攻卤城。在这新军未到，老兵欲行，敌人即将发起大规模进攻的危急时刻，部将都极力劝诸葛亮将换班人马暂且留下，待新兵来到再返回后方，但孔明却说："吾用兵命将，以信为本；既有令在先，岂可失信？且蜀兵应去者，皆准备归计，其父母妻子倚扉而望；吾今便大难，决不留他。"于是，孔明立即传令，"教应去之兵，当日便行"。当众军听说此事后，群情激愤，一致表示要留下扰敌，"各舍一命，大杀魏兵，以报丞相！"孔明不依，但众军坚决要战，"不愿回家"。于是，诸葛亮令部队出城安营，以逸待劳，迎击魏军。结果，当倍道而来、人疲马乏的西凉援军到达城下，"方欲下营歇息"时，群情激昂的蜀军突然发起猛烈进攻，他们个个奋勇，人人争先，把雍、凉人马杀得"尸横遍野，血流成渠"。

古人说："信盖天下，然后能约天下。"这里讲的"信"，就包含有信任、信誉、信义之意。统帅带兵用将，只有守信用，严明军纪，严格照章办事、不徇私情，才能取得部队的信任。而信任本身就是一种力量，就是希望之光。它在危难之际，可以激起将士奋勇杀敌的高昂士气。人的精神力量就是这样怪，当它受到感情的冲动时，可以激发出加倍的能量，甚至无法用数字来计算。然而，一旦受到压抑，有时则会使情绪马上变得萎靡颓丧、一蹶不振。

俗话说，人是感情之物，都爱吃顺心丸。在大敌当前的危急时刻，诸葛亮如果强行延长轮战期，就很可能会使将士们产生一肚子"怨气"，影响整个部队的作战情绪。试想，主将带领那些满腹牢骚的老兵去迎战，又怎能取得好的战果呢？相反，由于孔明严守信用，倒激起了部队的求战情绪，结果一战而胜。可见，将帅只有讲信义，才能赢得士卒的信任，激发部队的杀敌热忱。那些不明事理的指挥员，常常弄不清这个辩证法，随意更改和破坏已定的规章制度，结果丧失人心，弄得部下怨声载道，使部队的战斗力大大削弱。

当然，将帅要赢得士兵的信赖，除了严守信用以外，还需要在其他方面作出努力。如在作战指挥上，要提高用兵艺术，多打胜仗；当战争的惊涛骇浪冲来时，能够坚定镇静，沉着果断；在生活作风上，要廉洁奉公，关心部下。像诸葛亮在《将苑》中说的那样："军井未汲，将不言渴；军食未熟，将不言饥；军火未燃，将不言寒；军幕未施，将不言困；夏不操扇，雨不张盖，与众同也。"这些都是取信于部下的带兵之道。

关于诸葛亮在祁山作战中采取分兵轮战的策略一事，《三国志·杨仪传》中载："亮数出军，仪常规画分部，筹度粮谷。不稽思虑，斯须便了。军戎节度，取办于仪。"郭冲在《五事》中讲："魏明帝自征蜀，幸长安，遣宣王（司马懿）督张郃诸军，雍、凉劲卒三十余万，潜军密进，规向剑阁。亮时在祁山，旌旗利器，守在险要，十二更下，在者八万。时魏军始阵，幡兵适交，参佐咸以贼众强盛，非力不制，宜权停下兵一月，以并声势。亮曰：'吾统武行师，以大信为本，得原失信，古人所惜；去者束装以待期，妻子鹤望而计日，虽临征难，义所不废。'皆催遣令去。于是去者感悦，愿留一战；住者愤踊，思致死命。相谓曰：'诸葛公之恩，死犹不报也。'临战之日，莫不拔刃争先，以一当十，杀张郃，却宣王，一战大克：此信之由也。"[①]罗贯中根据《三国志》简短的历史记述和郭冲《五事》中的这段故事，将"轮战"与"励士"巧妙地捏合在一起，写出了如此精彩的故事情节。这

---

① 裴松之根据确凿的史料认为这个故事是不真实的。

个故事不仅展现了诸葛亮临危不惧、严守信用的将帅风度,而且也为今天的军事指挥员留下了一些宝贵的思考。

从木牛流马说到科学技术出战斗力

"科学技术出战斗力",今天谈起这个观点,恐怕再不会有人怀疑了。然而,在军事技术落后的时代,这一思想并不能普遍被人们所认识。军事家往往只注重强调立足现有装备作战,忽略通过革新技术条件来提高部队的战斗力。战争史上,只有那些眼界开阔具有远见卓识的少数军事天才,才能真正看到科学技术的神力。足智多谋的诸葛亮,就是这样一位出色的军事天才。演义中关于诸葛亮发明木牛流马的描写,就充分地表明了这一点。

诸葛亮兵出祁山,长途运输一直是个难题。在古代,运输只能靠人力、畜力。运输能力弱,再减去自身的消耗,运输量就更小了。北宋时期的著名科学家沈括,在率领部队同西夏政权打仗时作过一个具体计算。他认为,假如出兵十万去和敌人作战,其中就得抽出约占三分之一的兵力押运辎重,直接参战的士兵只剩有七万人了。同时,还需要动员三十万民夫运粮,其中队长不带粮,伙夫减半,再加上逃亡、病故等情况,民夫的负担会大大加重。如用牲口驮运,自身的食用也相对增多,则与人力背运利害相当。这就是说,长途运输,人力、畜力的自身消耗量随着距离的延长而增大,而对作战部队的保障能力则相对减弱。正因为如此,后勤保障问题曾使许多军事家伤透了脑筋。诸葛亮兵出祁山作战,蜀道长途运输十分艰难,人力、畜力在途中的自身消耗很大，这可能就是他发明木牛流马的最初动因。

演义对木牛流马的制造记述得很细致，甚至连规格、尺寸等都详细加以说明；对木牛流马功用的描写更为神奇，说它们"宛然如活者一般，上山下岭，各尽其便""人不大劳，牛马不食""可以昼夜转运不绝"。尤其在蜀军六出祁山的作战中，罗贯中仿照"以牝诱牡之计"①，描写诸葛亮巧夺军辎重的故事，更显出木牛流马的神奇功能。

书中说，孔明自从发明木牛流马以后，令右将军高翔只引一千兵驾着木牛流马，自剑阁直抵祁山大寨，往来搬运粮草，大大加快了运输速度。这下可愁坏了企图坚守不出，拖垮蜀军的司马懿，他立即令部将伏击蜀军粮队。战斗中，魏军抢回了几匹木牛流马。司马懿令能工巧匠，就地拆卸，依法仿制。不到半月时间，便仿造成两千多匹，开始往来于陇西搬运粮草。司马懿得意洋洋地说道："汝（诸葛亮）会用此法，难道我不会用！"魏军将士"无不欢喜"。谁知，魏军抢去的那几匹木牛流马，原是孔明别有用意的赠送。所以，当他知道这件事后，十分高兴地说："吾正要他抢去。我只费了几匹木牛流马，却不久便得军中许多资助也。"时过不久，他探知魏军果然已用木牛流马搬运粮草，立刻令王平率一千人扮作魏军，前去劫粮。诸葛亮还料定蜀军劫粮回经北原时，必有魏兵追赶，便密教王平：一到北原，"汝便将木牛流马口内舌头扭转，牛马就不能行动，汝等竟弃之而走。背后魏兵赶到，牵拽不动，扛拾不去。吾再有兵到，汝却回身再将牛马舌扭过来，长驱大行。魏兵必疑为怪也！"果不其然，魏军在北原虽然追回了粮草，但费尽九牛二虎之力，又推又拉，那些木牛流马只是原地不动，结果反遭蜀军伏击，又丢了这些粮草。王平则乘机返回，将木牛流马的舌头扭回，在蜀军装扮的"神兵"佑护下，"驱驾木牛流马如风拥而去"。这样，诸葛亮采用神奇的妙策，白白赚得了司马懿"万余石"军粮。每当我们读到这些情节，不禁

---

① 唐安史之乱时，李光弼与叛将史思明隔黄河对峙。史部有良马千余匹，每日在河南岸饮沐嬉戏。李光弼经过观察，发现史部的军马多是牡马（雄马），便命部下驱赶五百多匹牝马（母马）及许多马驹出城。史部的牡马闻得牝、驹嘶鸣，纷纷渡河相聚。李光弼不费一兵一卒，唾手而得军马千骑。

为孔明的妙算拍案称绝!

功能神异的木牛流马究竟何物,是否将"口内舌头扭转,牛马就不能行动"?这在古代没有动力机械的情况下,是令人难以置信的。为此,很多史学家对木牛流马进行了考证:

《后山丛潭》上说,"蜀中有小车独推,载八石,前如牛头,又有大车,用四人推,载十石,盖木牛流马也。"

《事物纪原》上说,"诸葛亮始造木牛,即今小车之有前辕者,流马即今独推者是,民间谓之'江州车子'。"

从历史文物来看,在成都羊子山二号汉墓出土的"骈车"画像砖上的那种人推的独轮小车,便是诸葛亮"木牛"的前身;而"流马"则是一种四轮小车。

可见,木牛和流马不过是构造、大小不同的两种木车而已。所谓将其"口内舌头扭转,牛马就不能行动",则很可能是一种"车闸"。从历史记载来看,蜀军采用木牛流马搬运粮草,对后勤保障确实起了重要作用。蜀军所以能同魏军打了很长时间的持久战,与这一新技术的采用是分不开的。

另外,据史料讲,诸葛亮确实是一位具有科学头脑的军事家,他除了发明木牛流马,还改进制造过"损益连弩"[①]等作战兵器。这些武器装备,在今天看来虽然算不得什么,但在古代战争中,确实是了不起的进步。当诸葛亮在北伐中使用改进型"损益连弩"时,魏军曾十分诧异,惊呼为"神弩"。据说魏将张郃就是被这种武器射死的。

我们从诸葛亮的科学发明中,可以受到这样一点启示:军事家应当懂得些科学技术。他们虽然不必像科学家那样对某一门科学技术钻研得那么深,但起码应当知道新技术对于争取战场主动权有着十分重要的作用。恩格斯曾经指出:"每个在战史上因采用新的办法而创造了新纪元的伟大的将领,不是新的物质手段的发明者,便是以正确的方法运用他以前所发明的新器材的

[①] 《魏氏春秋》上记载:"损益连弩,谓之元戎,以铁为矢,矢长八寸,一弩十矢俱发。"可见,"损益连弩"就是一种一次能连续发射十支箭的发射器。

第一人。"（《马克思恩格斯全集》第一版第七卷）这里所说的"新的物质手段"，就是指用于军事领域的新技术、新装备；"正确的方法"，是指适应新的武器装备发展的作战方式；而奇迹的创造者则是第一个"吃蟹"者，或是发明新的作战手段的第一人，或是采用新方式来使用这些新手段的第一人。

新奇不过是平凡的首次出现。从木牛流马到今天的火车、飞机，历史上的一切新技术、新发明，终究都成了人类的共同财富。但在战争中得利最大者，只能是那些"第一人"。

军事指挥员，由于被战争的现实矛盾所纠缠，眼睛常常只盯着战场，而看不到战场以外的事情，结果使许多人因忽略科学技术的新发明，变成了时代的落伍者。拿破仑可以说是一位比较重视科学技术的军事统帅，在当时科学技术发展带来武器装备变化的形势下，他大胆改革传统的作战方式，创造新的战法，使"法国军队几乎无敌于天下"。但是，后来在对英国的海上作战中，由于他拒绝了美国科学家罗伯特·富尔顿（蒸汽机的发明者）提出的成立一支由蒸汽机舰组成的舰队的建议，致使法军一直处于被动地位。这些正反两方面的事例告诉我们，军事指挥员的眼睛要能够看到战场之外，要善于向科学技术要战斗力。

力的较量与意志的比赛

孔明第六次兵出祁山，进驻五丈原之后，司马懿仍旧采取坚壁不出的对策。为了迫使魏军出战，诸葛亮绞尽脑汁研究新的诱敌招数，决定改变过去采用的调虎离山、引蛇出洞等计谋，来个"绝技"重演——使用"激将法"。

孔明是使用激将法的老手，赤壁之战中，他激周瑜，最终坚定了吴主抗曹的决心；平定汉中时，他曾激黄忠，使这位老将军连败敌军。这次五丈原与魏军对峙，为引诱司马懿出战，他先是令人到魏军营前挑战骂阵，司马懿却如坐泰山，只是不出。诸葛亮在焦虑不安中思得一计，"乃取巾帼并妇人缟素之服，盛于大盒之内，修书一封，遣人送往魏寨"。信中写道：

> 仲达既为大将，统领中原之众，不思披坚执锐，以决雌雄，乃甘窟守土巢，谨避刀箭，与妇人又何异哉！今遣人送巾帼素衣至，如不出战，可再拜而受之。倘耻心未泯，犹有男子胸襟，早与批回，依期赴敌。

城府颇深的司马懿看完信后，压住心头怒火，反而佯装笑脸，神情自若地接受了孔明的"礼物"，并亲自"重待来使"。他谈笑风生，丝毫不问蜀营内的"军旅之事"，却装出一副关心的样子，向使者打听："孔明寝食及事之烦简若何？"当他得知诸葛亮"夙兴夜寐，罚二十以上皆亲览焉，所啖之食，日不过数升"时，便对诸将说道："孔明食少事烦，其能久乎？"从而愈加坚定了据守不出的决心。魏、蜀双方在渭水一带相持了"百余日"，结果，诸葛亮"星陨五丈原"，蜀军不得不撤回汉中，又一次使司马懿防御成功。

毫无疑问，此次交战，对处于进攻地位的蜀军来说，利于速决；而处于防御地位的司马懿之军，利在持久坚守。由此，在双方进行的军力、智力对抗中，贯穿着双方指挥员个人意志、韧性和耐力的比赛。司马懿是位颇有韧性的军事统帅，他接到诸葛亮送来的女人头巾衣物后，没有大动肝火，只是询问孔明的日常寝食情况，显得十分沉着冷静。相反，诸葛亮可能因屡伐中原都未能有所进取，在六出祁山作战中，情绪很不好，加之他事无巨细，包揽过宽，竟弄得吃不好饭，睡不好觉。而作为三军主帅，情绪上愈是急躁，就愈难以进行正确的运筹。他对司马懿这样一个老谋深算的魏军统帅使用

"激将法",给人一种黔驴技穷的感觉。从这里可以看出,诸葛亮在和司马懿的斗力斗法中,意志上已经先输一着。

孔明这次兴兵,是吴、蜀两军的一次联合行动。蜀军六出祁山的同时,孙权也率军分三路向曹魏发起了声势浩大的进攻。在这种形势下,诸葛亮急于在西线打开缺口,与吴军形成东西对进之势;而曹魏则采取了东攻西守的策略。作为西线战场主帅的司马懿,深知坚守不出的战略意义。只可惜孔明缺乏从战略全局上来进行谋划,不敢向敌纵深穿插,攻敌必救之处,总是在敌防御正面想小点子,这样就抓不住调动敌人的关键。其实,早在孔明进驻五丈原之前,司马懿就曾分析道:"孔明若出武功,依山而东,我等皆危矣;若出渭南,西止五丈原,方无事也。"司马懿当时所忧虑的是,如果蜀军从武功出击,挥戈向东,锐兵直逼长安的话,他只能率军回救长安,这样就破坏了魏军西守东攻的战略指导。然而,诸葛亮只求稳扎稳打,步步为营。他进驻五丈原,继续采用一面平推的战法,正好合了魏军东攻西守战略的需要。

顽强的意志和毅力是将帅谋略修养成熟的表现;而那些鲁莽家一触即跳,正说明他们性格上的先天不足。当魏营众将听说孔明把妇人头巾衣物送给司马懿时,个个义愤填膺,纷纷入帐"即请出战,以决雌雄!"司马懿为了安抚众将,推说道:"吾非不敢出战,而甘心受辱也。奈天子明诏,令坚守勿动。今若轻出,有违君命矣。""汝等既要出战,待我奏准天子,同力赴敌,何如?"说罢,立即写表遣使,直至合肥,奏闻魏主曹睿。其实,这不过是借"天子"的名义稳定部属的情绪而已。司马懿深知"将在外,君命有所不受"的道理。当初,他克日袭孟达时,就是当机立断,自作主张,并没有奏请魏主,便率军直袭新城。而这次魏、蜀渭水相持,合肥在几千里之外,又何须远道"奏准天子"呢?这里充分显示出司马懿高深的谋略思想,与其坚韧的意志和耐力是相齐的。

作为防御之军,要想从持久中赢得主动,后发制人,指挥员顽强的意志和毅力起着非常重要的作用。这是因为,长期坚守的本身就包含着时间对军人意志的考验。而在战争中,往往是谁能坚持到最后,谁就能够赢得最有利的战机。

诸葛亮送巾帼缟素之服于魏寨,司马懿坚守不出一事,在史料中确有记载。演义真实地反映了这段历史事实,形象地刻画了司马懿老成持重、意志坚韧的性格,并为将帅修养提供了有益的借鉴。

关于撤退的艺术

丞相祠堂何处寻?锦官城外柏森森。
映阶碧草自春色,隔叶黄鹂空好音。
三顾频烦天下计,两朝开济老臣心。
出师未捷身先死,长使英雄泪满襟!

这首七言律诗,是唐代诗人杜甫歌颂诸葛亮的一篇佳作。诗中提到的"出师未捷身先死",就是指诸葛亮六出祁山,北伐中原,还未实现隆中对策里提出的战略目标,就在渭水与魏军相持时,因积劳成疾,星陨五丈原,在两军阵前结束了波澜壮阔的一生。

关于诸葛亮一生的功过是非,史学家已有许多论著,对他军事战略方面的成败得失,也有不少评说,本书后文尚有专评。这里,仅就诸葛亮临死前对蜀军撤退汉中的周密安排,联想到一点撤退的艺术。

书中写道,诸葛亮在五丈原病危之际,他曾于榻前嘱咐杨仪:"吾死之后,不可发丧。……吾军可令后寨先行,然后一营一营缓缓而退。若司马懿来追，汝可布成阵势，回旗返鼓。等他来到，却将我先时所雕木像，安于车上，推出军前，令大小将士，分列左右。懿见之必惊走矣。"果然，当司马懿得知"蜀兵已尽退"的消息时，料定"孔明真死矣"，便急忙引兵迅速追来。接着，演义的作者以他精湛的艺术之笔，安排了一出令人称奇叫绝的好戏：

>……于是司马师、司马昭在后催军，懿自引军当先，追到山脚下，望见蜀兵不远，乃奋力追赶。忽然山后一声炮响，喊声大震，只见蜀兵俱回旗返鼓，树影中飘出中军大旗，上书一行大字曰："汉丞相武乡侯诸葛亮"。懿大惊失色。定睛看时，只见中军数十员上将，拥出一辆四轮车来；车上端坐孔明：纶巾羽扇，鹤氅皂绦。懿大惊曰："孔明尚在！吾轻入重地，堕其计矣！"急勒回马便走。背后姜维大叫："贼将休走！你中了我丞相之计也！"魏兵魂飞魄散，弃甲丢盔，抛戈撇戟，各逃性命，自相践踏，死者无数。司马懿奔走了五十余里，背后两员魏将赶上，扯住马嚼环叫曰："都督勿惊。"懿用手摸头曰："我有头否？"二将曰："都督休怕，蜀兵去远了。"懿喘息半晌，神色方定；睁目视之，乃夏侯霸、夏侯惠也；乃徐徐按辔，与二将寻小路奔归本寨，使众将引兵四散哨探。

这番精彩动人的描写，又一次把诸葛亮料事如神和使对手闻风丧胆的谋略家的形象，淋漓尽致地表现了出来。"死诸葛能走生仲达"这句广为传播的民谚，就是从这里来的。

由此联想到孔明六出祁山中其他几次退军的情景，每次都各有特色，不拘一格。如一出祁山，他以疑兵之策安然撤军；二出祁山，他采取伏击战，杀敌"回马枪"之后而撤离；三出祁山，他运用"退避三舍"之计，打败敌兵，顺利撤出战场；四出祁山，他施展"减兵添灶"之计，徐徐退去；五出祁山，又于木门设伏，破敌追击部队，从容撤离。这几次撤退，包括六出祁山"死诸葛能走生仲达"这次撤军，虽然包含着文学家许多虚构和夸张的描写，但却真实地反映了诸葛亮的一贯思想。诸葛亮说过：欲思其利，必虑其害，欲思其成，必虑其败。是以九重之台，虽高必坏。故仰高者不可忽其下，瞻前者不可忽其后。他还明确地阐发过"善败者不亡"的主张。从演义对诸葛亮这六次撤军的艺术描写中，可以使我们悟出一条道理——退却也是一门重要的指挥艺术。

三十六计，走为上策。"走为上"是"三十六计"中的最后一计，解语说："全师避敌。左次无咎，未失常也。"① 此计认为，在一般情况下，形势于我不利，要避免同敌人决战，出路只有三条——投降、媾和、退却。三者相比，投降是彻底失败；媾和算一半失败；退却则可转败为胜，所以称"走为上"策。在战争中，指挥员能不能预先考虑到可能会出现的不利形势，作出周密的计划和安排，后果必然是大不相同的。

约米尼在《战争艺术》一书中指出："一支军队能在失败的环境中挺立不动，其价值远高于在胜利环境中勇敢争先。因为向敌人进攻，只有血气之勇就够了。而在一个强大的敌人面前实行困难的退却，那却是真正的英雄。所以一个良好的撤退，也应和伟大的胜利同样地应该受上赏的。"实践证明，退却作为一门军事艺术，与进攻一样包含着无穷的变化之法，和从被动中摆脱敌人的高度智慧。

演义描写孔明祁山作战六次退却的巧妙之处，就在于临机应变，不循旧套，每次都有新招，这就把对手搞得晕头转向，使其无法把握蜀军的行动规律，体现了高超的退却艺术。在演义这部战争画卷中，还有许许多多描写撤退的情节，它们丰富多彩，各有千秋。倘若我们把它们集中起来加以考察，一定会从中领悟到不少真正的学问。这比起军事论著中那些专门谈撤退的原则，无疑要丰富得多，形象得多。

---

① 左次无咎，未失常也：见《易经·师》卦。左次：《诚斋易传》中讲"左次乃退舍之谓也。"咎：灾祸，罪责。这里主要是讲：根据情况以退为进并不为过，这是合乎正常用兵法则的。

略谈祁山之战中的吴、蜀联盟

诸葛亮六出祁山，还未能向中原有所进取，便以他在五丈原病逝而告结束。研究诸葛亮祁山作战的军事历史家们，曾对这几次北攻曹魏未能成功的原因，作了如下评述：

首先，诸葛亮没有正确认清当时敌强己弱的战略态势，便仓促地发动了这场进攻。曹丕继位后，派张既攻占了河西，西域复通，后方获得巩固。当时，曹魏很注意修治农田水利，经济得到很大发展。而蜀国自夷陵战败后，元气大伤，内部不稳，在鼎立的三国中，是比较弱的"一条腿"。后来经过诸葛亮四年的经营，经济力量虽然有所增长，仍比不上曹魏。在军事力量对比上，诸葛亮尽全力重建了一支十万人的精锐之师，而曹魏却拥有二三十万久经战斗锻炼的军队。蜀只有一州之地，而魏却据有东汉十三州的九州之地。在人力物力对比上，魏强蜀弱，力量悬殊，这是诸葛亮进攻曹魏未能取得胜利的客观原因。

另外，根据当时形势和作战特点看，蜀军运输困难，利于速战。诸葛亮未能采取出奇制胜的良策，也没有运用一切办法疲惫和消灭魏军，而是绕道祁山，稳扎稳打，采取了一面平推的战法，这恰好中了对方的坚壁固守，持久作战的圈套。结果消耗了蜀国的力量，每次北伐都无功而返。

但也要看到，诸葛亮在六出祁山的作战中，有隙必乘，有利必取，进则使敌人不敢战，退则使敌人不敢追，而自己始终立于不败之地。六出祁山虽然没有达到预定的目的，却阻碍了魏军攻蜀，从攻势作战中保持了三国均势的局面。

以上的评说，虽是从研究真实的历史战例中得出的，但总的方面，也同样适合于演义对孔明六出祁山的描写。不过，蜀军祁山作战之所以未能成功，还有一点值得提及，就是吴、蜀双方缺乏密切的战略协同。

应该说，诸葛亮兵出祁山，北攻曹魏，虽然在总的力量上处于劣势，但倘若吴、蜀两军能够紧密配合，协调行动，置曹魏于两面受敌的不利战略态势中，战争的结局恐怕不会是这样的。

根据演义描写，在诸葛亮六出祁山的作战过程中，吴、蜀双方有过三次联合行动。第一次，诸葛亮初出祁山作战，吴军也发动了石亭之战。这一次双方缺乏统一的行动时间。诸葛亮的祁山作战，是在魏太和二年（公元228年）一至四月，而吴、魏石亭之战，则在五至八月，也就是在诸葛亮撤回汉中以后才发起的，对曹魏没有形成两面夹击的战略态势。况且，吴军石亭败魏军一战，只是属于一种打击性的作战行动，并无深远的战略目标。第二次，是在诸葛亮三出祁山时，双方约定同时起兵。但吴军却想坐收"渔人之利"，只"虚作起兵之势，遥与西蜀为应"，企图等蜀军在祁山得胜后，再"乘虚取中原"。狡猾的司马懿按准了孙权的心理脉搏，作出"不必防吴，只须防蜀"的决策，从容地集中主要力量来对付西蜀。第三次，孔明六出祁山时，双方虽然在时间上采取了统一行动，但是由于吴军根本就没有北伐的胃口和积极进攻的思想（这一点后文还将专门提到），缺乏陆战的充分准备，特别是缺少骑兵部队（吴军仅有步水兵，尤以水兵为主体），所以只能作水边的游击或袭击战。曹魏看出了吴军的这一弱点，果断地采取了西守东攻的军事策略，先打退吴军的进攻，扫除了后顾之忧，从而孤立了蜀军的攻势。

在历史记载中，这三次蜀、吴军事联合行动，除了细节不同之外，和演义所述大体相符。总之，祁山作战，吴、蜀双方虽有过几次配合，但一般都是各自为战，互不相顾，缺乏像赤壁大战时那样统一的指挥，统一的步调，因而东吴的行动没有对魏军造成真正的威胁。这说明在魏、吴、蜀大三角关系中，处于弱者地位的吴、蜀两方，如果离开了紧密的军事联合，是很难战胜力量雄厚的曹魏一方的。诸葛亮在以往的军事斗争中，本来很注意从吴、蜀联盟中争取主动，常因此将曹魏置于不利的境地之中。但是，在北出祁山作战中，他一心只在当面的战场上作文章，而没有像以前那样从战略全盘上着眼，积极展开对东吴的外交工作，以争取东吴开辟一个颇有生机的"第二战场"，牵制曹魏的军事力量。这一重大失误，致使诸葛亮率军几出祁山，毫无获取。

历史的经验值得注意。当弱军对强军作战时，要重视争取国际同盟军，实现真正的战略联合与战略牵制，这是弱军争取战略主动权的一个至关重要的条件。

第六编
三分归一

西蜀气数已尽，姜维诈降与离间之计并用，亦难回天。西蜀亡国，东吴必难久存。历史似乎在捉迷藏，魏蜀吴三家争夺数十年，终究由司马氏独得天下。

时也？命也？运也？

攻其必救与围点打援

"我欲战,敌虽高垒深沟,不得不与我战者,攻其所必救也。"孙子这一闪烁着军事辩证法之光的兵家锦言,道出了一种采取间接路线实现军事目的的策略。孙武后裔孙膑的"围魏救赵"之作,就是活用这一兵法战策的范例。

《三国演义》描写司马懿在平定辽东一战中,由于正确运用了"攻其必救"、围点打援之法,一举歼灭了公孙渊叛军主力。

祁山魏、蜀交兵刚刚偃旗息鼓,魏主曹睿对司马懿等文臣武将,加官晋爵,论功行赏,接着便大兴土木,盖宫殿、建园林,准备过几天太平日子。但就在这时,北方又传来了辽东公孙渊谋反的紧急军情。曹睿大惊,连忙聚集文武,商议平叛之策。司马懿根据当时敌我力量的对比和平叛路途遥远的实际情况,提出了"四千里之地,往百日,攻百日,还百日"的作战计划。曹睿立即批准,发兵四万,前往辽东。

当司马懿引军到达辽东以后,发现公孙渊令卑衍、杨祚二将率重兵屯于辽隧,"围堑二十余里,环绕鹿角,甚是严密",企图依托良好的阵地,持久坚守,拖垮远道而来的魏军兵马。但司马懿毕竟是一位深藏韬略的将帅,他总结祁山魏、蜀作战的经验,吸取了孔明采用平推战法的教训,并没有采取"顶牛"战术与敌军正面相持,而是绕过敌人防御的硬壳,向叛军防御空虚的纵深穿插。演义中写道,当司马懿得知对方的部署情况时,笑道:"贼不与我战,欲老我兵耳。我料贼众大半在此,其巢穴空虚,不若弃却此处,径奔襄平;贼必往救,却于中途击之,必获全功。"于是,便率军抄小路直袭公孙渊的老巢——襄平。辽隧守军探听到这一消息,急忙"拔寨随后而起",驰援襄平。结果,魏军于辽河之滨巧妙设伏,歼回援老巢的叛军于运动之中,从而掌握了平定辽东的主动权。

一般说来,"攻其必救"的目的在于调动敌人。这里所说的"必救"之处,就是敌人的要害之处和敏感点,又是敌人力量空虚之地。如果攻击矛头所向是对方不疼不痒的次要位置,敌失之不会动摇全局,我得之无助于赢得主动,自然不会吸引敌人去救援。或者,我攻击矛头所向虽是敌方要害,但敌有强兵勇将坚守,攻之难克,同样也不会调动另一处敌人的救援。司马懿这次平定辽东,首先需要消灭坚守在第一线的辽隧的叛军主力。而要歼灭敌这股有生力量,就要想办法使他们脱离良好的阵地。司马懿避开敌人锋芒,果断地将进攻矛头指向叛军的巢穴,这样就从根本上威胁到整个辽东的安危,触动了公孙渊最敏感的那根神经;且敌主力在第一线,襄平空虚,这就必然迫使辽隧的坚守部队急忙回救,从而为歼敌主力创造了一个十分有利的战机。这同孔明在祁山作战中所采取的策略相比,要高明得多。当年,孔明为破司马懿持久拖延的战法,曾殚思极虑,采取了多种正面诱敌出战之法,虽然使司马懿在战术上吃了一些亏,但并没有从根本上调动魏军,创造出决战的良机。与孔明不同,司马懿平定辽东,采取"攻其必救"的对策,顺利地实现了"我欲战,敌虽高垒深沟,不得不与我战"的企图。

"攻其必救"有时仅仅是为达到解围的目的,即为了解救某一地区的危机,不把兵力直接投在"出事点"上,却指向敌人兵力空虚的腹地,以间接的方法排解受到威胁的地区的危机。正如孙膑在实行"围魏救赵"的行动之前说的:"夫解杂乱纷纠者不控卷,救斗者不搏撠,批亢捣虚,形格势禁,则自为解耳。"

在进攻作战中,"攻其必救"多具体化为围点打援的战法。即攻其必救,歼其救者;以"围点"吸引援敌,歼灭援敌于野战条件下。实现这一企图的关键在于从实际出发,处理好"围点"和"打援"的关系。"围点"要在表面上给敌人造成一种危机感和压力感,使敌人感到我"围点"是真围,而不是示形张势,与此同时,暗中则把作战中心放到"打援"上。在古代,由于通信技术落后,信息传递迟缓,指挥中枢不很敏感,围点打援比较容易实现。在现代条件下，随着新的侦察技术的出现，战场的"透明度"不断提高，围点与打援的部署和企图很容易被对手看破，因此，还需要配合多种示形用诈的手段方能实现。

我军在长期的革命战争中，积累了许多围点打援、围城打援、攻城打援的丰富经验。联系这些经验及现代作战的实际，则能够帮助我们更深刻地认识历史经验，理解演义中司马懿这一作战指导思想的意义，以利于加强指挥员的谋略修养。

关于司马懿在平定辽东中的这段作战过程，《资治通鉴·魏纪六》是这样记载的：景初二年（公元238年）"六月，司马懿军至辽东，公孙渊使大将军卑衍、杨祚将步骑数万屯辽隧，围堑二十余里。诸将欲击之，懿曰：'贼所以坚壁，欲老吾兵也，今攻之，正堕其计。且贼大众在此，其巢窟空虚；直指襄平，破之必矣。'乃多张旗帜，欲出其南，衍等尽锐趣之。懿潜济水，出其北，直趣襄平；衍等恐，引兵夜走。诸军进至首山，渊复使衍等逆战，懿击，大破之。"罗贯中按照孙子"攻其必救"的思想对这段史料进行艺术加工，更鲜明地反映了"攻其必救，歼其救者"的思想，为演义的战争画卷又增添了一幅精彩的谋略画面。

急与缓的辩证法

司马懿歼灭辽东叛军主力后，立即对襄平实行了四面包围，使公孙渊成了瓮中之鳖。当时，"时值秋雨连绵，一月不止，平地水深三尺"，围城的魏军"皆在水中，行坐不安"。然而，在这种情况下，司马懿不但没有乘势一鼓作气拿下襄平，相反，却采取了"围而不打"的策略。魏军的一些将领，纷纷劝说司马懿将营寨移到高处，以避雨水。司马懿却一概拒绝，并郑重声明："如有再言移营者斩！"后来，右都督仇连冒死前来劝谏司马懿。司马懿一怒之下，斩了仇连，"于是军心震慑"。

应当说，司马懿劳师远袭，利在速战，力避持久。谁知，这位司马太尉此时竟一反惯例，既不移营避雨，却又围而不打。于是，便有人向他提出，过去"太尉攻上庸之时，兵分八路，八日赶至城下，遂生擒孟达而成大功"，今天"带甲四万，数千里而来，不令攻打城池，却使久居泥泞之中"，不知是何主意？老谋深算的司马懿对这两次作战作了一番发人深省的比较，他说："昔孟达粮多兵少，我粮少兵多，故不可不速战。出其不意，突然攻之，方可取胜。今辽兵多，我兵少，贼饥我饱，何必力攻？正当任彼自走，然后乘机击之。"于是，他一面加紧催运粮草，一面"令南寨人马暂退二十里"，纵城内军民出城"樵牧"。直到雨过天晴，方挥军攻城。这时城内粮草已尽，部队斗志涣散，"人人怨恨，各无守心"，并且还有人"欲斩渊首，献城归降"。在这内外交困的形势下，公孙渊连夜逃出南门，径往"东南而走"。但司马懿早在途中设下了伏兵，公孙渊父子双双被擒。

可见，用兵施术贵在从实际出发。当初，司马懿克日袭孟达，是处于蜀军正向曹魏大举进攻，而孟达乘机起兵谋反的紧急时刻，如果不能很快消除这场叛乱，孟达一旦与西蜀形成呼应之势，那对曹魏的影响就很大了。因此，当时平叛如救火，是刻不容缓的事情。再者，如同司马懿所说，平孟达时，"我粮少兵多"，又没来得及奏请魏主，后勤保障问题自然显得非常突出，若不能以突然的方式歼灭叛军，就会陷入被动之中。而平定辽东一战，是奉命兴师，不仅准备充分，而且后勤保障畅通，加之司马懿的计划是"百日"作战，并非"克日"即成，因此，冒雨攻城，利少弊多。公孙渊被困在城中，天雨连绵，外援截断，时间一久，叛军兵多粮少，自然会人心动摇，发生内讧。这时，司马懿变"围而不打"为"围师必阙"，必然事半功倍。

这则故事说明，如何确定作战指导思想，不能一概而论，不能机械套用原则。进攻战就一般而言，是宜速不宜迟。但是，在控制了战场主动权的情况下，采取适当拖延的办法，有时反而比急攻硬打更为有利。因为进攻作战的急与缓，也是辩证的统一。当急而不急，会失去进攻的突然性，错过战机，陷入被动；当缓而不缓，不是根据敌人内部变化情况把握攻击的火候，即使可以取胜，也要付出较高的代价，有时由于操之过急，时机不成熟，甚至还可能丧失主动，功败垂成。因此，对进攻者来说，不能单纯一味地求急求快，相反，应根据战场情况有张有弛，灵活制定战法。

据《资治通鉴·魏纪六》中记载，司马懿围困襄平时，确实把此次作战同昔日平孟达之战作了比较，以说明因敌施法、灵活变通的道理："懿曰：'孟达众少而食支一年，将士四倍于达而粮不淹月；以一月图一年，安可不速！以四击一，正令失半而克，犹当为之，是以不计死伤，与粮竞也。今贼众我寡，贼饥我饱，水雨乃尔，攻力不设，虽当促之，亦何所为！自发京师，不忧贼攻，但恐贼走。今贼粮垂尽而围落未合，掠其牛马，抄其樵采，此故驱之走也。夫兵者诡道，善因事变。贼凭众恃雨，故虽饥困，未肯束手，当示无能以安之。取小利以惊之，非计也。'"这段真实的历史记载，十分深刻地显示出司马懿老成的谋略思想。演义对这段具体的计算和分析，没有加以发挥，只是概略地一笔带过，不免令人感到有所缺憾。

示形·用诈·料敌

演义继孔明六出祁山，展开了对姜维九伐中原的描写，由此引出了许多关于姜维和邓艾斗智的有趣故事。这些故事，虽然比孔明与仲达之间的斗智稍有逊色，但也揭示了指挥员在战场上施计用谋的一些特点。其中示形、用诈与料敌，就是值得提及的一个侧面。

一般地说，示形和用诈是就用计而言，核心是示假隐真，诱敌上当就范。而料敌，或曰情况判断，则是指识别敌计，看穿敌人的诈术。指挥员凭借高超的判断力，准确地料敌，知彼知己，才可能做到避实击虚，趋利避害。在战场上，敌我双方斗智斗谋，说到底就是"用计"和"识计"的矛盾斗争。这一点，在姜、邓斗智的故事中表现得较为突出。此处不妨摘取数例，略作小议，引以为鉴。

【例一】

姜维第四次北伐中原时，蜀、魏两军曾对峙于祁山。当时，姜伯约看到在祁山难以突破敌军防线，便留下少数兵力，令部将每日带"百余骑出哨，每出哨一回，换一番衣甲、旗号，按青、黄、赤、白、黑五方旗帜相换"，自己却率主力偷出董亭，直奔魏军缺乏防范的南安而去，企图以声东击西之计，达到避实击虚的目的。但邓艾确非等闲之辈，他凭着一双"火眼金睛"，立刻识破了姜维的诈术。演义写道：

却说邓艾知蜀兵出祁山，早与陈泰下寨准备，见蜀兵连日不来搦战，一日五番哨马出寨，或十里或十五里而回。艾凭高望毕，慌入帐与陈泰曰："姜维不在此间，必取董亭袭南安去了。出寨哨马只是这几匹，更换衣甲，往来哨探，其马皆困乏，主将必无能者。陈将军可引一军攻之，其寨可破也。破了寨栅，便引兵袭董亭之路，先断姜维之后。吾当先引一军救南安……"

果然，在魏军的进攻下，蜀兵一触即溃，落荒而逃。这一事例充分体现出了邓艾的料敌能力。

邓艾是怎样识破姜维的诈术的呢？从演义中可以看出这样几点：一、蜀军北伐，与魏军相持祁山，本应主动进攻，但邓艾却发现蜀军转攻为守，只是每天派出哨马侦察巡逻，这一反常现象在他的脑子里先打上了一个问号。而且，邓艾深知南安无重兵把守，姜维夺得此地，可西结羌兵，"取羌人之谷为食"，直接威胁魏军的翼侧。由此，便得出了"姜维不在此间，必取董亭袭南安去了"的结论。二、邓艾对敌情观察得非常仔细。他从蜀军"一日五番哨马出寨"的频繁活动中发现,敌人虽然每天出寨,但"哨马只是这几匹",由此判断敌军是换衣不换马,兵力必定不多。三、邓艾从敌军这种示形术中,进一步发现"其马皆困乏",从而料定军中"主将必无能者",因此,"引一军攻之,其寨可破也"。

从姜维用计方面研究这个事例,可以使我们悟出:示形用诈不可造作。造作者,故作姿态,逆常而行。姜维令守将一日五哨,这样频繁活动而不战,就等于自我表露,告诉敌人说:我是故作样子给你们看的。

在战场上,示形的目的是以假象来掩盖本质。然而,虑之不周,示之粗糙,却恰恰会暴露本质。因为假象也是表现本质的一条渠道,只不过是一种歪曲的表现罢了。与此相反,正确的判断,离不开对战场情况的细致观察。粗枝大叶,走马观花,往往会被假象所迷惑。所以,只有那些观察细心,善于思索的指挥员,才能透过战场上的蛛丝马迹,发现敌方的示形破绽。

【例二】

演义在描写姜、邓斗智中,还安排了两位将领斗阵法的情节,并由此引出了姜维智破邓艾的一段故事。那是在姜维第六次北伐中原时,他采用诸葛亮的"八阵"之法,大败邓艾,把魏军由祁山赶到了渭水之南。不甘失败的邓艾,忽然心生一计:令人去蜀寨下战书,叫部将司马望来日再同姜维斗阵法,而他自己"却引一军暗袭祁山之后",这样"两下混战,可夺旧寨也"。然而,邓艾的如意算盘打错了。姜维果断地批罢战书,然后对众将说道:"吾受武侯所传密书,此阵变法共三百六十五样,按周天之数。今搦吾斗阵法,乃'班门弄斧'耳!但中间必有诈谋。"他断定,邓艾"此必赚我斗阵法,却引一军袭我后也"。于是,将计就计,急令张翼、廖化引军去后山埋伏。结果,邓艾聪明反被聪明误,当他来袭祁山之后时,反中了蜀军的"圈套",再次被打得大败。

姜维智破邓艾一举,很符合通常的逻辑推理。据演义所写,由于姜维"受武侯所传密书",所以在斗阵法上,邓艾根本就不是姜维的对手,实践也已证明了这一点。按照逻辑法则推断，魏军绝不会以己之短，击敌之长，继续耍弄这种"班门弄斧"的蠢术了。但邓艾却违背这一逻辑常识，仍以斗阵法示形，就显得非常矫揉造作，这自然暴露了他别有用心的企图。不要说谋高智深的姜维，就连蜀军中的廖化等将领也看穿了这种诈术。由于违背通常的逻辑推理法则，邓艾自觉不自觉地重蹈了姜维的覆辙。

【例三】

姜维第八次北伐中原时，总结了以往失利的教训。过去他总是率军深入敌人的囤粮之地，但这里也正是魏军重点守备的区域，因此每次进攻都形成相持局面，最后无功而返。这次作战，姜维一改常法，撇开粮草丰厚的祁山，却将进攻矛头直指无粮的洮阳，企图打开一条北伐的新路。殊不知，强中更有强中手，邓艾一眼就识破了姜维的意图，表现出高人一筹的料敌能力。演义写道：

> 时邓艾正与司马望谈兵，闻知此信，遂令人哨探。回报蜀兵尽从洮阳而出。司马望曰："姜维多计，莫非虚取洮阳而实来取祁山乎？"邓艾曰："今姜维实出洮阳也。"望曰："公何以知之？"艾曰："向者姜维累出吾有粮之地，今洮阳无粮，维必料吾只守祁山，不守洮阳，故径取洮阳；如得此城，屯粮积草，结连羌人，以图久计耳。"

结果，姜维此次进攻又被邓艾所料，再一次碰到了魏军防御的实处，被对手打了个"正着"——前锋夏侯霸中计，身丧洮阳城下，先头部队军士无一生还。

从这一例中可以看出，邓艾和司马望虽说都研究了蜀军兵出祁山的历史经验和惯例，但司马望只看到蜀军每次北伐都把进攻的重点放在祁山粮地，却没有看到问题的另一面——敌手可能改变惯例，从而犯了经验主义的毛病，降低了自己的判断力。相反，邓艾没有把蜀军历次北伐的经验当成思维模式来套用，而是从敌手的角度看问题，进行辩证的思维，因此准确地看到了敌人一改惯例，避实击虚的企图。可见，思维方式的正确与否，对战场上的示形、用诈和料敌有着多么重要的作用啊！

【例四】

姜维攻打洮阳失败后,蜀将张翼向他献了一计:"魏兵皆在此处,祁山必然空虚。将军整兵与邓艾交锋,攻打洮阳、侯河;某引一军取祁山。取了祁山九寨,便驱兵向长安。此为上计。"姜维采纳了这条计策,立即令张翼率后军直袭祁山,自己却仍然原地不动,摆出了一副要与邓艾决战的架势。书中写道:

> 维自引兵到侯河搦邓艾交战,艾引军出迎。两军对圆,二人交锋数十余合,不分胜负,各收兵回寨。次日,姜维又引兵挑战,邓艾按兵不出。姜维令军辱骂。邓艾寻思曰:"蜀人被吾大杀一阵,全然不退,连日反来搦战,必分兵去袭祁山寨也。守寨将师篡,兵少智寡,必然败矣。吾当亲往救之。"乃唤子邓忠分付曰:"汝用心把守此处,任他搦战,却勿轻出。吾今夜引兵去祁山救应。"是夜二更,姜维正在寨中设计,忽听得寨外喊声震地,鼓角喧天,人报邓艾引三千精兵夜战。诸将欲出,维止之曰:"勿得妄动。"原来邓艾引兵至蜀寨前哨探了一遍,乘势去救祁山,邓忠自入城去了。姜维唤诸将曰:"邓艾虚作夜战之势,必然去救祁山寨矣。"乃唤傅佥分付曰:"汝守此寨,勿轻与敌。"嘱毕,维自引三千兵来助张翼。

这段战斗故事,写得十分生动有趣,余味深长。

首先,邓艾判断问题的方式很奇特。他从蜀军首战失利而又频繁挑战中,想到的不是如何正面迎战,再创蜀军,而是由蜀军的频繁挑战,联想到祁山之虚,从而识破了姜维的"诈术"。它启示我们,指挥员要正确判断战场情况,就必须学会"全方位"思维,能够跳出当面战场的空间界限联想全局的情况,站在全局的高度抓住问题的关键所在。然而邓艾料敌虽然正确,但在示形用诈上却不高明。他为了援救祁山,故意来了个"虚作夜战",多此一举,反为对手留下了料敌的把柄。正像今天的战场上,欲撤退要来一次反冲击一样,这种假招数,用来对付一般的敌人是可以的,对付狡猾的敌手则无异于自我暴露。

其次，姜维也不愧是颇有战场经验的将军。他从魏军白天坚守、夜间出战的反常现象中，敏锐地觉察到邓艾此时挑战非同寻常。他以己度彼，断定邓艾此举也是一种虚张声势的"诈战"，醉翁之意不在酒，邓艾的真实意图在于援救祁山。于是，他率主力直奔祁山，结果使"邓艾折了一阵，急退上祁山寨不出"，两军再次于祁山形成了对峙。

上述四例，姜维、邓艾相互示形用诈，又相互判断对方企图，各有所得，又各有所失。在战术方面，姜、邓二人的判断能力和谋略水平旗鼓相当，不相上下，是一对真正的对手。特别是第四例表现尤为突出，以致对方在战场上都难有进取。在这样一个将遇良才的棋盘上，哪一方若想打破相持的僵局，走活全盘，就非得从更高的层次上和更大的范围内去思索问题，设谋定计不可。

关于姜、邓斗智的故事，史料中虽然有所记载，但远不如演义描写得那样有声有色，回旋曲折。演义对史料的艺术加工，无疑会使读者在谋略思想上受到更深刻的启迪。

将军要熟知战场情况

在姜、邓斗智的故事中，邓艾敏锐的观察判断力给人留下了深刻的印象。他之所以能有这种判断力，与他细心研究战场情况是分不开的。魏军守陇西时，邓艾在料敌决策方面高出其他魏将一筹，其中很重要的一点，就在于他熟知陇西、祁山一带的地形地物。雍州老将陈泰在与刚到陇西不久的邓艾谈兵时，曾啧啧惊叹："吾守陇西二三十年，未尝如此明察地理。"

邓艾明察地理，潜心研究战场，从而大大提高自己的预见力的事例，书中比较典型的有两个。

一个是姜维第四次北伐时，邓艾从蜀军"一日五番哨马出寨"的频繁活动中，识破了姜维"换衣不换马"的诈术后，思得一计，他对陈泰说道："吾当先引一军救南安，径取武城山。若先占此山头，姜维必取上邽。上邽有一谷，名曰段谷，地狭山险，正好埋伏。彼来争武城山时，吾先伏两军于段谷，破维必矣。"果然，姜维在武城山受阻后，便直取上邽，乖乖地被"引"进了段谷。魏军利用这里的有利地势，三路夹攻，把姜维打得大败。当时，魏军诸将无不佩服邓艾深察地理，富有韬略的军事才能。

再一个是姜维第六次北伐时，蜀、魏两军相持于祁山。姜维率领兵马，分左、中、右三寨扎于祁山谷口。没想到，邓艾早已"度了地脉"。料定蜀军会在此处下寨，预先挖好了地道。那地道伸向对方的一端，正巧就在蜀军的"左寨之中"。邓艾看了敌军的营寨，喜出望外，便乘敌立足未稳，连夜派兵从地上、地下直袭蜀营。蜀军左营的人马被打了个蒙头转向，慌忙"弃寨而走"。这一战，邓艾成功地拔掉了蜀军的左寨，虽没有连挫蜀军的中寨和右寨，但由此完全可以看出，邓艾因明察地理所具有的惊人的预见力。联想到后来在魏灭蜀的关键一战中，邓艾又从阴平渡险，率奇兵直袭成都，一举获得成功（后文尚有专评）的故事，就更能看出指挥员熟知战场的意义了。

战场，是敌我双方作战的一定的空间，也是军事指挥员施韬展略的舞台。孙子在"地形篇""九地篇"中，对将帅了解地形的重要性，以及地利对夺取作战胜利的意义有过深刻论述。今天，军事地形学已成为指挥员的必修课，天文地理知识已是指挥员知识结构中不可缺少的成分。然而，古往今来，并不是所有指挥员都充分认识到了研究战场地形，熟悉作战地域的兵要地志、风土民情的重要性。陈泰驻守陇西二三十年，对祁山一带的地形地势情况却仍然一知半解。而邓艾由于重视战场调查研究，到任后很快熟悉了预定战场的山山水水、一草一木，头脑里有了一张"活地图"，为灵活用兵创造了有利条件。这说明,作为防御者,即使是在守备区域长期驻扎,也还不足以成为这个预定战场上的主宰者。指挥员只有深入细致地调查研究,了解熟悉预定战场的地形地势、水文气象等各种情况后,才有可能使这些自然条件成为自己的"天然盟友",在有限的战场舞台上导演出威武雄壮的军事活剧来。

另外,我们今天在进行反侵略战争准备时,常常提到要加强预定战场的建设。其实,这一任务是和研究了解战场紧密联系着的。如果对战场缺乏研究,了解不细,那么,预定战场的建设也就不可能抓住关键,建到点子上。邓艾正是深入研究了陇西、祁山一带的地形,预见到了未来的作战可能会发生的情况,才事先就把地道挖到了敌人营寨的脚下。

我们应该像邓艾熟悉陇西地形那样了解未来坚守地域的各种情况;切忌像陈泰那样,久驻防区但对那里的山水草木却不甚了了。

关于邓艾明察地理的情况,《三国志·邓艾传》中没有详细记载,只是说:"艾在西时,修治障塞,筑起城坞。"后来,"羌虏大叛,频杀刺史,凉州道断。吏民安全者,皆保艾所筑坞焉。"不过,从这短短的记述中可以看出,邓艾在战场建设上确实是颇有些眼力的。

灭虢取虞与声东击西

据演义所讲,魏军同蜀军于陇西一带经过连年的较量,在军事上终于占了上风。这时,掌握着曹魏军政大权的司马昭,综观天下形势,提出了一个统一天下的战略设想:"今先定西蜀,乘顺流之势,水陆并进,并吞东吴,此灭虢取虞之道也。"于是,魏军一改过去的守势,趁姜维率军避祸屯田①,蜀国东部边境兵力空虚,汉中腹地守备薄弱之际,向西川发动了大规模的进攻。

谁知,在这次作战中,担任主攻任务的钟会接受将印之后,"却以伐吴为名,令青、兖、豫、荆、扬等五处各造大船,又遣唐咨于登、莱等州傍海之处,拘集海船",摆出了一副攻伐东吴的架势。司马昭对此十分不解,于是召钟会问道:"子从旱路收川,何用造船耶?"钟会回答:"蜀若闻我兵大进,必求救于东吴也。故先布声势,作伐吴之状,吴必不敢妄动。一年之内,蜀已破,船已成,而伐吴,岂不顺乎?"司马昭恍然大悟。钟会的这一"声东击西"之策,果真"震"住了东吴,麻痹了西蜀。魏军乘机一鼓作气,很快就攻下了汉中。

钟会示形于东吴,用兵于西蜀,这一个在战略上声东击西的举动,实际上和司马昭"灭虢取虞"统一天下的设想是一致的。

从当时的战略形势看,经过连年的混战之后,魏、蜀、吴三家的力量对比发生了显著变化。自从魏主政归司马氏之后,曹氏只是名义上的皇帝了。司马氏执政期间,在两淮、关陇地区大力屯田,广修水利,发展生产;在政治上,到灭蜀之前,已顺利地排除了异己,内部比较稳定;军事上又接连挫败了蜀军的北伐,国力、军力都大大增强,已经具备了灭蜀吞吴的实力。而蜀汉在诸葛亮死后,则出现了人才凋敝的局面,后主刘禅昏庸无能,朝政被宦官黄皓把持,政治腐败,内部矛盾重重;再加上姜维"九伐中原"屡遭挫折,士气大丧,军力衰竭,人民苦于兵役、徭役,生产受到严重影响,正如孙子所讲:"久暴师则国用不足。夫顿兵挫锐、屈力殚货,则诸侯乘其弊而起,虽有智者,不能善其后矣。"(《孙子兵法·作战篇》)可以说,蜀汉这时已经处于日暮途穷的下坡路上。一贯划江自守

---

① 由于刘后主昏庸无能,宦官黄皓等把持朝政,姜维北伐中原屡受干扰破坏。姜维决心除掉黄皓,但没有成功。为免遭杀身之祸,他不得不率军进驻沓中屯田。据史料讲,蜀军当时兵力仅有九万,可姜维屯田就带走了五万,结果造成了西蜀边境和腹地兵力空虚。

的东吴，在孙权死后，嫡庶争立，宗室大臣互相残杀，争权夺利，朝政也开始出现混乱的局面。不过，这时东吴仍然保持着一支实力比较强大的军队。

司马昭根据这一形势，制定了先灭蜀、再灭吴的战略方针，即"灭虢取虞"的战略设想。这一设想的意义是：一、体现了"拣弱的打"的军事思想，成功的希望大。二、灭掉蜀国后，进一步扩大自己的势力范围，就可以对东吴形成两面夹击的战略态势。三、夺取西川，能够获得益州这个丰厚的粮食基地；并且占据长江上游的有利地势，可以居高临下地水陆并进，攻击东吴。四、同西蜀连年交兵，已积累了丰富的作战经验，锻炼出一批能征善战的年轻将才，具有十分有利的制胜条件。

然而，魏军无论是从西蜀开刀，还是向东吴进攻，都必须防止吴、蜀再次联合。这是争夺战略主动权的关键，对于这一点，钟会看得十分清楚。他在贯彻司马昭"灭虢取虞"的战略企图中，大造战船，虚张声势，采取示形于东吴，用兵于西蜀的灵活策略，以造成西蜀孤立无援，东吴不敢贸然行动的态势，既有效地阻止了吴、蜀的再次联合，又为日后伐吴提前作了准备，这不能不说是极为高明的一招。后来的战争实践也充分证明了这一点。当魏军突然向西蜀发起全面进攻之际，蜀军被打得节节败退，而东吴却畏首畏尾，只是作了些"象征性"的支援，"犹激西江之水以救涸辙之鱼耳"。最后，司马氏成功地实现了"灭虢取虞"，各个击破的战略设想。

从谋略斗争的角度上看，在古代战争史上，"声东击西"之策多使用于战术领域，像钟会在战略上运用得这样成功还是不多见的。这一点，应特别引起今天的军事指挥员的重视。

关于司马昭"灭虢取虞"的战略设想，《晋书·文帝纪》中说："帝（司马昭）将伐蜀，乃谋众曰：'自定寿春已来，息役六年，治兵缮甲，以拟二虏。略计取吴，作战船，通水道，当用千余万功，此十万人百数十日事也。又南土下湿，必生疾疫。今宜先取蜀，三年之后，因巴蜀顺流之势，水陆并进，此灭虞定虢，吞韩并魏之势也。'"在演义中，作者用画龙点睛之笔描述出了司马昭的这一战略设想。

不过,钟会施展"声东击西"之策进攻西蜀一事,却与史料记述不尽相同。《三国志·钟会传》中写道:"景元三年(公元262年)冬,以(钟)会为镇西将军,假节,都督关中诸军事。文王(司马昭)敕青、徐、兖、豫、荆、扬诸州,并使作船,又令唐咨作浮海大船,外为将伐吴者。"可见,这一计谋分明是司马昭的"杰作",作者却张冠李戴,安在了钟会的头上。这大概是由于"司马昭之心,路人皆知",在历史上名声不好,罗贯中有意贬低他的缘故吧。

注意弥补防御空间差

司马昭为了实现统一华夏的战略目标,集中雄厚的兵力,先向西蜀发动全面攻势,拉开了魏、蜀决战的帷幕。

自姜维率军进驻沓中屯田之后,西蜀东部边境防御力量薄弱,汉中腹地兵力空虚。司马昭根据这一情况,制定了总的作战计划:"绊(牵制)姜维于沓中,使不得东顾……直抵骆谷,出其空虚之地以袭汉中。"其具体部署是:以征西将军邓艾率西路军进攻沓中,与姜维正面相持,直接牵制蜀军主力;以雍州刺史诸葛绪率中路军进至阴平桥头,切断蜀军的东西联系;以钟会率东路军为主突部队,从骆谷、斜谷、子午谷乘虚袭汉中,夺剑阁,直取成都。

却说发起进攻之后,钟会大军以饿虎扑食之势,长驱直入蜀境,接连拿下南郑、阳安、汉城、乐城等地，一举夺得了汉中。接着，又把进攻的矛头直指剑阁。

剑阁，山势险要，是成都的门户，地理位置极为重要，若此处一失，成都便危在旦夕了。当汉中失守的消息传到沓中后，姜维大惊，立刻意识到整个形势的危险性，认为只有迅速驰援剑阁，阻住敌人的攻势，才能扭转危局。然而，驰援剑阁，并非易事。他不但要摆脱当面之敌邓艾的钳制和追击，更重要的是还得通过诸葛绪率重兵把守的桥头关卡。在这火烧眉毛的危急时刻，姜维的副将宁随急中生智，向他献了一条妙计："魏兵虽断阴平桥头，雍州必然兵少，将军若从孔函谷，径取雍州，诸葛绪必撤阴平之兵救雍州，将军却引兵奔剑阁守之，则汉中可复矣。"姜维采纳了宁随的计策，立即率军进入孔函谷，诈取雍州。头脑简单的诸葛绪果然上当，急忙撤军去救雍州，只留下了少数兵力据守桥头。而姜维却"约行三十里，料知魏兵起行，乃勒回兵，后队作前队"，乘机迅速抢过桥头，及时赶到剑阁，挡住了钟会的攻势。

姜维的这一果断举动，打破了司马昭的整个作战计划：不但使邓艾、诸葛绪两路大军没有达到钳制姜维主力和分割东、西蜀军的作战目的，而且也挫败了钟会乘虚夺剑阁，直袭成都的进攻企图。姜维凭借着剑阁天险，设防固守。钟会大军屡攻不克，加之粮道险远，军众乏食，遂陷入进退维谷的境地。

由于姜维巧妙摆脱魏军的追击堵截，迅速驰援剑阁，从而使蜀军争得了有利的一局。这一局，可以说是蜀军及时填补防御作战"空间差"的成功举动。

战争经验表明，防御之军用有限的兵力在绵亘广阔的战线上防守，常常会遇到一个矛盾：若要处处设防，必然分散力量，致使防御缺乏弹性，容易被对方集中兵力从一点或几点突破；若坚持重点设防、重点守备，虽然可以集中兵力，加大防御纵深，但在作战部署上又必然会出现"空白区"。防御者要解决好这一矛盾，必须注意两个问题：一是要力争准确地判断和把握住敌人的主突方向、路线，力求使自己的防御重点与敌人的主突方向相吻合；二是要保留一定的机动兵力，在情况发生变化时，仍能够及时填补"空间差"。

姜维因避祸屯田于沓中，带走蜀军主力，这在军事上造成了两点失误：第一，没有认识到在蜀弱魏强的形势下，蜀军的战略指导应当由进攻转为防守。由此，在力量部署上缺乏通盘研究和权衡全局，从而形成了主力集中于西，东部防守薄弱的兵力失调的局面。第二，为了实现诸葛亮的遗志，继续坚持兵出祁山的老办法。姜维视陇西、祁山为蜀、魏双方的必争之地，不但将蜀军主力集中在靠近陇西、祁山一带的沓中，企图日后"尽图陇右诸郡"；而且还错误地认为此处也必是魏军的主要进攻方向，忽略了敌人从骆谷、斜谷、子午谷出兵的可能性。

可见，要真正解决防御作战中的"空间差"问题，关键是要有个正确的防御作战指导思想。只有在正确的战略方针指导下，才能恰当合理地布防，灵活适时地使用机动部队。在魏、蜀决战中，姜维虽然以他机智果敢的行动，及时填补了防御中的"空间差"，一度稳住了战局，但由于蜀军在全局部署上的失调，致使姜维一军孤掌难鸣，无法东西兼顾。他虽堵住了钟会大军的突击，却为邓艾阴平渡险留下了新的空当。这也说明，以一军对付敌军的三路攻击，且又只取守势，机动能力受限，这就很难从根本上填补防御作战的"空间差"。

关于姜维驰援剑阁一事，《资治通鉴·魏纪十》中是这样记载的："（姜维）闻诸葛绪已塞道屯桥头，乃从孔函谷入北道，欲出绪后；绪闻之，却还三十里。维入北道三十余里，闻绪军却，寻还，从桥头过，绪趣截维，较一日不及。"从这段记述中可以看出，历史的记载同小说的描述相符，说明真实的姜维也确实是一位机智果敢的战术家。

奇兵冲其腹心
——邓艾阴平渡险的启示

战争历史表明,在正面战场出现僵持局面的情况下,轻兵袭后常能一举改变战局。邓艾阴平渡险,就是魏、蜀决战中这样带关键性的"一招棋"。足智多谋的邓艾率轻兵开山辟路,"自阴平行无人之地七百余里",直捣敌人的"心脏"——成都,结果使姜维的六万兵马(合张翼等部众)无用武之地,终于导致了西蜀政权的覆亡。

纵深,历来是作战双方最敏感的地区,是改变战局的枢纽部。在魏、蜀决战的初期阶段,当钟会长驱直入蜀汉腹地之际,远在沓中的姜维巧妙摆脱邓艾、诸葛绪两路兵马的追击堵截,迅速驰援剑阁,成功地打破了司马昭"西路钳制,东路突击"的作战企图。由于姜维牢牢把住剑阁这一战略要冲,致使钟会大军攻难以进取,守难以持久,由主动转变为被动。然而,邓艾出其不意地从阴平渡险,对敌实施纵深打击,使得蜀军防御的"空间差"增大,无法填补,主动权又易于魏军之手。

历代兵家对邓艾的这一举动有诸多评说,有的认为是一个成功的奇袭战例;有的认为是灵活穿插的典范;还有的认为是邓艾深察西蜀地理的结果等。这些无疑是正确的。但邓艾阴平渡险的成功,还说明了一个尤其值得研究的问题:当两军处于相持态势时,设法避开对方的防御硬壳,迅速地向敌人纵深的"软腹部"插刀,是从根本上扭转战局,争得主动的良策。在魏、蜀决战中,倘若没有邓艾阴平渡险这一"绝招",蜀军虽然处于劣势地位,但依托着有利的险要地势，仍可长期抗拒魏军的正面突击，直至拖垮对手，使司马昭无功而返。

邓艾向敌人"软腹部"插刀的这一作战思想，一直被历代兵家所重视，甚至在现代战场上仍继续显示出其重要意义。1973年第四次中东战争中，以色列在"巴列夫防线"被突破的不利形势下，曾企图依靠顽强抵抗和连续反击来阻止埃、叙军队前进，但始终未能扭转被动局面。后来，以军利用一支轻兵劲旅，从埃军第二、三军团的结合部快速渡过运河，大胆地直插埃军后方纵深，一举切断了埃军第三军团战略预备队的开进道路，合围了苏伊士城，并直接威胁到开罗，从而使战局迅速发生转变。目前，现代军事理论家们已经把这种纵深打击的战法，作为一个重要的兵法思想正式提出。无论是美军的"空地一体作战"理论，还是苏军的"战役机动集群"理论，都明确地体现了这一思想。

综上所述可以看出，纵深打击对进攻者是争取主动权的重要手段，对防御者来说更有其特殊的意义。在魏、蜀决战中，假如不是邓艾轻兵袭后，而是蜀军有一支精兵威逼长安，则很可能会造成魏军战略进攻的全线崩溃。然而，许多军事理论家，往往只把纵深打击看作是进攻者的"绝招"，看不到它更是防御者的"法宝"。事实证明，处于内线防御的一方，如果眼睛只盯住正面战场，充其量只能在一定时间内顶住敌人的正面突破，而不会从根本上改变防御态势。防御者只有向进攻者的纵深处使用力量，才有可能扭转整个防御态势，由被动转为主动。

实施纵深打击，向敌人的"软腹部"开刀，需要有些战略眼光。古人讲："善弈者，谋其局而不谋其子。"无论进攻或防御，都不能只着眼于在双方接触线上打击对方，而要注意把一定的力量投向对方的深远纵深，打破对方的力量平衡。在魏、蜀两军主力相持于剑阁的时候，邓艾能够果断地从阴平渡险，这固然是由于邓艾明察地理的缘故，但更重要的还应归功于他那通观全局的战略眼光。正如邓艾在渡险之前上书司马昭所言："今贼摧折，宜遂乘之，从阴平由邪径经汉德阳亭趋涪，出剑阁西百里，去成都三百余里，奇兵冲其腹心。剑阁之守必还赴涪，则（钟）会方轨而进；剑阁之军不还则应涪之兵寡矣。军志有之曰：'攻其无备，出其不意。'今掩其空虚，破之必矣。"（《三国志·邓艾传》）这番话充分体现出邓艾的战略才能。

实施纵深打击，向敌人的"软腹部"开刀，还需要有充分的胆略。这是因为，要避开对方的正面力量，直插其纵深，往往需要从敌人的不意之地和不虞之途进击。而大凡敌不虞之处，又多是天险栈道之绝地。阴平渡险，在史料中也叫阴平凿险，可以想象阴平一带的地势是何等险要。对此演义有一段很精彩的描写：

> 艾乃先令子邓忠引五千精兵，不穿衣甲，多执斧凿器具，凡遇峻危之处，凿山开路，搭造桥阁，以便军行。艾选兵三万，各带干粮绳索进发。约行百余里，选下三千兵，就彼扎寨；又行百余里，又选三千兵下寨。是年十月自阴平进兵，至于巅崖峻谷之中，凡二十余日，行七百余里，皆是无人之地。魏兵沿途下了数寨，只剩下二千人马。前至一岭，名摩天岭，马不堪行，艾步行上岭，正见邓忠与开路壮士尽皆哭泣。艾问其故。忠告曰："此岭西皆是峻壁巅崖，不能开凿，虚废前劳，因此哭泣。"艾曰："吾军到此，已行了七百余里，过此便是江油，岂可复退？"乃唤诸军曰："'不入虎穴，焉得虎子？'吾与汝等来到此地，若得成功，富贵共之。"众皆应曰："愿从将军之命。"艾令先将军器撺将下去。艾取毡自裹其身，先滚下去。副将有毡衫者裹身滚下，无毡衫者各用绳索束腰，攀木挂树，鱼贯而进。邓艾、邓忠，并二千军，及开山壮士，皆度了摩天岭。

军事辩证法就是这样，正因为阴平一带地势险要，才造成了蜀军的不意。俗话说："地无兵不险，兵无地不强。"阴平虽险，但蜀军因无一兵一卒防守，这一险地反而成了魏军走向胜利的通途。

关于邓艾阴平渡险一事，史料中确有记载。演义比较真实地反映了这一事件，将邓艾阴平渡险的艰难情景描写得使人如临其境，不仅刻画出了邓艾智勇双全的人物性格，同时也形象地体现了深入敌后以"奇兵冲其腹心"的谋略思想。

兵有先声而后实者
——邓艾的"李左车之计"

演义讲道,邓艾阴平渡险成功之后,紧接着便迅速挥师夺江油,取涪城,克绵竹,最后终于迫降了成都的刘禅。此时,这位颇有战略头脑的将军,再也按捺不住他那激动的心情,一到成都便以"进不求名,退不避罪"的大将之风,按照自己的一套想法大干了起来。他不待禀命,便擅自"拜后主为骠骑将军,其余文武,各随高下拜官",并"请后主还宫,出榜安民,交割仓库",令蜀官张峻、张绍"招安各郡军民"。接着,邓艾又向司马昭上书,提出了一个富有战略远见的建议:

"臣艾切谓兵有先声而后实者,今因平蜀之势以乘吴,此席卷之时也。然大举之后,将士疲劳,不可便用;宜留陇右兵二万、蜀兵二万,煮盐兴冶,并造舟船,预备顺流之计;然后发使,告以利害,吴可不征而定也。今宜厚待刘禅,以致孙休;若便送致来京,吴人必疑,则于向化之心不劝。且权留之于蜀,须来年冬月抵京;今即可封禅为扶风王,锡以资财,供其左右,爵其子为公侯,以显归命之宠,则吴人畏威怀德,望风而从矣。"

谁知,他的这一正确见解竟引起了司马昭的猜忌。他"深疑邓艾有自专之心",便随手使出了借刀杀人之计,使邓艾、钟会这两位年轻有为的将领因争功而火并,先后丧命身亡。

在历史记载中,不仅确有魏军内部火并,邓、钟二将丧身殒命一事,而且邓艾上书司马昭提出的"吴可不征而定"的战略计划，也是真实的。《三国志·邓艾传》中写道："艾言司马文王曰：'兵有先声而后实者。今因平蜀之势以乘吴，吴人震恐，席卷之时也。然大举之后，将士疲劳，不可便用，且徐缓之。留陇右兵二万人，蜀兵二万人，煮盐兴冶，为军农要用，并作舟船，豫顺流之事，然后发使告以利害，吴必归化，可不征而定也。今宜厚刘禅以致孙休，安士民以来远人，若便送禅于京都，吴以为流徙，则于向化之心不劝。宜权停留，须来年秋冬，比尔吴亦足平。以为可封禅为扶风王，锡其资财，供其左右。郡有董卓坞，为之宫舍。爵其子为公侯，食郡内县，以显归命之宠。开广陵、城阳以待吴人，则畏威怀德，望风而从矣。'"可见，演义基本上挪用了史料中邓艾上书司马昭的这段原话。

  许多军事历史家们认为，邓艾向司马昭提出的"吴可不征而定"这一建议，是采用的李左车之计，其中"兵有先声而后实者"一句，是李左车的原话。据《史记·淮阴侯列传》载，韩信背水列阵大破赵军之后，曾虚心地向赵军谋士李左车征求破燕之策。李左车向他分析道："今将军涉西河，虏魏王，禽夏说阏与，一举而下井陉，不终朝破赵二十万众，诛成安君。名闻海内，威震天下，农夫莫不辍耕释耒，褕衣甘食，倾耳以待命者。若此，将军之所长也。然而众劳卒罢，其实难用。今将军欲举倦弊之兵，顿之燕坚城之下，欲战恐久力不能拔，情见势屈，旷日粮竭，而弱燕不服，齐必距境以自彊也。燕齐相持不下，则刘项之权未有所分也。若此者，将军所短也。臣愚，窃以为亦过矣。故善用兵者不以短击长，而以长击短。"接着，李左车向韩信献了一计："方今为将军计，莫如案甲休兵，镇赵抚其孤，百里之内，牛酒日至，以飨士大夫醳兵，北首燕路，而后遣舌辩士奉咫尺之书，暴其所长于燕，燕必不敢不听从。……兵固有先声而后实者，此之谓也。"韩信照计行事，燕国果然投降了。

  邓艾在灭蜀之际，魏军声威大振而将士疲劳之时，效仿李左车"兵先有声而后实"的策略思想，向司马昭提出的征服东吴的建议，可以说完全符合当时的实际情况，是非常高明的一招。《孙子兵法》中说："不战而屈人之兵，善之善者也。"假若司马昭能够采纳邓艾这一富有远见的建议，暂不把刘后主押解洛阳，而让他在西蜀先做几天"傀儡"，与此同时，一方面以其强大实力对东吴实行战略威慑，另一方面从外交上诱迫吴主屈服，就很有可能使东吴不战而降。然而遗憾的是，司马昭因其多疑之心，不仅借刀杀了邓艾，也拒绝实行这一战略计划，结果使司马氏统一中国的时间整整向后推迟了十七年。

羊祜的怀柔之计

司马昭灭蜀之后，由于没有采用邓艾的"先声而后实"之策，使晋、吴双方在军事上相持了十多年时间，在这一相持过程中，晋国尚书左仆射羊祜都督荆州，采用"怀柔之计"，对后来晋军顺利灭吴，起了非常重要的作用。

所谓怀柔之计，指封建社会中统治者采用政治收买手段，笼络人心，维护自己统治，安抚小诸侯国或偏远的割据势力，使其归顺的一种策略。《礼记·中庸》中说："柔远人则四方归之，怀诸侯则天下畏之。"《国语·周》中说："谓君其何德之布以怀柔之。"《左传·僖公二十四年》中说："其怀柔天下也，犹惧有外侮。"从军事角度讲，怀柔之计则是通过采取笼络和安抚敌国边民、军队的政治手段，来实现一定的军事目标。

羊祜，字叔子，泰山南城（今山东费县西南）人，是晋武帝司马炎的一位心腹大臣。在魏末时，他曾任相国从事中郎，参与司马昭的机密大事。司马昭死后，司马昭的儿子司马炎将魏主曹奂赶下台，自立为帝，又派羊祜都督荆州，镇守襄阳，对付吴军。

据演义描写，羊祜一到襄阳，一方面"减戍逻之卒"，另一方面开屯田，储军粮，积极进行灭吴的准备。与此同时，羊祜对东吴则采取了"务修德信"的怀柔之术，以瓦解吴国军民的斗志。其具体措施是：一、"吴人有降而欲去者，皆听之。"二、每次集兵游猎，都将先被吴人所伤而后为晋军所得的猎物，全部还给对方。一次，羊祜率众将打猎，正好碰上吴军主将陆抗出猎。羊祜立即下令："我军不许过界。"众将得令后，皆"止于晋地打围，不犯吴境"。晚上，羊祜归营后，又亲自"察问所得禽兽，被吴人先射伤者皆送还"，从而使陆抗深受感动。三、与陆抗互通使者，礼尚往来。陆抗为了感谢羊祜送还吴军猎物，特地送给羊祜一壶"亲酿自饮"的好酒，晋军部将恐其中"有奸诈"，极力劝阻羊祜"且宜慢饮"，但羊祜毫不怀疑，当着众人竟一饮而尽。"自是使人通向，常相往来。"后来，羊祜从吴方使者口中得知"主帅卧病数日未出"，便将亲自调制的"熟药"，托来者带给陆抗。陆抗服后，果然"次日病愈"。他感慨地对众将说道："彼专以德，我专以暴，是彼将不战而服我也。今宜各保疆界而已，无求细利。"另外，史料中还说："祜出军行吴境，刈谷为粮，皆计所侵，送绢偿之。"（《资治通鉴·晋纪一》）羊祜通过这一系列活动，长此以往，果然使东吴江陵、南郡一带军民无不归心。后来，晋军大举进攻时，吴兵士气涣散，不是一触即溃，就是望风而降，军事要冲江陵等地皆不战而下。司马炎仅用了短短四个月时间便灭亡了吴国。

羊祜对东吴实施怀柔之计，可以给我们几点深刻的启示：

首先，军事家要有点战略眼光。凡干大事业，不能急功近利。即所谓"审全局而不尚近功"。为了实现战略目标，要善于运用灵活的策略，学会以柔克刚。怀柔之计，也可以说是一种柔性战略，它比军事上的硬对抗，有着更深远的价值。毫无疑义，当时晋灭吴的大势已定。羊祜镇守襄阳，时时都在作着灭吴的准备，但他没有以军事力量直接威胁、遏制对方，而是做出了一副"诚心诚意"地与敌军和平共处的友好姿态，积极和对方"拉关系""交朋友"。当吴军的斗志逐渐出现衰退时，晋军有些将领认为时机已到，建议羊祜"乘其无备而袭之"，但羊祜坚决拒绝采取军事行动。他认为，"若不审时势而轻进，此取败之道也"，只有继续采取怀柔之计，"候其内有变，方可图取"。这充分显示出了羊祜的远见。东晋史学家习凿齿曾对羊祜的这一招予以高度评价："夫残彼而利我，未若利我而无残；振武以惧物，未若德广而民怀。匹夫犹不可以力服，而况一国乎？力服犹不如以德来，而况不制乎？是以羊祜恢大同之略，思五兵之则，齐其民人，均其施泽，振义纲以罗强吴，明兼爱以革暴俗，易生民之视听，驰不战乎江表。故能德音悦畅，而襁负云集，殊邻异域，义让交弘，自吴之遇敌，未有若此者也。"

怀柔之计也是一种攻心之策。羊祜对东吴所采取的每一次友好交往活动，其实都包含着既定的企图和目的。这就是力图从心理上征服对方，使对方不以敌视的态度对待晋人，在握手言欢、称兄道弟的密切来往中，忘记晋军是他们的主要敌人。事情的发展正是这样，当吴主命陆抗"作急进兵，勿使晋人先入"时，陆抗却疏章上奏，"备言晋未可伐之状"，反劝吴主"修德慎罚""不当以黩武为事"。再者，据《汉晋春秋》等史料记载，由于羊祜"务修德信"的一系列举动，使吴国边境一带的百姓皆"怀羊敌之德"，并"有弃主之虑"。后来，羊祜病死，消息传到江南，就连吴军守边将士"亦为之泣"。从这里可以看出，羊祜的怀柔之计确实是一种夺敌之心的高明策略。

怀柔之计是强者对弱者施之以恩惠，在拥有强大实力的情况下，拉拢和安抚对手。这与"卑而骄之"的谋略大不相同。羊祜施展怀柔之术，不像当初吕蒙、陆逊对关羽那样，采取示弱献媚的方法，以滋长对方骄傲麻痹情绪。羊祜之时，晋强吴弱，吴人担心晋国的吞并，若直接以军事行动，将迫使吴军决一死战，晋虽能胜，但要付出相当大的代价。羊祜采取怀柔之计，必然使吴国边境军民感恩戴德，以致失掉死战之心和抵抗精神。

历史经验告诉我们，武力往往并不能使弱者屈服，而"柔情"则能软化对手的意志；剑拔弩张，并不能吓倒弱者，相反，则可以促使弱者自强不息，并形成强大的内聚力，这对实现自己的未来目标是不利的。一般地说，军事斗争是实现政治目的的一种手段;同样,政治手段也可以为军事行动创造条件。当羊祜"闻陆抗罢兵,孙皓失德,见吴有可乘之机"时,便及时向司马炎提出了灭吴的战略设想。虽然因当时朝中有人阻碍,羊祜的这一建议没能立即实行,但在羊祜死后,司马炎还是按照羊祜生前的建议进行了灭吴的作战部署。所以,司马炎在灭吴之后曾执杯流涕,对众人说道:"此羊太傅之功也,惜其不亲见之耳!"《资治通鉴》也对此作了实事求是的评说:"成伐吴之计者,祜也,凡其所为,皆豢吴也。"

晋灭吴之战中的木马计

提起"木马计",人们自然会想起古希腊神话中奥德修斯攻打特洛伊城的故事。据传说,特洛伊的王子帕里斯在访问希腊时,使用奸计诱走了王后海伦。希腊人非常愤怒,因此出兵远征特洛伊。但由于特洛伊城设防坚固,一连九年,都没有攻克。到第十年,希腊将领奥德修斯想出一计,他把一批精兵埋伏在一匹大木马腹内,放在城外,佯作退兵。特洛伊人在清理战利品时,把木马移到城内。到了夜间,木马中的伏兵跳出,打开城门,城外的希腊兵蜂拥而入,一举拿下了特洛伊城。

毛泽东同志在《矛盾论》中曾经指出:"《水浒传》上宋江三打祝家庄,两次都因情况不明,方法不对,打了败仗。后来改变方法,从调查情形入手,于是熟悉了盘陀路,拆散了李家庄、扈家庄和祝家庄的联盟,并且布置了藏在敌人营盘里的伏兵,用了和外国故事中所说木马计相像的方法,第三次就打了胜仗。"

其实，这种和木马计相像的战法，在《三国演义》中曾多次出现过，而在晋灭吴之战中，晋将周旨智夺乐乡一仗，则运用得尤为精妙。

晋咸宁五年（公元279年）十一月，司马炎见东吴朝廷腐败，国力削弱，终于下了灭吴的决心。他采用羊祜生前的建议，命镇南大将军杜预出江陵；镇东大将军琅琊王司马伷出涂中；安东大将军王浑出横江；建威将军王戎出武昌；平南将军胡奋出夏口；龙骧将军王濬、广武将军唐彬率舟师顺江东下，以六路大军并进，水陆齐发，突然向东吴发起了强大攻势。

演义写道，杜预一路向江陵进兵时，曾令牙将周旨"引水手八百人，乘小舟暗渡长江，夜袭乐乡"。周旨渡过江后，便带领部队"伏于巴山"，躲藏起来。第二天，吴军先锋孙歆和杜预在长江交战时，被打得大败，仓皇撤退回城，周旨乘机率伏兵混杂于败军之中，涌入城内，然后"就城上举火"。守城吴军顿时大乱，刚刚吃了败仗的孙歆被这突如其来的情况搞得不知所措，只是惊呼："北来诸军乃飞渡江也？"当他还没有完全反应过来时，便"被周旨大喝一声，斩于马下"。结果，晋军轻而易举地夺取了乐乡城，接着便直下江陵，长驱猛进。

俗话说：堡垒最容易从内部攻破。"木马计"的厉害之处，就在于它采取"孙悟空钻进铁扇公主肚里"的战法，配合正面攻击部队，在敌人的心脏腹地实施奇袭、破袭，以造成敌人内部的严重混乱，甚至瘫痪。

这种作战，同现在讲的特工战有许多相似之处：一是任务奇特，都是钻进敌人的纵深腹地，甚至高级指挥机关等要害处进行破坏活动，以小制大。周旨所率的八百轻兵钻入乐乡城内，对吴军的打击远比城外数倍兵力所起的作用要大得多。二是手段特殊，都采取浑水摸鱼、偷袭、破袭等方式，出奇制胜。晋军轻兵钻入敌人内部后，上城"举火"，一下便造成了吴军的混乱，孙歆甚至以为这支奇兵是从天上掉下来的。三是战术伪装巧妙，多采取化装、秘密潜伏、利用敌人心理错觉等方式，打入敌人内部。周旨夺乐乡，就是事先埋伏起来，然后利用敌军败退时争相逃命的慌张心理，随之混入城内的。

从晋军八百轻兵袭乐乡这个战例中可以看出，这种作战虽然规模小，兵力少，但却能完成大兵团难以完成的任务。事实证明，无论进攻或防御，单纯地采取正面平推和抗击的方式，其效果都是很有限的，倘若能适时地派出一支特工部队，钻入敌军内部，以作内应，则可能收到意料不到的效果。

在《资治通鉴》等史籍中，都有关于周旨率八百轻兵袭乐乡的记载，作战经过与演义所述基本相同。不过，历史上的孙歆并不是吴军的先锋，而是长江上游吴军的军事统帅——兵马都督；另外，他也没有被"斩于马下"，而是被周旨生擒活拿了。

第七编
成败综论

滚滚长江东逝水，浪花淘尽英雄……

大凡人类社会，每一个伟大的民族都有深厚的历史文化积淀。在中华民族的历史文化中，兵家权谋极具特色。历史是一面镜子，照亮前行的道路。回顾《三国演义》的谋略文化，以应对百年不遇之大变局，不仅是对历史的致敬，更是对现实的启迪。

得士者昌，失士者亡
——西蜀兴亡的重要原因兼论诸葛亮隆中对策的战略设想

世界上人是最宝贵的。奇迹要靠人去创造，光辉的业绩要靠人去建立，灿烂的未来要靠人去书写……大凡一个蒸蒸日上的时代，必然是人才涌流的时代；一个国家和民族是否兴旺发达，最显著的标志就是它对人才的吸引力和人才聚集的程度。

纵观《三国演义》这部突出描写军阀逐鹿的史诗，给我们最深刻的启示是：得士者昌，失士者亡。人才比什么都重要。西蜀政权的创建、发展与衰亡的过程，尤为突出地反映了这个历史逻辑。

一

邓艾一支轻兵阴平渡险，使西蜀政权毁于一旦。对此，历史学家们固然可以从政治、军事等方面找出不少经验教训，但应当看到，人才的凋谢，是西蜀覆亡的关键所在。暗弱的刘禅文不能选才，武不能用将，孔明一死，西蜀便出现了人才危机；加上宦官当道，迫害贤良，弄得姜维避祸屯田，使布防出现漏洞，终于被魏所灭。

当初，刘皇叔驻屯新野、三顾茅庐之前，虽然胸有大志，但因得不到真正的辅佐之才，关键时刻常难以正确决策，更无法确定夺取天下的奋斗目标，以致半生漂泊，无处立足。从他投靠公孙瓒起，到结陶谦、归曹操、顺袁绍、依刘表……处境一直十分狼狈。

"三顾茅庐"，孔明一篇隆中对策，好似拨云见日，使刘备找到了正确的奋斗方向。接着，"孔明始入吴游说，破操于赤壁，遂有荆州；得荆州，始图益州；图益州，始定汉中；汉中定，而帝王矣。"刘备在这一征战过程中，又先后得到了庞统、法正等有才之士。到西蜀政权建立时，刘备麾下已人才济济：文有诸葛亮、庞统（已阵亡）、法正等谋臣；武有关羽、张飞、赵云、马超、黄忠、魏延等虎将。这时，西蜀的事业可以说是达到了鼎盛时期。无论军事、外交斗争，处处都占有主动地位。然而，随着荆州之失、关羽之死、夷陵之败、刘备托孤，蜀国逐渐走了下坡路。以后虽然还有过诸葛亮开发西南的发展阶段，但与魏、吴相比，蜀国这时已经危机四伏。特别是诸葛亮六出祁山星陨五丈原，西蜀倒了"顶天柱"，其败亡的趋势也就确定了。

二

在探求西蜀先亡的原因时，后代不少史学家们对诸葛亮隆中对策的战略设想提出过非议。其中：

有的认为，诸葛亮促使刘备"弃天下而入巴蜀，则非地也"。（苏辙《三国论》）意思是说，巴蜀尽管有山川之险，但此势不足恃。

有的认为："荆州之兵利于水，一逾楚塞出宛、洛而气馁于平陆；益州之兵利于山，一逾剑阁出秦川而情摇于广野。恃形势，而形势之外无恃焉，得则仅保其疆域，失则只成乎坐困。以有恃而应无方，姜维之败，厉必然也。"（王夫之《读通鉴论》）不但地理条件的利中之弊，造成了蜀国军队的长中之短，而且请葛亮在战略上对奇正的处置也不妥当。"以形势言，出宛、洛者正兵也，出秦川者奇兵也，欲昭烈（刘备）自率大众出秦川，而命将向宛、洛，失轻重矣。"（《王夫之《读通鉴论》）

还有的认为，诸葛亮在隆中对策中说，"待天下有变，则命一上将军将荆州之兵以向宛洛，将军（刘备）身率益州之众以出秦川"，但孔明兵出祁山时，荆州已失，牵制方向的用兵，"不幸而变之无有也"，这时还坚持北伐，"轻用其师""是亮之无谋也"。（韩元吉《蜀论》）

研究三国可以看出，历史记载同演义的艺术描写，在战略上无什么大的差异。依笔者见，诸葛亮在隆中对策中提出的战略思想，基本上是正确的。益州有山川之险，进可以为依据，守可以作屏障，只要善于运筹，精于策划，完全可以成为自己争夺天下的"根据地"。像阴平、剑阁等地，都是"一夫当关，万夫莫开"的险要之处，倘若姜维具有战略"慧眼"，阴平之失应该说是可以避免的。从历史经验看，当年刘邦鸿门宴之后，率军进驻汉中，并烧毁了栈道，在这个险要偏僻之地整军经武，积蓄力量，待时机成熟后，一举杀出关中，先夺三秦，决战中原，最后灭项羽而得天下。另外，诸葛亮在隆中对策中，让刘备据荆襄，得益州，先从薄弱处击破，也是完全符合当时客观情况的。这一点，在隆中对策中分析得很明白。事实也是如此，直到赤壁大战后，刘备都不能和曹操相匹敌，只有向西发展。

还要看到，尽管有人提到诸葛亮应该将争夺中原的主突方向放在荆襄，但这种看法脱离了当时的战略格局。荆襄的地理位置正处在魏、蜀、吴三国交界的地带，是个非常敏感的地区。若蜀军将主突方向放在此处，必将在这里投入重兵，使之成为战争的热点，这样就会威胁到东吴的切身利益，从而迫使吴与魏结成军事联盟，对蜀军实施两面夹击。据《资治通鉴·汉纪六十》中载：当关羽水淹于禁、庞德七军之后，率军"急攻樊城"，此时"羽威震华夏"，这支精兵像一把尖刀，对魏军确实形成了真正威胁，曹操被吓得胆战心惊，企图"徙许都以避其锐"。这时，司马懿却敏锐地看出："关羽得志，（孙）权必不愿也。可遣人劝权蹑其后，许割江南以封权，则樊围自解"。果然，此招一施，早就想得到荆州的孙权便立刻在关羽背后做起了文章。关羽败走麦城，固然是由于他盲目地骄傲自大所致，但这也说明，像荆州这样三国交界的敏感地区，重在联合，若贸然采取军事行动，很容易遭到两方的夹击。由此可见，孔明在隆中对策中提出的"以出秦川"为主突方向，"以向宛、洛"为钳制方向的战略指导，是对当时天下大势深思熟虑之后而制定的，绝非任意提出或机械地模仿了昔日汉高祖的出兵路线。

另外，蜀国丢失荆州之后，仅剩益州一州之地，地盘窄小，人口有限。据史料记载，自刘备夷陵大败之后，到蜀军六出祁山之时，孔明苦心经营，尽全力重建了一支十万人的军队。若仅用这样一支兵力在战略上以宛、洛为正兵，以出秦川为奇兵，实际上等于分散了自己的力量，也就是说，西蜀此时已根本没有足够的兵力再造成战略上的声东击西之势了。

再者，前文已经提到，诸葛亮兵出祁山时，没有认清当时敌强我弱的战略态势，他企图在他有生之年，完成统一天下的大业。但是也要看到，孔明六出祁山虽然没有达到预定目标，但起到了以攻为守的作用，阻碍了魏军攻蜀，从攻势作战中保持了三国的均势局面。陈寿在《三国志》中评论说：诸葛亮"治戎为长，奇谋为短，理民之干，优于将略"。这里所说的"短"，主要是就孔明在祁山作战中，每次都采取稳扎稳打的平推战术，却不敢大胆直插敌人的纵深腹地，出奇制胜而言的。就是说，他的短，是短在战役、战术上过于小心谨慎，缺乏奇谋，并非短在战略设计上。

当然，用兵艺术最突出的特点是随机应变，机动灵活。诸葛亮六出祁山，姜维九伐中原，都是只记住了一条路，战法上比较呆板。特别是在后期，缺乏从三国争夺的战略全局考虑，未能紧紧联合东吴牵制住曹魏，由此出现了不少失误。不过，跳开诸葛亮作战的指导思想不谈，就其隆中对策的政略、战略规划来说，我们认为基本上是符合当时的实际情况的。

三

南宋著名学者陈亮曾经说过："吾尝论孔明而无死，则仲达败，关中平，魏可举，吴可并，礼乐可兴。"同时，他还根据孔明兵出祁山时三足鼎立的客观形势，按照隆中对策，作过一番灭魏平吴，统一天下的具体推想。无奈孔明"出师未捷身先死，长使英雄泪满襟"。为此，陈亮曾把西蜀覆灭的原因，遗憾地归结为是"天不相蜀，孔明早丧"所致。(《酌古论·孔明上》)我们是唯物主义者，不相信天命气数之说。西蜀的灭亡，非天意，而在人谋不足；非"天不相蜀"，而在蜀无贤德之主，辅佐之臣。诸葛亮一死，西蜀再没有了第二个孔明。人才凋谢，成为西蜀败亡的先兆。

有比较才有鉴别。曹操当权时，"推心以待智谋之士"，所以在他身边聚集着荀彧、郭嘉、荀攸、贾诩、程昱等，形成了一个人才群体。曹操死后，又出现了司马懿、邓艾、钟会等一群深藏韬略的"智囊"人物。为此，王夫之曾评价说："魏足智谋之士，昏主用之而不危。"

东吴的孙权，先是有周瑜辅佐，继而有鲁肃，然后又有吕蒙、陆逊等，也算得上人才辈出，一茬接着一茬，所以能鼎立江东很长时间。

刘备在夺取西蜀政权时，身边有"五虎上将"效力，又得"伏龙凤雏"相佐，可谓盛极一时。然而盛世一过，随着这些将领谋臣的相继亡故，西蜀也就人才无几了。诸葛亮死后，蒋琬、费祎曾相继执政，但蒋、费二人循规有余而才气不足，缺少进取能力，根本无法和诸葛亮相比。孔明在兵出祁山时虽然收服了姜维，但姜维作为一员武将只能管理军事，并且缺少战略眼光和政治头脑，不可能担负起治理国家、统一天下的大任。王夫之一针见血地指出："巴蜀、汉中之地隘矣，其人寡，则其贤亦仅矣。故蒋琬死，费祎刺，而蜀汉无人。"（《读通鉴论》）

西蜀后继乏人，造成这一历史局面与诸葛亮不无关系。应该说，诸葛亮是非常重视人才的，他在《便宜十六策》《将苑》等著作中有许多关于人才方面的论述。比如他在《将苑》中就提出了考察识别人才的七条标准："一曰，间之以是非而观其志；二曰，穷之以辞辩而观其变；三曰，咨之以计谋而观其识；四曰，告之以祸难而观其勇；五曰，醉之以酒而观其性；六曰，临之以利而观其廉；七曰，期之以事而观其信。"这说明，诸葛亮当时除了治国征战，还经常考虑选拔培养人才等重大问题。他很强调要知人善任，要根据个人不同特点，选拔使用人才，力图使蜀国出现一个"众贤云集"的政治局面。据史料记载，诸葛亮在这方面确实作出了一定成就。例如，他曾破格把庞统、蒋琬、杨洪等人提拔到重要位置上，充分发挥他们的才干，对于蜀国的强盛起了重要作用。但是诸葛亮在用人选才方面也有不少失误之处。譬如，"昭烈入蜀也，以荆州委孔明。孔明入蜀也，以荆州委（关）羽"，却带走了智勇双全、行事稳重的大将赵云，这与后来荆州之失不能说没有一点关系。另外，诸葛亮在祁山作战中，"任李严而严乱其纪，任马谡而谡败其功"。特别是诸葛亮在他的有生之年，虽然经常讲选才、用才，却没有培养出一名能继承自己事业的接班人，实在是一桩憾事。

宋代著名文学家苏洵写过一篇《管仲论》，其中说："故齐之治也，吾不曰管仲，而曰鲍叔；及其乱也，吾不曰竖刁、易牙、开方，而曰管仲。"意思是春秋时的齐桓公之所以能称霸天下，功劳并不全在管仲，关键在于鲍叔牙向齐桓公推荐了管仲，使他的才干得以发挥。后来齐国之所以混乱衰败，其过错也不能完全归于竖刁、易牙、开方这些乱臣，关键在于管仲生前没有除掉他们，没有及早向齐桓公推荐得力可靠的接班人。这段话充分说明了举贤荐能对于治理国家的重要意义。由此及彼，我们也可以说，西蜀的覆灭与诸葛亮生前在培养、使用人才方面的失误有着直接联系。

  诸葛亮在用人方面的最大不足，首先表现在他在识别、选拔人才上存在着偏见。水至清则无鱼，人至察则无徒。诸葛亮"端严精密"，但却由此产生出他的一个重要缺点：求全责备。正如后人评价他时说："明察则有短而必见，端方则有瑕而必不容。"（《读通鉴论》）他用人总是"察之密，待之严"，要求人皆完人；而对一些确有特长，又有棱有角的雄才，往往因小弃大，见其瑕而不重其玉，结果使他们有的"无以自全而或见弃"，有的虽被"加意收录，而固不任之"。例如，对于魏延这样一个长于奇谋的人才，诸葛亮总抓住他"不肯下人"的缺点，将其雄才大略看作是"急躁冒进"，始终用而不信，甚至在政治上一直怀疑他有反心。同时，诸葛亮对于那些有一技之长，但有较大缺点者，往往驾驭不得法，处之极端。例如，刘封本是一员勇敢的战将，孔明却认为他"刚猛难制"，劝刘备因其上庸之败而趁机除之；马谡原是一位既有所长（如开发西南时，"攻心为上"的建议就颇有战略眼光），也有所短的人才，诸葛亮在祁山作战中先是对他用之不当，丢失街亭后又挥泪将其斩首。正因为诸葛亮这种"求全责备"的偏颇，处之极端的做法，使得当时蜀国的许多大小官员谨小慎微，喜欢做表面文章。

  其次，由于诸葛亮生前出将入相，内政军戎"事必躬亲""罚二十以上必亲理"，不仅自己被弄得"食少事烦"，忙得吐血，而且这种包办代替的做法，也影响了接班人的锻炼成长，不利于他们经风雨，见世面。尽管诸葛亮对西蜀事业鞠躬尽瘁，忠心耿耿，但他的这种性格修养却影响了自己选拔人才的眼界，使他过于重德而轻才，再加上不重视培养益州本地干部，因此政权难以巩固。他的后继者蒋琬、费祎和姜维，相继无所作为，最后反被黄皓、谯周之流的小人所制。

在用人这一点上，诸葛亮与刘备、孙权、曹操等人相比，确实不及。孙权敢于放手使用年轻的军事指挥员，当周瑜、鲁肃、吕蒙、陆逊等人被提拔到重要岗位上时，他们大都是二三十岁的年轻人。曹操深知"大用者不务细行"的道理。例如官渡之战后，他将曹军内部一些人在战前写给袁绍的投降密信付之一炬，既往不咎，表现出了用才之大量，因此深得人心，"士长于略者，相踵而至"。刘备虽然在其他方面有些不足，但在建立西蜀政权时，谋臣武将，人才济济，这也就体现出了他用人的高明之处。而到武侯治蜀时，西蜀的人才已经寥若晨星。后来，曹魏向西蜀发动全面进攻时，蜀国只剩下姜维一人东遮西挡。这时，后方不仅兵力空虚，更重要的是人才空虚，以至邓艾阴平渡险后，西蜀朝中没有一人能够想出对策来，最后只好缚手就擒。其实，邓艾渡险之后，只有区区之兵，又精疲力竭，加之孤军深入，心理恐慌，假如这时西蜀朝中还有一个像法正那样水平的谋略家，也不至于如此收场。

总之，当我们评说蜀国先亡的原因时，不可丢掉人才这个重要因素；当我们分析西蜀后继乏人的原因时，应当从孔明身上找到许多对于我们今天都有借鉴意义的教训。

无进取则难以自保
——东吴战略指导上致命弱点

读演义，论三国，可以看出东吴孙氏政权战略指导上的一个致命弱点——划江自守，偏安一隅，缺乏进取精神。当然，不能否认，东吴孙氏政权盘踞江东这八十多年间，其间数立奇功，如赤壁之战、夷陵之战，都在历史上享有盛誉。这两次大战，使东吴的军力达到了鼎盛时期。就其人才而论，东吴虽比不上魏晋那样灿若繁星、众广济济，但从孙策创业之时，就有周瑜、鲁肃相随；后来又有吕蒙、陆逊辅佐；还有张昭、顾雍、诸葛瑾等臣僚相助。然而，其势力范围却一直没有得到大的发展，作战半径"北不逾合肥，西不过襄阳"，始终在长江中下游一带活动。当蜀汉开发西南、大举北伐的时候，东吴无大战（只是同魏军进行了几次小规模的交战），可以说是过了几年太平日子；而当曹魏发起灭蜀之战时，东吴仍然坐享太平，没有乘机挥师北进。历史的经验证明，无进取则难以自保，东吴企图依靠长江天堑保住江东，但最后还是被晋军一举攻破了。

　　东吴的保守战略，应当说开始于孙权。孙策临死前曾对孙权这样说道："举江东之众，决机于两阵之间，与天下争衡，卿不如我；举贤任能，各尽其心，以保江东，我不如卿。"孙策的这一评说是很正确的。他深知其弟孙权的才能，只是能够保住江东而已。

　　鲁肃在同孙权纵谈天下大势时，曾为孙权勾画出一幅建立王业的"战略蓝图"，可与诸葛亮的隆中对策相媲美。鲁肃说道："昔汉高祖欲尊事义帝而不获者，以项羽为害也。今之曹操可比项羽，将军何由得为桓（齐桓公）、文（晋文公）乎？肃窃料汉室不可复兴，曹操不可卒除。为将军计，惟有鼎足江东，以观天下之衅。今乘北方多务，剿除黄祖，进伐刘表，竟长江所极而据守之，然后建号帝王，以图天下。此高帝之业也。"后来，在刘表刚死时，他又及时向孙权提出要与刘备结盟，"同心一意，共破曹操"。这些看法与诸葛亮对形势的分析大体是一致的。可惜孙权没有完全按照鲁肃的这一战略思想去做。赤壁之战以后数年，孙权与刘备翻脸，导致联盟彻底破裂。夷陵之役战胜刘备后，再没有确立新的发展目标和争夺重点，只图偏安，不求进取。

　　据史料记载，周瑜在赤壁之战以后，也曾向孙权提出过一个战略设想："今曹操新败，忧在腹心，未能与将军连兵相事也。乞与奋威（即奋威将军，丹阳太守孙瑜）俱进，取蜀而并张鲁，因留奋威固守其地，与马超结援，瑜还与将军据襄阳以蹙操，北方可图也。"(《资治通鉴·汉纪五十八》)但周瑜提出这个建议不久，就病死了。后来，孙权曾派孙瑜率水军西进，行至南郡，却被正企图取蜀的刘备率重兵挡住了去路，无可奈何，只好返回。自此以后，孙氏集团一直盘踞在江东，再没有向外进行大的扩展。难怪孙权在周瑜死后曾对群臣哀叹："周公瑾不在，孤不帝矣。"(陈亮《吕蒙论》)从这里也可以看出孙权确实没有夺取天下的雄心壮志，不可能坚持积极进取的战略指导。所以，后代一些史家评价他，虽"有智谋而无远略"，其"勇决进取无以逮其父兄"。在演义中，作者为了着意突出诸葛亮，把周瑜的病死改为"气死"，没有对周瑜的这一战略设想进行描写，因此使东吴的保守战略显得更加突出。

孙权坐守江东的保守战略，一直被他的后代所继承。所以，东吴后来虽然有许多次向外扩张、争霸天下的良机，但大多轻易地错过了。例如：

当曹操率大军平定汉中时，孙权应当不失时机地大举北进。然而，逍遥津一败，吴军便立刻龟缩回江东，再也没敢露头。

当孔明六出祁山时，蜀、魏两军在西战场杀得难解难分，东吴本应在东方战线有所作为。然而，他们只采取了些小打小闹的军事行动，并没有使用大的力量乘机深入曹魏的战略腹地。

当司马懿率军远征辽东时，因蜀、魏祁山之战刚刚结束，魏军兵疲力竭，中原军力空虚。此刻，正是东吴北伐的大好时机。然而，东吴却举棋不定，犹豫不前，白白坐失了戎机。

当曹魏三路大军向西蜀发起全面进攻后，东吴本应向中原大举进攻，以图拓展疆土，壮大力量，又可解西蜀之危。然而，由于他们害怕把战争的祸水引到自己的头上，错过了这个最后可供利用的时机。

良机多次错过，反映出东吴在战略指导方面的失误，证明了保守战略是限制他们眼界和行动的精神锁链。

由于东吴奉行保守战略，在军队建设上暴露出许多薄弱环节和不足之处。东吴军队以水兵为主体。为了守住长江，他们非常注重水军的建设，但却缺乏陆地作战力量，特别是骑兵。而在当时，如果没有强大的步骑兵作为基干力量，夺取中原是根本不可能的。因此，东吴每次与曹魏交锋，都只能打一些"水边"游击战或者袭击战，纵深只要稍微伸延一点，就必败于对方之手。赤壁大战和夷陵大战，虽然是载入史册的光辉战例，但只要稍加分析，就可以看出它们都属于防御性作战的胜利，并非胜在主动进攻上。为此，有些历史学家曾一针见血地指出：东吴的"赤壁之战、江陵之役（即打败关羽的荆襄之战），非欲与曹、刘争天下也，不过欲据长江之全势以保江东而已。"（贺贻孙《孙权论》）至于夷陵之战，就更是一场江东保卫战了。

由于东吴长期奉行保守战略，使东吴军队的将士在心理上缺乏竞争意识和进取精神，以致在整个东吴军民中形成了一种安于现状、贪图太平的精神状态。他们许多次进攻曹魏，尽管时机有利，但稍受挫折，便退回江东，划江自守。后来，羊祜实施怀柔之计时，东吴很快就对晋军丧失了警惕，毫无作战的要求，正是进取精神早已丧失的反映。

当然，东吴的孙氏政权，特别是孙权当政时，在自保中利用和平安定的环境和良好的自然条件，发展经济，扩充实力，在政治上保持了稳定局面，使东吴始终维持了一支可观的防卫力量，直到西蜀覆灭后，东吴仍然能和晋军抗衡十数年。就是到孙皓降晋时，东吴尚有二十万生力军，若不是作战指挥上的错误，可能还会和司马氏抗衡一个阶段。然而，不能进取最终难以自保，没有发展也就难以巩固。东吴由于人心涣散，追求安逸，终不能摆脱其覆灭的命运。

另外，东吴奉行保守战略，最终导致了孙、刘联盟的彻底破裂（当然，刘备一方也有不可推卸的责任，这里不再详述）。曹操在统一天下的征战中，利用诸侯间的矛盾，采取各个击破的策略，克袁术、斩吕布、灭袁绍、击刘表、定西凉、平汉中，兼并了一个又一个诸侯割据势力，"其能合纵并力抗之者，独仲谋与玄德耳"，所以天下遂有三分之势。东吴的鲁肃对形势看得很深刻，他清醒地认识到，孙、刘两家必须联合起来，否则也会遭遇其他诸侯的同样命运。因此，他积极奔走于孙、刘之间，促成抗曹的联盟。特别是赤壁之战以后，在荆州问题上，他又努力斡旋，劝说孙权让刘备暂占荆州，同时想方设法缓和孙权、周瑜与刘备、诸葛亮之间的矛盾,其目的就在于"多操之敌,而自为树党",使孙、刘两家携手并肩,共破曹操。相比之下,孙权的目光就显得短浅了。他在保守战略的指导下,只想到"不得荆州,不足以据长江;不据长江,不足以保江东",因此"不思鲁肃同仇之言,辅汉灭操,而轻听吕蒙掩袭江陵,使吴汉之仇不共反兵",从而为曹魏各个击破造成了有利的形势。这不能不说是孙权在战略上的最大失误。

由此可见,东吴的最后覆灭,既是历史发展的大势所趋,也是东吴自身保守战略的必然结局。

先弱后强,各个击破
——魏晋战略指导上的成功之处

在东汉末年的军阀混战中,曾在北方称雄一时的袁绍没有能够统一中国,西凉的马腾、韩遂,汉中的张鲁等许多地方军阀势力,都无所作为,没成什么气候。赤壁之战以后,魏、蜀、吴三国相持的战略格局已经形成。在这三大军事集团长期激烈的角逐中,西蜀打着恢复汉室的旗号,"申大义于天下",但诸葛亮六出祁山,姜维九伐中原,都未能有尺寸之功;东吴久坐江东,虎踞龙盘,竟无半点进取;唯有北方的魏晋集团最终统一了天下。

为什么魏晋能统一天下呢?从其战略指导上分析,坚持奉行先弱后强、各个击破的原则,则是根本的一点。

魏晋统一天下的征战过程,如果按时序划分,大体可分为四个阶段:

从曹操军事集团形成,到赤壁大战前,为第一阶段。在这一阶段中,曹操于陈留起兵，参加讨伐董卓之战，夺得兖州，建立了军事根据地。后来，他在镇压青州黄巾军的战争中，壮大了自己的军事力量；进而占领许昌，将汉献帝接到自己军中，组织起中央集权政府，"挟天子以令诸侯"，为争夺中原创造了有利的条件，夺得了政治上的主动权。自此，曹操采取了由近及远、分化瓦解、先弱后强、各个击破的战略指导思想，先后击败和收归了陶谦、袁术、张绣、吕布、张杨等诸侯势力。接着，又集中力量决战于官渡，一举铲除了北方实力最强大的袁绍军事集团，并乘胜北征乌桓，南下荆州，终于完成了统一北方的大业。

从赤壁大战，到曹操平定关西、夺取汉中，为第二阶段。在这一阶段中，由于曹操在军事上不断取得胜利，急于统一天下，思想上产生了骄傲轻敌的情绪，曾一度放弃先弱后强、各个击破的战略指导，企图一举消灭孙权、刘备两个军事集团，夺取整个江东，结果大败于赤壁。赤壁之败，使曹操清醒地认识到，要平定南方，必须要解除关西的牵制。于是，他再次坚持先弱后强、各个击破的战略指导，先后消灭了西凉一带的马超、韩遂和汉中张鲁等诸侯势力，巩固和扩大了自己的势力范围。尽管汉中后来又被刘备夺走，但曹操此举平定了西方割据势力，为他与吴、蜀争夺天下，解除了后顾之忧。

从曹操汉中之失，到魏军挫败诸葛亮六出祁山、姜维九伐中原，为第三阶段。这一阶段，曹魏在军事上主要处于守势，采取了持久作战，积极抗击，积蓄力量的指导方针。

从魏军灭蜀，到晋军平吴为第四阶段。这一阶段，魏晋在军事上继续坚持先弱后强、各个击破的战略指导原则，终于实现天下归一。

分析魏晋在战略指导上的四个阶段，可以得出以下几点启示：

一

坚持运用政治上的主动权，以争取军事战略目标的实现。

在列国争雄、诸侯割据的形势下，一些有远见的军事家，为争取实现军事战略目标，一般总要打着前朝的旗号，以便使自己出师有名，顺应人心。这主要是因为，中华民族在漫长的封建社会中，意识形态上尊奉周礼和孔孟之说，皇权正统思想比较浓厚，打起旧的旗帜更有号召力。这也是封建割据形势下，军阀兼并战争的一个显著的政治特点。另外，豪强争夺，连年混战，致使百姓流离失所，田地荒芜，生产受到破坏。因此，人心思定，普遍向往和平、统一。但由于时代的限制，人们大多感到前朝的统一局面，总是比豪强林立割据要好些。这样，人们渴望社会统一、安定的思潮，大都通过拥立前朝这个具体思想反映出来。那些有远见的政治家、军事家，常常就利用了人们这种心理，为军事行动创造有利条件。例如东周列国时，五霸称雄，都是举着"周天子"的牌位，来号令诸侯。刘备在争夺天下中，也经常借"皇叔"这层所谓的亲戚关系，以"恢复汉室"的名义，来争取天下人的拥护。

具有敏锐政治眼光的曹操，对于这一点看得很清楚。他在壮大军事力量的同时，及时采纳了谋士毛玠"奉天子以令不臣"的建议，把汉献帝这张"王牌"牢牢掌握在自己手中，借助汉朝皇帝的名义，攻伐进取，似乎都显得名正言顺。同时，这样做对于广泛进行军事动员，鼓舞军心，都比较有利。从曹操统一北方的过程中，可以看出一个显著的特点，就是很少有几路诸侯能够联合起来向曹氏集团进攻。曹操所以能对那些军阀割据势力实行各个击破，固然是由于曹操采取了许多分化瓦解的权谋之术，但他在政治上"挟天子以令诸侯"，确实也起到了极为重要的作用。正如王夫之所说："兵之初起也，群雄互角，而操挟天子四面应之而皆碎。"（《读通鉴论》）

后来，在曹操的力量已经相当强大时，孙权曾向曹操上表，劝他称帝，而曹操却拿着孙权的劝进表对群下说道，"是儿欲使吾居炉火上耶！"这充分反映出了曹操的政治远见。他深知，只要他自己一称帝，刘备、孙权等人便会跟着效法。曹操说："如国家无孤一人，正不知几人称帝，几人称王。"头脑清醒的曹操把自己想做而又没有把握做的事情，留给了他的儿子去完成。魏主政归司马氏之后，司马懿父子采取了同样的策略，也没有马上废黜曹氏政权，仍然掌着"魏主"这张牌，发号施令，出兵征战。直到灭蜀之后，随着人们的心理对形势已逐步适应，时机完全成熟，司马懿的孙子司马炎才踢开了曹氏，自立为帝。由此可见，任何一个成功的战略，都不能够离开政略。换句话说，离开了政略的军事战略，最后往往归于失败。同样，一个天才的军事统帅，必须具有深远的政治眼光，使军事行动与时代的要求相合拍。当然，在封建军阀混战争夺中，政治是有其特定含义的。不过，我们仍可以从战略与政略的辩证关系中，得到一些带普遍性的启示。

二

破坏对手之间的联合，是实现各个击破的先决条件。

历史经验证明，"一强"对"众弱"，最忌"众弱"之间的联合，只有破坏弱小集团之间的联盟，才能对每一个具体的作战对象形成绝对优势，从而把它们一个一个地"吃"掉。战国后期，秦在统一六国的过程中，曾以远交近攻的"连横"之策，破坏燕、赵、韩、魏、齐、楚六国的"合纵"战略。这一时期，凡是六国的"合纵"搞得好时，秦国就不敢小视东方；而一旦六国联盟出现裂痕时，秦国就趁机大举东进。最后秦国还是以远交近攻的策略，瓦解了六国联盟，为实现统一天下的总目标铺平了道路。

三国时期，魏晋在统一战争中也显示出同样的特点。当曹操占领兖、豫二州，将汉献帝接到许昌之后，尽管他在政治上处于有利地位，但他的周围还盘踞着袁绍、张绣、刘表、袁术、吕布等大小诸侯势力，曹操为了避免"独以兖、豫抗天下六分之五"的不利局面，对各路诸侯采取了分化瓦解的策略。如建安二年（公元 197 年）春，袁术在寿春称帝。曹操以"奉天子以令不臣"为名，进攻袁术。当时，曹操对打袁术存在着很大的顾虑。因为袁术是袁绍同父异母兄弟，吕布又与他结为儿女姻亲，江东的孙策是他的旧部，一旦打起来，袁术很有可能同这些人形成军事联盟，共同对付曹操。曹操为了孤立袁术，对他们施展了一系列权术：其一，以汉献帝名义任命袁绍为大将军，兼督冀、青、幽、并四州，并派孔融为专使，到邺城拉拢袁绍。其二，任命吕布为左将军，并写信加以笼络。其三，任命孙策为骑都尉，领会稽太守，令他联合吕布和吴郡陈瑀，配合进攻袁术。经过这样一番精心安排之后，曹操才开始军事行动，结果一举击败了孤军作战的袁术。

相反，曹操在统一北方后的赤壁大战中，自以为兵力雄厚，无视孙、刘联盟，结果非但没有击败孙、刘，攻占江东，自己反被碰得头破血流，丢失了荆襄大部分土地。自此以后，魏、蜀、吴三家在军事上的争夺，始终贯穿着联盟与拆盟的斗争。曹魏集团总结了赤壁失利的经验教训，特别注意瓦解破坏吴、蜀之间的军事联盟，为其军事上的各个击破积极创造条件。例如，关羽攻打樊城时，曹操以"割江南之地"为诱饵，怂恿孙权乘机偷袭荆州。关羽闻讯后急忙撤军回救荆州，而驻守樊城的曹军却不追击，采取了坐观蜀、吴"二虎"相斗的态度。又如，关羽被杀之后，围绕着他的首级，狡猾的曹操与孙权展开了一场智斗，巧妙地将祸水推向东吴，从而实现了离间孙、刘两家关系的目的。英雄所见略同，吴、蜀两国的政治谋略家们，如孔明、鲁肃等人，则早已看出了危险来自北方，来自孙、刘联盟的破裂。所以，他们十分重视维护孙、刘之间的联盟。演义对曹魏极尽破坏吴、蜀联盟和孙、刘两家如何巩固联盟，描写得极为透彻，非常精彩。凡是孙、刘两家联合一致，共同对敌的时候，曹魏在军事上便得不到什么便宜；但吴、蜀联盟一旦出现裂痕，曹操便见缝插针，积极进取。

　　破坏敌方的军事联盟，不仅可以创造各个击破的条件，同时也可以使自己避免两面作战的被动局面。两面作战，历来是兵家之大忌。当初，曹操在击败北方几个主要割据势力的作战中，根据先弱后强、各个击破的战略指导原则，每战都十分注意孤立敌人，力避两面作战。例如，他在淮北击败了袁术的主力后，看出袁术的残余力量不可能对他有所危害，就迅速转移兵力打张绣，当围攻穰县时，听说袁绍有南下袭击许昌的企图，立即回师许昌，以避免两面作战。进攻刘备时，根据"（袁）绍性迟而多疑，来必不速"和"备新起，众心未附"的情况，果断地急袭徐州，速战速决，紧接着又回师官渡，集中全力对付袁绍。

　　南宋著名学者陈亮曾形象地评论道："蜀汉者，天下之右臂也；江东者，天下之左臂也。安有人断其右臂，而左臂能全乎？"（《酌古论·曹公》）由于曹操在统一北方后，没有掌握好统一天下的策略，结果"南失荆，西失蜀，而孙、刘争雄，天下分裂"，自己也经常处在吴、蜀的两面夹击之中，这是曹操生前未能统一天下的一个重要原因。后来司马氏掌握魏氏政权后，认真总结了这一教训，采取先断"右臂"，后折"左臂"的战略，终于先后灭亡了蜀、吴。

三

坚持先弱后强、各个击破的战略指导原则，始终保持清醒的头脑。

要把先弱后强、各个击破的战略指导原则长期不变地坚持下去，并非易事。特别是在其军事行动发展十分顺利的情况下，或实力非常强大时，军事统帅往往容易头脑发热，过高地估计自己的力量，过低地估计对方的力量，以致放弃原来正确的原则，犯战略指导上的"急性病"。曹操赤壁失利之际，也正是他军事力量最强大的时候，是形势发展十分顺利的时候。史家有一种意见认为：曹操统一北方后，应该将进攻矛头首先指向关西马超、韩遂等力量较弱的割据势力。占据关西后，"自陈仓出散关，运奇奋击以讨张鲁"；夺得汉中，便可"合张鲁之资，乘汉中之势，整兵临蜀，则刘璋震恐，不能为计""不得不降也"。这一目标实现后，曹操再"整兵向荆。使许洛之兵冲其膺，蜀汉之兵捣其脊，绝吴之粮援，则荆州破，刘备蹙然"。最后，集中全力对付江东，"命荆州之兵出江陵，蜀汉之兵出巴峡，合攻其上流，一年出广陵，一军出宛城，合攻其下流，使之奔命不暇，而操亲率精兵数万，直抵武昌，则虽有智者不能为吴谋矣"（这与后来司马氏灭蜀平吴，统一天下的进兵路线很相似）。因此，曹操在战略上的失策，"其失止于留马超取荆州，而患之不可支。"（陈亮《酌古论·曹公》）尽管这只是史家们的一种评说，后人的见解也不尽一致，但有一点却很清楚，假如曹操当时不是大兵南下，而是挥戈西向，拣弱的打，那么，他的军事力量会更加雄厚，也不会在赤壁之战中还担忧西方的韩遂、马腾；假如曹操不急于发动赤壁之战，促成孙、刘之间的军事联盟，当时羽翼未丰的刘备，其力量绝不会发展得那样快；假如曹操不是对东吴实行军事高压政策，而是从政治上采取拉拢、安抚的策略，与此同时，先占领荆襄，灭掉刘备，那么，三国鼎立这段历史可能就要重写……当然，我们不能做"事后诸葛亮"，对当时的历史人物求全责备，因为每段历史的形成，都是由当时的特定条件和综合因素造成的。不过，历史事实证明，赤壁之战确实反映出曹操战略指导上的失误，而这个失误的根本点就在于他背离了先弱后强、各个击破的原则。所以直到后来司马昭发动灭蜀之战时，仍非常担心吴、蜀再次联盟而采取声东击西之策。可见，战略家头脑发热，一着不慎，就可能造成难以补救的历史曲折。

最后值得一提的是，在三国军阀角逐的漫长历史时期内，魏晋历经两朝，从魏武始，至司马炎建晋称帝，政权七易其主，但基本保持了战略指导思想上的继承性，这也是魏晋集团在三国鼎立中能始终保持力量优势，最终求得成功的一条重要经验。

乱世务边
——孙策建立东吴政权的战略指导以及吴国灭亡的教训

曹操得天时，孙权得地利，刘备得人和。历代名家评说三国，认为这是曹、孙、刘各自成功之基。其实，成功皆非单一因素，都是综合力量的运用。地缘战略，国际上至今很热。谋略在高层次的运用，即谋求天时、地利、人和的统一。中国古代的政治家、军事家讲地利，已含有地缘战略的胚芽。在风起云涌、充满着激烈竞争的动荡年代，究竟在哪里建立自己的发展基地？在哪里立足创业？这是关系事业成败的大计。众多的历史经验证明："乱世务边"的谋略思想颇为战略家们所重视。东汉末年，孙策跨马过江东，建立东吴政权，就是这一思想的体现。

公元 191 年，孙策的父亲孙坚与黄祖交兵时，战死在岘山。孙策当时才 17 岁，为了替父报仇，他毅然离开家乡，投奔盘踞在淮南的袁术。孙策胸怀大志，才智聪颖过人，作战屡建功勋。袁术曾暗暗自叹："使术有子如孙郎，死复何恨！"但袁术居心叵测，忌妒贤能，始终不肯重用孙策。孙策壮志难酬，十分失望，经常暗地里分析天下大势，寻思将来发展的出路。

一次，他在与江淮名士张纮纵论天下大事时提出："方今汉祚中微，天下扰攘，英雄俊杰各拥众营私，未有能扶危济乱者也。先君与袁氏共破董卓，功业未遂，卒为黄祖所害。策虽暗稚，窃有微志，欲从袁扬州求先君余兵，就舅氏于丹阳，收合流散，东据吴会，报仇雪耻，为朝廷外藩。"在军阀逐鹿中原的大搏斗中，孙策企图避开纷争"扰攘"的中原，到竞争的空隙处——江东开辟根据地，做"朝廷外藩"，可以说是反映了他投子谋势，先占边角的谋略思想。张氏非常赞成孙策的意见并进一步发挥说："今君绍（继承）先侯（孙坚）之轨，有骁武之名，若投丹阳，收兵吴会，则荆、扬可一，仇敌可报。据长江，奋威德，诛除群秽，匡扶汉室，功业侔（等同）于桓（齐桓公）文（晋文公），岂徒外藩而已哉？"最后，他力劝孙策，"方今乱世多难，若功成事立，当与同好俱南济也。"从而，促使孙策下定了图取江东的决心。

孙策的这一战略选择意义深远。江东地区，不仅是孙策的老家，地庶人熟。更重要的还在于那里是割据势力较为薄弱的地区。当时，袁绍据河北，曹操占河南，吕布袭夺徐州，袁术盘踞淮南，刘表拥兵荆州……军阀各霸一方，而江东明显是个空当。

东汉末年的江东地区并不发达，与中原相比，尚属偏远地带。但地处滨海，阻山依湖，形势便利，资源富饶。黄巾起义，动摇东汉王朝的统治后，中原地区长时间处于互相兼并的混战之中，弄得田园荒芜，人民离散，而江东地区则破坏较小。中原混战期间，大量的北方农民为逃避战祸，渡江南迁，带来北方较为先进的农业生产技术，有力地促进了江南农业的发展。那些只图苟安的江东割据势力，都是些无四方之志的庸碌之才。如豫章太守华歆，曲阿的刘繇，会稽的王朗等，都像诸葛亮在《后出师表》中所评论的那样:"各据州郡,论安言治,动引圣人,群疑满腹,众难塞胸,今岁不战,明年不征。"割据寿春的袁术,虽处近水楼台之地,亦无图霸江东的大志,却整日在淮南昏昏然地做"称帝"梦。这一切都说明,江东的河山大好,而人事不臧,正是时代风流人物驰骋用武之地。

公元195年,21岁的孙策以帮助舅父吴景击刘繇为名,巧妙地脱离了袁术。他一面统率父亲的旧部程普、黄盖、韩当、吕范等战将和千余名士兵东进,一面写信通知周瑜。周瑜率军迎接并助以资粮。孙策到历阳时,收容部众已五六千人,遂南渡长江。孙策凭着自己的机敏与才智,接连破刘繇,逐王朗,杀许贡,削平江东的割据势力。孙策仅用了四年零一个月的时间,开拓了丹阳、吴郡、会稽、豫章、庐江、庐陵六郡,在江东一带建立了孙氏政权。孙策开国建业花费的时间,远少于曹操和刘备。曹操从公元190年起兵陈留,参加讨伐董卓之战,到公元207年北征乌桓,完成北方的统一,前后共用了17年时间。而刘备从镇压黄巾起义时拉起队伍后,常常寄人篱下。从他投靠公孙瓒起,到结陶谦、联吕布、归曹操、顺袁绍、依刘表……漂泊大半生,仍然无处立足,处境一直十分狼狈。到公元207年,刘备三顾茅庐,请出诸葛亮,仍是采用先占边角之策,才于公元214年夺取西蜀,7年建立蜀汉政权。

北宋著名学者何去非在《吴论》中对孙坚、孙策父子作过一番分析比较。他指出,在数路诸侯讨伐董卓之战中,孙坚曾占据南阳,拥有数万人马。倘若把此地作为继续壮大实力、攻取洛阳的基地,那是大有作为的。但孙坚不善于建基业,轻易地把南阳让给了袁术,失去了立足之地。后来,他虽率孤军打进了洛阳,却不得不受制于他人,为人所用。而年轻的孙策却能胸怀全局,趁着曹操、袁绍、公孙瓒等多路军阀争夺中原之际,果断地把战略目标移到江东地区,一举成功,造成了东吴后来与魏、蜀争夺天下的鼎立之势。假使孙策不早亡,"当为魏之大患"。何去非还指出:"策之不得起于中原,非其智力之不逮,盖袁绍已据河北,曹公已收河南,独无隙投之故也。以刘备之间关转战,至于白首,不获中州一块之壤以寓其足。而策乃能以敝兵千余,渡江转斗,不数岁而席卷江东,此其过备远矣。"事实证明,孙策迅速开拓江东，关键是他渡江以前坚持"乱世务边"的战略远见和战略选择。

围棋棋理中有句名言："金角""银边""草肚皮"。这是因为占一角可免去两边之忧，占一边可避免两面作战。中间地盘宽阔，但容易陷入四面受敌的困境。因此，从地缘关系看，成功者多把根据地建设在竞争的"空虚处""空白区"。

有利的地缘因素，是成功的基础，但最后的成功，还靠人的能动性的发挥，靠正确的战略指导。"故设险以得人为本，保险以智计为先，人胜险为上，险胜人为下，人与险均，才得中策。"东吴孙氏政权据守江东八十余载，自孙策之后，虽打过几次漂亮仗，如赤壁之战、夷陵之战等。但战略指导无进取精神，划江自守，偏安一隅。作战半径"北不逾合肥，西不过襄阳"，始终在长江中下游一带活动，势力范围一直没有得到大的发展。

乱世务边，但不能安于边角，仅求自保。在激烈竞争中，无发展则难以自保。根据地选在边角，但战略目标必须定在全盘的获取上。

实际上，东吴谋士鲁肃在同孙权纵论天下大势时，也曾为孙权勾画出一幅建立王业的战略蓝图："昔汉高祖欲尊事义帝而不获者，以项羽为害也，今之曹操可比项羽，将军何由得为桓、文乎？肃窃料汉室不可复兴，曹操不可卒除。为将军计，惟有鼎足江东以观天下之衅。今乘北方多务，剿除黄祖，进伐刘表，竟长江所极而据守之，然后建号帝王，以图天下，此高帝之业也。"可惜孙权没有完全按照鲁肃的这一战略思想去做。赤壁之战后，仅数年工夫，孙权就与刘备翻脸，导致联盟破裂。夷陵之役胜利之后，再没有确立新的发展目标和争夺重点。只图偏安，不求进取，缺乏夺取天下的雄心壮志。所以，后代史学家评价孙权"有智谋而无远略"。

孙权坐守江东的保守战略，一直被他的后代所继承。东吴后来虽有许多次向外扩张争夺天下的良机，都轻易地错过了。

当曹操率大军平定汉中时，孙权应当不失时机地大举北进。然而，逍遥津一败，吴军便立刻龟缩到江东，再也没有敢露头。

当孔明六出祁山时，蜀魏两军在西战场杀得难分难解，东吴本应在东线有所作为。然而，他们只采取了些小打小闹的军事行动，并没有使用大的力量乘机深入曹魏的战略腹地。

当司马懿率军远征东吴时，因蜀、魏祁山之战刚结束，中原军力空虚，又一次出现东吴北伐的大好时机。然而，东吴举棋不定，犹豫不前，白白坐失良机。

当曹魏三路大军向西蜀发起全面进攻后，东吴若乘机向中原大举进攻，既可拓展疆土，壮大力量，又能解西蜀之围，稳定鼎立之势。然而，东吴害怕把北方的战火引到自己头上，错过了这个最后的可供利用的机会。

良机多次错过，充分证明保守战略是限制东吴眼界和行动的精神锁链。

争据上游之势
——刘备建立蜀汉政权之方略及蜀汉灭亡原因简析

研究刘备建立蜀汉政权的成功经验，必然要提到诸葛亮隆中对策的战略设计：

"自董卓以来，豪杰并起，跨州连郡者不可胜数。曹操比于袁绍，则名微而众寡，然操遂能克绍，以弱为强者，非惟天时，抑亦人谋也。今操已拥百万之众，挟天子而令诸侯，此诚不可与争锋。孙权据有江东，已历三世，国险而民附，贤能为之用，此可以为援而不可图也。荆州北据汉沔，利尽南海，东连吴、会，西通巴、蜀，此用武之国，而其主不能守，此殆天所以资将军，将军岂有意乎？益州险塞，沃野千里,天府之土,高祖因之以成帝业。刘璋暗弱,张鲁在北,民殷国富而不知存恤,智能之士思得明君。将军既帝室之胄,信义著于四海,总揽英雄,思贤若渴,若跨有荆、益,保其岩阻,西和诸戎,南抚夷越,外结好孙权,内修政理。天下有变,则命一上将将荆州之军以向宛、洛,将军身率益州之众出于秦川,百姓孰敢不箪食壶浆以迎将军者乎? 诚如是,则霸业可成,汉室可兴矣。"①

诸葛亮的《隆中对》,在中国历史上,可以说是一篇设计最完整,表述最清晰,文字最简洁的战略咨文。其中包括战略形势分析,战略目标确定,战略路线选择,战略发展步骤和对内对外政策。刘备创建蜀汉政治,诸葛亮七擒孟获,六出祁山,乃至后来姜维九伐中原,完全是按照这一预先的战略设计进行的。

在诸葛亮的战略设计中,要求刘备首先从荆襄突破,待有了一定的力量积蓄后,再夺取益州。荆襄和益州,不仅是东汉末年军阀诸侯势力的薄弱部,同时又都有重要的战略意义。赤壁之战后,荆州对孙、刘、曹来说,都是进取发展的跳板,相互控制的锁钥。曹操只有夺取荆州,方能南越长江,实现南北统一大业;孙权要确保江东的安全,求得长江以南的统一,也必须占据上游的荆襄;而对刘备来说,要向西川发展,必须以荆襄为基地。刘备在力量十分弱小时,不能一步进入西川,而只能先在荆襄立足。赤壁之战,实质上就是孙、刘、曹争夺荆州的大战。后来魏、蜀、吴三国鼎立之势形成,荆州是三国接壤处,兵法上称此为衢地。孙子曰:"诸侯之地三属,先至而得天下之众者,为衢地。""衢者四通也。"孙子特别强调,对待衢地的策略是在外交上争取主动,即"衢地则合交"。

在《三国演义》中,围绕刘备借荆州,东吴要求归还荆州一题,有许多精彩的描写。本来,赤壁之战后,刘备得了荆州,为什么不公开强调荆州主权姓刘,而一直讲"借"?既然是借却又不准备归还,直到把周都督气死,原因何在? 其实,"借"是诸葛亮的计谋,是为了保持孙刘联盟的战略需要。

---

① 《三国志·蜀书》。

如果刘备公开宣布荆州主权姓刘,那么孙刘联盟马上就会破裂,这对刘备的生存与发展十分不利。诸葛亮的高明之处就在于他能依据"隆中对"总体设计,在荆州问题上采取灵活策略,以"借"为名,力求以外交手段为军事斗争谋取有利的转机。在"借"与"要"的过程中,贯穿着一系列的谈判、协议和扯皮,直到关羽违背诸葛亮联盟大略,骄傲轻敌,造成吕蒙智夺荆州前,孙、刘双方尽管存在着不少矛盾和摩擦,但始终没有爆发大的军事冲突,从而为刘备赢得了大量时间。

诸葛亮在为刘备的战略设计中,坚持把夺取天下的根据地、大本营建立在益州。这不仅包含有"乱世务边"的谋略思考,也是地缘政治的需要。益州,辖今四川和云南贵州大部分地区,土地肥沃,物产丰富。但在东汉末年刘焉、刘璋父子统治时期,益州却是一个社会矛盾非常尖锐复杂的地方。最突出的矛盾,就是以"客籍"为主的刘氏集团与本地的"土著"地主集团之间争夺权利的矛盾。特别在刘璋统治时期,由于对人民的残酷压榨,引起了益州人民的强烈反抗。同时,益州有才能的人对刘璋也很不满。上上下下都希望有作为的人来治理益州,改变混乱衰败的局面。诸葛亮在"隆中对"中对益州的分析应该说是十分精当的。正是由于精当的战略分析和战略设计,使刘备的势力发展很快,蜀汉政权的建立很顺利。刘备死后,孔明率军南征,七擒孟获,攻心为上,开发西南,功不可没。

然而,到后来六出祁山,直至星殒五丈原,虽竭尽全力按"隆中对"中的战略设计去奋斗,却难以再把刘氏大业向前推进一步。

孔明六出祁山,虽然没有达到预定目标,但起到了以攻为守的作用。国之险固,可为我之屏障,也可为敌所用。以攻为守,险固常常成为创新战法的思想障碍;以攻为守,险固可助人谋之成。明末清初的历史地理学家顾祖禹在他的《读史方舆纪要》中指出:"函关,剑阁,天下之险也。秦人用函关却六国而有余;迨其末也,拒群盗而不足。诸葛武侯出剑阁,震秦陇,规三辅;刘禅有剑阁,而成都不能保也。"可见,孔明六出祁山,以攻为守,在战略上仍有积极主动意义。

顾祖禹在他的著作中还提出:孙膑"先知马陵之险,而后可以定入魏之谋"。韩信"先知井陉之狭,而后可以决胜赵之计"。而"曹瞒之智犹惕息于阳平,武侯之明尚迟回于子午。"这后两句是说,曹操尽管很有才能,由于不了解阳平关的地形,当被赵云包围时,心中总是恐慌不安,结果只好弃关而走。诸葛亮尽管见识高明,但由于对子午道的地形不了解,当部将魏延建议应当由褒中,经秦岭向东,沿子午道向北进攻长安时,他却犹豫不决,结果总是由陇右进兵,都无功而还。战略目标需要通过成功的战役战斗来实现。从用兵艺术来说,祁山之战,应以出奇制胜,但孔明过于谨慎,每次都是陇右出兵,采取稳扎稳打的平推战术,不敢大胆直插敌人纵深腹地。

陈寿在《三国志》中评论诸葛亮"治戎为长,奇谋为短,理民之干,优于将略"。这里说短,主要指在战役指导上因谨慎而不敢出奇,并非战略设计上的失误。西蜀的灭亡,不在于当初孔明《隆中对》有什么缺陷,而是后来人才缺乏,刘禅昏庸。这需要另文阐述,不是本文所要说的主旨。

占中腹以制四宇
——曹操建立魏政权及司马氏统一中国之方略

研究三国魏、吴、蜀政权建立的经验,可以清晰地看出,孙、刘集团都是从竞争的薄弱部、空虚的边角处建立鼎足基业的。与此相反,曹魏集团则是从中原腹地开刀,竞争热点处建基,并一步步走向成功的。

时世如棋,开盘布势舍边角而先占中腹,非高手奇才不敢为;开国定邦立中原而制四宇,无宏韬大略谈何易。

战国时期,秦惠王在一次确定战略对策时,为"先伐蜀还是先攻韩"举棋不定，向谋士们咨询。纵横家张仪首先奏说：

"亲魏善楚，下兵三川，塞轘辕、缑氏之口，当屯留之道，魏绝南阳，楚临南郑，秦攻新城、宜阳，以临二周之郊，诛周主之罪，侵楚、魏之地。周自知不救，九鼎宝器必出。据九鼎，按图籍，挟天子以令天下，天下莫敢不听，此王业也。今夫蜀，西辟之国而戎狄之长也，弊兵劳众，不足以成名，得其地不足以为利。臣闻'争名者于朝，争利者于市。'今三川、周室，天下之市朝也，而王不争焉，顾争于戎狄，去王业远矣。"①

张仪主张弃蜀攻韩，中原得而边陲之地自归服。这是扼中腹以制四周之策。司马错则反对张仪的主张，提出舍韩取蜀，稳定后院，固其根本，从长计议。这是避强取弱，避开矛盾的热点，先占边角之策。在当时，七雄并立，多极化格局还相当稳定的情况下，秦引兵东向，代韩攻周，很容易引起东方六国的合兵反抗。于是，秦惠王采用了司马错的主张，"卒起兵伐蜀，十月取之"。

东汉末年，军阀争夺，华夏之邦还未形成稳定的战略格局，当年张仪的主张，被曹孟德成功地采用了。张仪的主张，核心思想是"争名者于朝，争利者于市"。而汉末之中原，正是天下之"朝""市"，是华夏政治文化的中心地带。

就地缘关系来说，在中国漫长的农业社会，控制中原是控制天下之要。所以，史学家评说，历代帝王开业建都，以"关中（西安）为上，洛阳次之，燕都（北京）又次之"。这些地方，"据上游之势"，有"临驭主合"之利。曹魏集团从中原走向成功，经验很多，本文仅就几个关键环节略作评述。

一、建立根据地，独树一帜

曹操于公元190年起兵，参加讨伐董卓的军事活动。起初，曹操因实力

---

① 《战国策·秦策一》。

单薄，来到河北依附袁绍，想凭袁绍的势力徐图发展。后来采纳好友济北相鲍信的建议，到黄河以南地区创建根据地。公元191年，曹操率兵击破黑山黄巾军，进驻兖州、濮阳，袁绍任命他为东郡太守。公元192年，青州黄巾军进入兖州，杀死刺史刘岱。就在兖州无主之时，陈宫又劝说曹操以兖州为创业基地，以兼天下，图王霸之业。

兖州，乃兵家必争之地。《读史方舆纪要》说："据河、济之会，控淮、泗之交，北阻泰岱，东带琅邪，地大物繁，民殷土沃，用以根柢三楚，囊括三齐，直走宋、卫，长驱陈、许，足以方行于中夏。"同时，兖州又属四战之地，故据其地者，"必悬权而动，所向无前，然后可以拊敌之项背，绝敌之咽喉；若坐拥数城，欲以俟敌之衰敝，未有得免于覆亡者"。

曹操建立根据地的道路并不平坦，复杂的斗争形势，也曾使他产生过迷惘、动摇，经历了曲折。比如公元195年春，曹操重整旗鼓，展开收复兖州失地的战争，连连击败吕布。就在这时，曹操得知陶谦病死，刘备继任徐州牧。曹操想乘徐州正处不稳定之机，先攻取徐州，然后再回军击灭吕布，荀彧劝他先打吕布，巩固兖州根据地，发表了一番颇具战略远见的议论：

"昔高祖保关中，光武据河内，皆深根固本以制天下。进足以胜敌，退足以坚守，固虽有困败而终济大业。将军本以兖州首事，平山东之难，百姓无不归心悦服。且河、济，天下之要地也，今虽残坏，犹易自保，是亦将军之关中、河内也，不可以不先定……若舍布而东，多留兵则不足用，少留兵则民皆保城，不得樵采。布乘虚寇暴，民心益危，惟鄄城、范、卫（濮阳）可全，其余非已之有，是无兖州也。若徐州不定，将军当安所归乎……"①

荀彧的这番宏论，为曹操分析了三个关键性问题：一是先打吕布，建立兖州根据地的重要意义。二是丢失兖州根据地的危险性。三是徐州不适宜建立根据地。曹操采纳了荀彧的建议，破吕布，取豫州，巩固扩大根据地，为

---

① 《三国志·魏书》。

日后统一北方奠定了坚实的基础。后世兵家常用曹操这次放弃攻取徐州的机会而坚持兖州作战，来说明"兵有不可乘之机"的道理。

二、迎天子，掌握政治主动权

从中原建立基业，必须掌握政治主动权，优势也在于据中原有条件掌握政治主动权。

公元196年，曹操占据兖豫二州之后，汉献帝也在凉州军阀杨奉、韩暹的护送下，由河东回到了残破的洛阳。曹操敏感地觉察到这一政治机遇，便依照毛玠四年前提出的"奉天子以令不臣"的方略，准备把汉献帝迎到许昌，以便于挟制，来号令四方诸侯。

机遇只青睐有准备的头脑。实际上，早在汉献帝到达洛阳之前（还在安邑）时，袁绍的谋士沮授便建议"西迎"；而郭图、淳于琼却认为，现在的形势和秦朝末年差不多，"秦失其鹿，先得者王。"把天子迎到自己身边，遇事需要表奏，听则权轻，违则拒命，这等于自我束缚。袁绍缺乏战略头脑，没有政治主见，拒绝采纳沮授的建议。

曹操在准备迎接汉献帝的时候，不少文官武将也曾竭力反对，唯独谋士荀彧赞同。他用春秋时期晋文公纳周襄王，诸侯景从；秦朝末年，汉高祖刘邦拥举义帝，使天下归心的历史经验，说明迎天子，先举起正统的刘氏旗号，对于事业成功的重要性。从而坚定了曹操的决心。

面对同一历史机遇，人们用不同的历史眼光来观察，得出了不同的结论。在封建时代，皇帝是最高权力的象征。诸侯纷争中，在传统观念还是社会的主导观念时，谁能把皇帝控制在手，谁就在政治上取得了优势。"争名者于朝"方可有名，"争利者于市"才能获利。所谓"秦失其鹿，先得者王"，是因为秦之统治仅十余年，政治基础未固，六国烙印深存；秦的文化与教育还未深入人心，人们的观念还没有走出春秋战国。故秦末之际，各地反秦力量蜂起，没有"挟天子令诸侯"这一过渡阶段之说，只有"先得者王"之论。高祖举义帝，义帝还是六国之后。春秋之世，没有人说过"周失其鹿，先得者王"，而只闻桓文匡扶王室的美谈。这是因为周统治悠久，文化影响早已深入人心,及其末世,政权虽微弱,而人心尚属周,有敢反叛者,必给他人提供枭雄之口实。汉朝统治四百余年,纷乱未久,人们的观念还在向汉。特别在当时作为支配社会力量的士大夫阶层,向汉之心尤甚。在多极化竞争局势中,"奉天子以令不臣"之策是高明之举。王夫之在《读通鉴论》中说:袁绍不用沮授之策,听淳于琼而不迎天子于危困之中,授曰:"必有先之者。"果然,曹操随其后而捷足先登。本来,曹操和袁绍心目中都是没有汉天子的,但曹操有了拥天子的名声和权柄,所以曹可以制绍,而绍不能胜曹。

三、确立统一北方的战略策略

曹操虽然掌握了当时作为全国政治文化中心的中原地区,但兖州"褊浅迫狭",豫州"四战之地",既少可守的险固,又处在敌对势力的四面包围之中,形势并不乐观。

当时,在曹操周围有几个主要割据势力:河北袁绍、河内张杨、徐州吕布、淮南袁术、荆州刘表、南阳张绣。此外,关中的马腾、韩遂,益州的刘璋,幽州的公孙瓒,距离许昌尚远,力量也比较小。江东的孙策,正致力于在江东发展势力,长江阻隔,对曹操威胁不大。

曹操与他的谋士们一起分析形势,首先确定谁是最主要的敌人。经过对割据势力进行力量比较,认为袁绍力量最强,是争夺中原的主要敌人。但主要敌人不一定首先与之交战。谋士荀彧、郭嘉等纷纷献策,都认为要想打败袁绍,必须趁袁绍在北面同公孙瓒作战时,先平定徐州的吕布,以防将来两面作战的局面出现。曹操的眼光较之谋士们更远大。他从更广阔的战略范围提出:我最担忧的是袁绍侵夺关中,向西联合羌人、胡人,向南勾结蜀、汉地方势力,从而形成"以一对五"的不利斗争格局。就是说,首要的问题不是消灭吕布,而是要努力改变内线作战的不利态势。

曹操和幕僚们经过认真分析形势,最后确定以政治手腕安抚、笼络关中的豪强马腾、韩遂,先击败徐州的吕布等,然后集中兵力与强敌袁绍决战。从而,形成了曹操统一北方的战略方针,即:由近及远,拉拢分化;先弱后强,各个击破。后来,在事态发展中,曹操变更了打击的次序,但这个方针一直是曹操指导全局时把握的纲领。与诸葛亮的隆中对策相比较,可以看出,曹操统一北方的战略方针,也是由于他所处的特殊的地缘环境和斗争形势决定的。

四、先灭蜀后平吴,统一中国

赤壁大战之后,形成魏、蜀、吴三国鼎立的格局。到吴蜀夷陵之战后,曹魏已在战略上掌握了主动权,但曹魏集团因没有抓住有利的战略机遇很快击灭蜀吴,使三分天下的局面又延续了五十年。直到司马氏稳固地掌握了魏国的军政大权,才消灭蜀吴,统一中国,建立了东晋王朝。

魏曹奂景元四年十二月,司马昭经过深思熟虑,最后确定了先灭蜀后平吴的战略指导,理由是:第一,吴国地广而卑湿。国境上有长江隔阻,国内是水网地带,先打吴困难较多。早在曹丕执政时期,魏曾对吴发动过三次大规模进攻,都因车马不能飞渡长江,曹丕只好望江兴汉:"固天所以限南北。"第二,蜀弱吴强。吴据中国的三州之地,蜀国仅占一州。更为重要的是:蜀国朝廷亲小人、远贤臣,政治日趋腐败,边备失修,"保国"而不思进取的思潮日甚。第三,先灭蜀利于平吴。因为灭蜀之后,"胜敌而益强",可以在益州大造舟楫,训练水师,改善魏国水军不如吴国的状况。蜀在长江上游,按照司马昭的设想,灭蜀三年后,因顺流之势,从蜀地东下,水陆并进,对位于长江下游的吴国可造成泰山压顶的态势。

实践证明,司马昭的战略构想是正确的。

南宋著名学者陈亮在《酌古论·曹公》中,分析曹操赤壁败北的教训,认为曹操统一北方后,不应南下荆州,应该把进攻矛头首先指向关西马超、韩遂等力量较弱的割据势力。南下荆州,必然促使孙刘联合,东西互救。陈亮从地缘战略的角度指出:"蜀汉者,天下之右臂也;江东者,天下之左臂也。安有人断其右臂,而左臂能全乎?不知断其一臂,而从其中以冲之,则两臂俱奋矣。"陈亮的这段话用来说明司马昭灭蜀平吴战略,则显得更为精当。

重势养力以用天时之道
——曹操统一北方之方略

汉末，天下大乱，雄豪并起，而袁绍虎视四州，强盛莫敌。太祖（指曹操）运筹演谋，鞭挞宇内，揽申、商之法术，该韩、白之奇策，官方授材，各因其器，矫情任算，不念旧恶，终能总御皇机，克成洪业者，惟其明略最优也。抑可谓非常之人，超世之杰矣。

——陈寿《三国志·魏书》

东汉末年，天下大乱，尤其是中原地区，群雄并起，战事仍频。曹魏势力就是在中原腹地，逐步消灭其他割据力量而发展壮大起来，终成三国中实力最强一方。在这个充满血腥暴力的过程中，曹魏的奠基人曹操，成功地运用了大量谋略，取得了惊人的效果。曹操出身于一个属于宦官集团的大官僚家庭。少年时代的曹操，爱好飞鹰走狗，射箭比武，"游荡无度"，目无礼教，不受礼俗约束。但另一个方面，又胸怀大志，平时"博览群书，特好兵法"。当时以识人著称的许劭预言曹操是"治世之能臣，乱世之奸雄"。

公元174年，曹操二十岁的时候，以孝廉的身份被推举为郎，任洛阳北部尉，负责洛阳北部的治安。曹操上任后严法治政，不惧豪强，棒杀犯禁夜行的大宦官蹇硕之叔父，一时间"京师敛迹，莫敢犯者"，治安情况大为好转。公元184年，黄巾起义，曹操被任命为骑都尉，参与镇压黄巾军，积功迁任济南相，到任后大力整顿，惩治污吏，禁毁祀淫，使济南地区"政教大行，一郡清平"，初步展示了曹操治世的才能。公元188年，汉灵帝为加强京城禁军力量，设置西园八校尉，曹操被征召为典军校尉，成为京师禁军首领之一。第二年，朝廷发生变乱，董卓带兵进京，废少帝，立献帝，独揽朝政。曹操认为董卓是一时势盛，最终难免失败，便拒绝了董卓的拉拢，变名出京，逃归乡里。

曹操回到家乡后，变卖家产，招募乡勇，聚众五千人，起兵讨伐董卓。自董卓专政后，各地纷起反对，以袁绍为盟主，包括冀州牧韩馥、豫州刺史孔伷、河内太守王匡、兖州刺史刘岱、长沙太守孙坚等，组成关东联军讨伐董卓，曹操也率军参加了战斗，任奋武将军。然而，关东联军内部各有打算，互相观望，不愿出战，曹操进战不利败退而还，十余万联军仍按兵不动。曹操决定离开联军，独自发展。公元192年，青州黄巾军百万人进攻兖州，杀死太守刘岱，曹操趁势率军进击黄巾军，继领兖州牧。经几番奋战，打败黄巾军，"受降卒三十余万，男女百万余口，收其精锐者，号为青州兵"。占兖州，收青州兵后，曹操势力才初步稳定下来。此后，曹操开始了统一天下的大业。

一、谋取战略优势

曹操崛起之际，唯有兖、豫二州，地狭兵少粮缺，力量弱小；北有袁绍"据山河之固，拥四州之众"，虎视眈眈；西有韩遂、马腾、张绣；南有刘表、袁术；东有吕布、刘备，都是雄踞一方的势力。如何一一战胜各种力量统一天下，是胸怀壮志的曹操和其谋臣日夜思虑的问题。在总体战略上，曹操决定采取"重势养力"的方法来谋取战略的优势地位。在曹操刚刚进入兖州的时候，谋臣毛玠提出："宜奉天子以令不臣，修耕植，畜军资，如此则霸王之业可成也。"就是"重势养力"的具体内容。

（一）奉天子以令不臣

初平元年（公元190年）二月汉献帝自从被董卓劫到长安之后，境况日坏，司徒王允与吕布合作杀死董卓不久，董卓部将李傕、郭汜攻入长安，汉献帝又落入他们的手中。兴平二年（公元195年），李、郭火并，长安大乱，献帝在韩暹、杨奉等人的护送下东迁洛阳。洛阳久遭战火，"宫室烧尽，街陌荒芜"，而且面临饥荒的威胁。东汉王朝已到了穷途末路。

对于献帝的仓皇东归，袁绍和曹操都表示了关注，但最终却作出了不同的反应。当汉献帝刚渡过黄河踏上归途时，袁绍的谋臣沮授就劝袁绍把献帝接至邺城，而后就可以"挟天子而令诸侯"，然而，目光短浅的袁绍拒绝了沮授的良策。几乎同时，曹操的重要谋臣荀彧向曹操建议"奉迎天子，都许（指许昌）"，并警告说奉迎天子是顺从民望，制服雄杰之举，若不早定，后悔无及。曹操立刻派曹洪前行，接着亲自赶到洛阳，朝见汉献帝，又借口洛阳无粮，把献帝接到许昌，改元建安。汉献帝从此成为曹操手掌中的傀儡。

汉献帝虽空负天下之名，但仍是统一的象征，这对于欲统一天下的曹操来说，其作用正如荀彧所说："今车驾旋轸，义士有存本之思，百姓感旧而增哀，诚因此时，奉主上以从民望，大顺也；秉至公以服雄杰，大略也；扶弘义以致英俊，大德也。"即可以达到号令诸侯、广揽人才的效果。

自董卓乱后，诸侯纷起。曹操与许多政治势力相比"名微而众寡"。但他"拥天子而都许"之后，成为正统所在，无论是征伐异己还是任命人事，都可利用献帝名义，名正言顺，置对手于被动地位，而诸侯欲进攻曹操，在名义上便成了不义之举。后来诸葛亮在隆中与刘备讨论天下形势时就曾指出："曹操挟天子以令诸侯，不可与争锋。"从此，曹操在"征伐四方"中建立了高屋建瓴的地位。

曹操素重招揽人才，"挟天子"之后，成为正统所在，有利于更进一步吸纳人才。曹操曾先后三次下令征召人才，并强调"唯才是举"，吸引了大批像荀攸、郭嘉、刘晔、钟繇等出身士族的智士谋臣，出现了人才来归的热潮。其中一些人是抱着效忠献帝的目的来的，但因献帝已被曹操控制，所以也直接间接地为曹操所用。献帝在许，众望所归，这确实为曹操大力罗致人才创造了一个极为有利的条件，是其他任何割据势力都无法与之比拟的。大批谋臣也在曹操战胜群雄、统一中原的事业中，出谋划策，作出了不少贡献。

（二）修耕植，畜军资

粮食问题是任何军队、任何政权都必须考虑解决的大问题。对于东汉末年的各个豪强势力来说，形势尤为紧迫。长期的战乱使社会经济遭到毁灭性的打击，中原地区所遭受的破坏尤为严重，人民流亡，土地荒芜，"名都空而不居，百里绝而无民者，不可胜数"。因此，各派割据势力也几乎到了无兵可募、无粮可征的地步，如袁绍河北的军队居然"仰食桑椹"，曹操和吕布争夺兖州时，军队粮食奇缺，全靠东阿人程昱"略其本县，供三日粮"才渡过难关。粮食问题严重到如此程度，所以有些武装力量并不是被敌人打败，只是本身缺乏粮草，就"瓦解流离，无敌而自破"。

严酷的现实使曹操深深体会到，粮食对军事行动的重要性，尤其是在生产遭到严重破坏的情况下，不设法解决军粮问题，在群雄角逐中是站不住脚的，更谈不到兼并天下。因此，曹操从总体战略的高度来认识、研究军粮问题，他指出："夫定国之术，在于强兵、足食。"公元196年，迎献帝定都许昌后，下达《置屯田令》，推行屯田制。

屯田首先在许都周围地区推行，以后逐步推广。有民屯和军屯两种。民屯每屯约50~60人，都是把原黄巾军的一些人及从各地招募来的流民按照军事编制组织而成的，配给一定数量的土地、耕牛和农具等。国家采用"分田之术"，根据每年的实际收成，按一定比例缴纳租谷。军屯主要建在一些军事驻地，由士兵承担生产任务，建立了战时作战、平时务农的体制。

随着屯田制的推广，中原的农业生产逐步恢复，使"白骨露于野，千里无鸡鸣"的景象在一定程度上得到了改观。据史书记载，实行屯田后，"自寿春到京师，农官兵田，鸡犬之声，阡陌相属"。曹操担心的军粮短缺问题逐步被解决，"数年中，所在积粟，仓廪皆满"，以后每年可以收获到谷物达数千万斛之多。还有，屯田使在长期战乱中被迫离开土地或被剥夺了土地的农民，重新和土地结合起来，从事农业生产，这使曹操所辖区域的流民问题逐渐解决，隐藏着的动荡因素逐渐消除。

曹操推行屯田政策的成功，在经济、政治和军事等方面显示出来的意义都是不同寻常的,"州郡例置田官,所在积谷,征伐四方,无运粮之劳,遂兼并群贼,克平天下",屯田制解决了曹操在经济上的后顾之忧,也使曹操在战争中力量由弱变强,逐渐取得了战略上的优势地位。

二、歼敌与壮己结合

尽管曹操拥有"挟天子以令诸侯"的政治优势,有谋臣如云的人才优势,有屯田安民的经济良策,但长期征战中,尤其在官渡之战前,曹操势力与其他许多割据力量相比,并不显得多么强大。而且,紧张的战争岁月中,屯田制对经济发展的巨大推动的优越性还不能马上充分表现出来。所以,如何在烽火连天的战争年代把歼灭敌人和壮大自己有机结合起来,成为曹操重点考虑的现实问题。他最终提出并行之有效的方法是"避实击虚",这在曹操一生戎马中多次得到运用。

(一)总体方略:避实击虚

曹操占据的兖、豫二州,地处中原,为"四战之地",强敌环绕,处于内线作战的不利地位。内线作战的基本原则,一般是集中兵力各个击破,其关键是速战速决,避免两面作战、多方受敌进攻的被动局面。为了寻找进攻的突破口,曹操及其谋臣对天下各种割据势力进行了仔细分析:在曹操的西南,是占有荆州的刘表。他"南收零、桂,北据汉川,地方数千里,带甲十余万",势力不弱。但是刘表在战争中态度不明朗,对曹操控制的汉中央政府"不失贡职",对袁绍又表示"不背盟主",只想"自守"一方,"保江汉间,观天下变",是个没有"四方之志"的人。所以,只要曹操不去侵犯荆州,刘表是决不会举兵进攻许昌的。

在曹操正南是盘踞淮南的袁术。他虽与袁绍是同父异母的兄弟,但彼此并不和。而且,公元197年春,袁术在寿春称帝,受到多方进攻,加上江淮一带,又是"天旱岁荒,士民冻馁",力量迅速削弱。

在曹操的东南徐州是吕布。他曾与曹操争夺过兖州，不敌才退守徐州，随时准备反攻。吕布虽勇猛过人，但只是"刚而无礼，匹夫之雄"而已。

势力最强的是在曹操东、北方向，盘踞青州、幽州、并州、冀州等地的袁绍。袁绍家世显赫，在东汉末年"四世三公"，袁家的门生故吏满天下。袁绍本人曾任关东讨伐董卓联军的盟主，颇有声望，且地广人多，力量十分强大。只冀州一地，就有民户百万家，若全体动员，立即可得精兵三十万。而且袁绍素怀天下之志，准备安定北边后，挥师南下统一全国。所以，袁绍是曹操最强大也是最主要的敌人。

其他，占据南阳的张绣，关中的马腾、韩遂，益州的刘璋都不是主要的威胁，尤其后二者，距离曹操较远，影响都不大。

根据对各种力量的分析，曹操为了逐一歼灭的目的，采用避实击虚的策略，北和强大的袁绍；对于其他割据势力，则采取了由近及远、先弱后强、拉拢分化、各个击破的方针。

为了与袁绍缓和矛盾，曹操一直保持谦让的态度。汉献帝封曹操为大将军后，袁绍不服，曹操即派孔融为专使到邺城，以汉献帝的名义任命袁绍为大将军，而自己退职改任车骑将军。袁绍又寄书曹操，言辞傲慢，但曹操都隐忍不发。同时，又派钟繇赴关中督马腾、韩遂诸军，晓以利害，使马、韩表示服从。这样曹操减轻了来自袁绍、关中的压力，开始对周围较弱的势力逐一歼灭。

由于袁术称帝，以"挟天子令诸侯"为手段的曹操首先攻打袁术。公元197年，曹军以"讨逆"名义出征淮南。为了不使吕布向袁术靠拢，曹操利用献帝名义下诏，盛赞吕布杀董卓之功，任命他为左将军。吕布接诏后，不仅拒绝了袁术的拉拢，还派军参与了对袁的战斗。袁术在接二连三受到打击后，仓皇南逃，势力从此一蹶不振，一年半后，袁术在寿春病死。

在曹操进攻袁术的时候，据守南阳的张绣和荆州刘表的联军曾几次进攻叶县。曹军回师后立刻投入对张、刘的战争。建安三年（公元198年），设伏击败张、刘的联军，而后设计分化张、刘，建安四年（公元199年），张绣率领士卒向曹操投降。

吕布盘踞徐州，且为人反复多变，始终是曹操心腹大患。在连续打击袁术、刘表、张绣后，吕布处于暂时的孤立中，曹操抓住有利的战机，建安三年（公元198年）九月亲率大军东讨。十月，攻下彭城，进围下邳两月有余，最后吕布投降，被杀。

吕布被杀后，刘备占领徐州。曹操尽管已感到来自北方袁绍的强大压力，但仍认为，必须尽快趁刘备立足未稳，一举歼之，否则"今不击，必为后患"，建安五年（公元200年）正月再次率军东征，俘获刘备的妻子和大将关羽，刘备败走，投奔袁绍去了。

这样，仅两年时间，曹操灭袁术、吕布，降张绣，赶走刘备，控制了黄河以南的大块地区，改善了战略态势，逐步由弱转强，为全力对付袁绍创造了有利条件。

（二）战役运用：剪枝弱杆

为了保存实力，达到有效歼灭敌人的目的，在具体战役中，曹操也经常采用"避实击虚"的策略，往往事半功倍。比较著名的战役，如官渡之战、北征乌丸之战，都是如此。

建安五年（公元200年）二月，袁绍发出讨曹檄文，亲率精兵十万，骑万匹，南下直取许昌。曹操率三四万精锐，前往迎战。

从双方实力对比看，袁绍地广人多，粮食充足，曹操虽在许昌附近屯田，积聚了一些粮食，但因战争频繁，并不丰足。曹操仍然面临敌强我弱的不利形势。

拉开战幕的白马之战。当袁绍派大将颜良渡过黄河占据白马时，曹军将帅捕捉到了敌人虚实变化而形成的有利战机。谋士荀攸立刻献策，说："我国兵少，面临强敌，正面交锋恐怕不易得手，应设法分散袁绍的兵力。曹公你领兵向延津（在白马西）作出将要渡过黄河进击袁绍后方的姿态，袁绍必然分兵向西，然后我们轻兵突袭白马，攻其不备，颜良可以擒获。"曹操依计而行，果然吸引袁绍主力向延津移动，于是曹军兼程赶往白马，关羽乘袁军措手不及，袭斩了颜良，袁军大乱，纷纷溃败。

不久，曹军又在延津设伏，击杀了袁绍另一名大将文丑。

白马、延津战斗是官渡大战的前哨战，尽管曹操取得了局部胜利，但仍未能根本改变敌强我弱的形势。因此，曹操决定诱敌深入，等待有利时机。八月，双方在官渡形成对峙，曹军除一些小接触外，始终坚持不和袁绍交锋，固守待变。

在坚守不出的时候，曹操身边最有名的谋士荀彧提醒说："现在袁绍已情见势竭，必将有变，此用奇之时，不可失也。"

由于十余万大军困居官渡，袁绍后方的军粮补给线拉得很长，给曹军活动造成了很大空间余地。曹操决定抓住时机，避敌主力，击其要点。趁袁绍方面运粮的车辆在半路上的时候，派部将徐晃前往袭击，烧了袁军几千车粮草。到了十月，袁绍重新从河北调运粮食一万多车，把这些粮食和所用的军用物资都堆放在距前线大营四十多里的后方乌巢，并命大将淳于琼率军万余守护。

此时，袁绍谋士许攸因受排挤，投奔曹操，他带来了袁军粮草屯放乌巢，而且守军不多的情报。曹操获报后大喜，立刻令曹洪继续坚守官渡阵地，自己率五千精锐，换用袁军旗号，夜袭乌巢，烧掉了袁军全部军粮辎重。

袁绍大军听到军粮尽失，顿时大乱，袁将张郃、高览投降，曹军趁机发动全面攻击，迅速消灭了袁军七万多人，袁绍主力几乎全被消灭，袁绍本人带着八百余骑，逃过黄河，官渡之战以曹操大获全胜而告终。

官渡战后，曹操兵进河北，经四年时间，平定了青、冀、幽、并四州之地。袁绍死后，其子袁尚、袁熙逃入少数民族乌丸地区，欲借乌丸力量继续与曹操抗衡。为了消灭袁氏残余势力，统一北方，曹操决定远征乌丸。

建安十二年（公元207年）曹操大军开始北进，五月抵达无终（今天津蓟州），准备由此经过今天山海关，直指乌丸的政治中心柳城。不料当年夏雨过多，道路泥泞不通，同时，乌丸也在这条道上集中了主要兵力，使曹军在这个狭窄的走廊上进退不得。

此时曹操访得无终名士田畴相助。田畴献策说：过去卢龙塞（今河北喜峰口）到柳城有条小道，虽已毁坏断绝近二百年，但还可勉强通行。而且，乌丸以为我军在无终受阻，不得前进，放松了戒备。我们可趁此从小道乘虚而入，可大获全胜。

曹操采纳了田畴的建议，一方面为了迷惑敌人，在无终竖一木牌，上书"方今暑夏，道路不通，且俟秋冬，乃复进军"，另一方面遣精锐从小道出塞，"堑山堙谷，五百余里"，突然出现在毫无防备的柳城城下。在曹军猛攻下，攻下柳城，然后回师夹击乌丸主力，大获胜利，"胡、汉降者二十余万口"，袁氏兄弟逃往辽东，被公孙康杀死，首级献于曹操。北部边境得以安定。

曹操一生主要事迹是统一北方，公元208年以后南征欲统一天下，终因赤壁战败而归，以后几次南征皆无功而返。公元219年，受封魏王的曹操病逝于洛阳，终年六十六岁。曹操死后不到十月，其子曹丕代汉称帝，建立魏国，曹操被尊为太祖武皇帝。

曹操一生弄权用兵，是一位杰出的政治家、军事家。同时代的诸葛亮评说"曹操智计殊绝于人，其用兵也，仿佛孙、吴。"曹操征战一生，始终孜孜不倦地研习兵法，手不舍书，从中吸取了丰富的传统营养，曾作《孙子略解》三卷。在实践中，他又能依据实际，翻然出新，制定出适合形势的正确战略决策。

重"势"是曹操一个突出的战略思想。曹操起兵之初，名位低微，兵少地小，与可以凭显赫家世名望作号召的袁绍相比，相去甚远。完全靠自己白手起家，创建基业。在如何营建自己的战略优势问题上，曹操在政治上采取"挟天子以令诸侯"的方法，不仅可以对各诸侯名正言顺地发号施令，而且还以皇帝为号召，招揽大批贤臣智士，形成了政治上的优势。另外，"挟天子以令诸侯"，有利于统一大业的进行。曹操曾说："设使国家无有孤，不知当几人称帝？几人称王？"北方的统一，有利于社会的发展。在经济上曹操采取屯田制，使荒芜多年的中原又逐渐恢复了生机，也为曹军解决了军粮问题。把这个问题提到战略高度来重视，体现了曹操认识现实问题的深度，这也确实有力支持了曹操统一战争的进行。

如果说重"势"是就战略而言，那么，"避实击虚"则是一种具体的策略方针。

孙子说:"攻而必取者,攻其所不守也;守而必固者,守其所不攻也。"曹操在统一北方过程中,始终处于内线作战的不利地位,正确地选择作战方向、作战次序,避免两面或多面作战,是关系到既能歼敌又能在战斗中生存壮大的重大问题。北和袁绍,南攻诸侯,正是体现了"避实击虚"的思想,把歼敌与壮己很好地结合了起来;在具体战役,如官渡之战、北攻乌丸之战中,也反映了这种用兵特点。官渡之战曹操攻取的要点并非敌军云集的官渡袁绍大营,而是相距四十里外,仅万余人把守的乌巢;北攻乌丸之战曹操取胜的关键也是避开敌人主力,击其虚弱的后方。选择正确的要点来展开进攻,往往收到"四两拨千斤"的奇效。

毛泽东同志作为一名政治家和军事家,曾经这样描述过战争决策的重要性:"战争的胜负,主要地决定于作战双方的军事、政治、经济、自然诸条件,这是没有问题的。然而不仅如此,还决定于作战双方主观指导的能力。"(《毛泽东选集》第一卷)很显然,曹操个人杰出的谋略思想和军事才能,是其能统一北方、奠定魏国基础的重要因素。

用才尚计举地利之要
——孙权雄踞江东之方略

(建安)二十五年……(孙权)遣都尉赵咨使魏。魏帝问曰:"吴王,何等主也?"咨对曰:"聪明仁智,雄略之主也。"帝问其状,咨曰:"纳鲁肃于凡品,是其聪也;拔吕蒙于行陈,是其明也;获于禁而不害，是其仁也；取荆州而兵不血刃，是其智也；据三州虎视于天下，是其雄也；屈身于陛下，是其略也。"……评曰：孙权屈身忍辱，任才尚计，有勾践之奇，英人之杰矣。故能自擅江表，成鼎峙之业。

——陈寿《三国志·吴主传》

鼎足江东的吴国，开创于孙坚、孙策，而立业于孙权。正当曹操统一北方之际，建安五年（公元200年），孙策去世，年仅19岁的孙权成为江东之主。当时，孙权虽拥有六郡的地盘，但统治并不稳定。原来孙策的一些部下见新主年轻，对其能否成就大业多持怀疑、观望态度，江南山区的山越族也多次暴动，不服征调。为了迅速稳定政局，孙权首先针对部下人心不稳的状况，重用孙策留下的文臣武将，如以师傅之礼待素有威望的张昭等；同时广招人才，聘求名士，鲁肃、诸葛瑾、甘宁等后来成为东吴重要谋臣、武将的人纷纷来归。其次，乘北方曹操、袁绍混战正酣之机，集中全力镇抚了山越及其他一些叛乱；并因此扩张了势力，充实了实力，山越精壮被征召入伍的达十余万，补为编户齐民的人口不下五十万。然而，内部刚刚稳定，外患又接踵而至。建安十三年（公元208年）七月，曹操在初步统一北方后，率领二十万大军大举南征，旋克荆州，进逼江东，曹操致信孙权，威胁要与孙"会猎于吴"。接着发生的赤壁之战，曹军虽被孙权、刘备联手击败，引兵自退，但此后东吴一直处于曹魏势力的威胁下，而且，逐步壮大的刘备集团由于占据了长江中上游，也成为孙权必须认真对付的力量。从公元208年至公元252年，孙权以其雄才大略，纵横捭阖于魏蜀之间，终成鼎足一方。究其谋略可概括为"盟随势迁，钝敌而击"。

一、活用牵制战略

作为一方诸侯，孙权与曹操、刘备一样有天下之志，只不过没有后二者表现得那样明显。公元200年孙权与鲁肃有一次单独的坦诚交谈，鲁肃进言："汉室不可复兴，曹操不可猝除。为将军计，惟有鼎足江东，以观天下之衅。规模如此，亦自无嫌。何者？北方诚多务也。因其多务，剿除黄祖，进伐刘表，竟长江所极，据而有之，然后建号帝王，以图天下，此高帝之业也。"这个计划后被称为"榻上策",它为孙权势力的发展,规划了三个步骤:第一步,鼎足江东;第二步,占据荆州及长江中上游;第三步,图取天下,北伐中原。"榻上策"是孙权吞并天下的战略计划,但因局势变化,被灵活的结盟牵制战略所代替。但无论结盟还是均势鼎足,都非孙权的真实战略目的,隐藏在复杂多变的结盟外交背后的,仍是最后统一天下的企图。所以,为了保存自己,削弱其他势力,孙吴虽以结盟为手段,但表现出很大的灵活性,盟随势迁,真正的原因只有东吴的利益。

(一) 联刘抗曹

曹操强大势力的南下是孙刘结盟的唯一原因。公元208年曹军大举南下,兵入荆州,刘琮降而刘备败逃,益州刘璋也听命于曹操。江东孙吴政权面临生死存亡的考验。孙权认识到,单靠东吴抗曹,势单力薄,必须寻找盟友。鲁肃建议联刘备以抗曹操。因为刘备虽然败于长坂,但主力尚存,有甲士万人,且有刘琦水军万人可用,同时,刘备与曹操有不可调和的矛盾,必能助孙抗曹。孙权当机立断,派鲁肃去联合刘备。鲁肃在当阳见到刘备,向他转达了联合的意图:孙讨虏(指孙权)聪明仁惠,敬贤下士,江表英豪都归附他。已据有扬州六郡,兵精粮多,足以成就大业。不如派遣你的心腹之人去与东吴结盟,共商大业。刘备当即派诸葛亮渡江拜见孙权,遂成孙刘同盟。孙权任命周瑜、程普为左、右军都督,率军与刘备会师,共击曹操。赤壁一战,孙刘联军以火攻大败曹操,使其势力退回中原,为孙权在江东的发展提供了良好的机会。赤壁战前孙刘同盟的建立,是客观形势发展的促成,又是同盟双方主观上努力的结果。赤壁战役的胜利正是联盟的胜利,孙权在建盟这一重大问题上起了关键作用。

赤壁战后,曹操势力北撤,刘备根据诸葛亮制订的"隆中计划"图谋进一步发展。当时荆州八郡,刘备占有武陵、长沙、零陵、桂阳四郡,曹操仍占有南阳、襄阳二郡,孙权占有南郡、江夏二郡。刘备领荆州牧,治所在公安。他拜见孙权,要求都督荆州,把治所移至南郡,引起孙权方面激烈的讨论。周瑜等认为刘备"终非池中物",不但不可借与南郡,而且必须将其扣下,以便挟持;独有鲁肃反对,他认为曹操力量强大,是一劲敌。目前占领荆州,恩信未立,民心不一,把荆州借给刘备,使他安抚民心,又给曹操多树一敌,要他在荆州抵挡曹操,这才是上策。孙权也认识到"曹公在北方,当广揽英雄",虽然赤壁曹操战败,但其军事力量并未受到严重损失。而且曹操以南阳、襄阳为跳板,驻有精兵,随时待机卷土重来。以孙权当时的军力,仍是无力单独抗曹的,所以联合刘备仍是形势所需的。因此,孙权不但借与荆州(南郡),还厚结友好,将自己的妹妹许配给刘备,以巩固同盟。借荆州给刘备,不仅使刘备势力直接对质于曹军,成为孙、曹的一个缓冲区域,而且加强了孙刘同盟,体现了孙权洞察全局的战略眼光。消息传到许昌,曹操异常震惊,"方作书,落笔于地",他意识到,起码在今后的一段时期内统一南方将是非常困难。

(二)联曹抗刘

虽然迫于抗曹的形势,孙权不得不与刘备结盟,并把荆州借给他,但随着刘备势力的扩展和壮大,孙权日益感到这来自长江中上游的威胁,孙刘同盟政策逐渐被日益激烈的斗争取代。

孙刘双方公开的斗争是从公元215年,即刘备夺取益州的第二年开始的。原来刘备借南郡时,双方约定,一旦刘备取得益州,便归还所借之地。刘备获益州后,孙权派人索讨荆州,刘备却以"我正想取凉州,待我取得凉州后,就把荆州全部归还"为借口,支吾不还。孙权见刘备无意还地,便强行派人去接管南三郡,结果都被驻守荆州的关羽驱逐出境。双方矛盾激化,孙权、刘备都调兵遣将,一场决战即将爆发。恰巧,此时曹操攻占汉中,刘备恐益州有失,主动遣使向孙权求和,结果双方商定,以湘水为界,中分荆州。

然而,暂时的外交妥协,并没有使孙刘矛盾得到根本解决。为了准备与刘备的战争,孙权决定从根本上改变原来"联刘抗曹"的政策,采取和好曹魏以集中兵力打击刘备的"联曹抗刘"政策。公元217年,孙权在暗中部署,积极准备夺取荆州的同时,不惜"屈身忍辱",派遣徐详"诣曹公请降"，曹操"报使修好，誓重结婚"，孙、曹之间的敌对形势得以缓和，从而为全力攻刘消除了后顾之忧。公元219年，刘备夺取汉中，关羽率军北攻樊城，遥相呼应。关羽利用汉水暴涨，水淹曹军，曹军数万人被俘，接着，关羽挺兵北进，进占偃城，引起曹魏极大震动。孙权看到关羽北进，荆州空虚，战机已至，同时又知一旦与刘备开战，非短期内所能结束，所以必须争取曹魏的支持。于是孙权趁机致信曹操，表示归顺，并"乞以讨羽自效"。不久，又"上书称臣，称说天命"，劝曹操称帝。对于孙权的真实用意，曹操十分清楚，为击退关羽，与孙权达成了同盟，企图"坐收渔人、田父之功"。在解除后顾之忧后，孙权兵发荆州，突然偷袭关羽后路，迫关羽还当阳，败走麦城，被东吴军队擒杀，刘备的荆州各郡全部为孙权占领。

为报关羽被杀及荆州被夺之仇，公元221年，刘备亲自统率五六万大军攻打东吴。蜀军顺江东下，东吴军队实施战略退却五百里，驻守夷陵一带。对于蜀军大举进攻，孙权早有预料，为避免两面作战，防止魏军乘机进攻，孙权继续开展和魏政策，并不惜降级以求。公元220年时，当曹操病故，孙权遣使向继魏王位的曹丕表示："权之赤心，不敢有他……今日之事，永执一心。"曹丕篡汉称帝后，孙权立即派人祝贺，并将投降关羽后又落入东吴手中的魏将于禁送回许昌。魏帝封孙权为吴王，东吴群臣都以为太轻，不应听封，孙权表示"此亦时宜耳"，欣然接受。蜀军大举来犯的第二个月，孙权再次遣使"卑辞奉章"，向曹魏称臣，魏帝派人向孙权索取珍禽珍宝等大宗玩物，东吴群臣皆以为所求不合常典，宜不给之；孙权认为"方有战事于西北"，所以百般隐忍，尽力满足。如此再三卑辞事魏，孙权仍担心曹魏在关键时刻不支持自己，所以，在夷陵决战前夕，又上书以臣子的名义请求出击刘备，企图试探魏国真实态度，结果魏帝下旨"将军其亢厉威武，勉蹈奇功，以称吾意。"果然，在吴蜀夷陵之战的过程中，魏军按兵不动，使东吴得以从容布阵，全力迎战刘备，终于取得夷陵之战的胜利，刘备败回蜀中。

（三）联蜀抗魏

联曹魏抗蜀汉，使孙权顺利夺回了荆州，但吴魏的联合是一弱一强、力量悬殊的联合。曹魏从不愿意放弃统一中国的目标，联吴只不过是利用这种联合来谋求战争所得不到的利益；对于吴国来说，联魏也只是一种迫于形势而为之的权宜之计，所以，随着吴蜀战事的平息，吴魏联盟迅速破裂。公元222年，曹丕为控制东吴，命孙权送其子孙登入侍为质，孙权一次次设辞拖延，终引起曹军三路征吴。

为了抵抗曹军，孙权不得不再次更改外交政策，重新寻求与蜀结盟。曹军来犯后的第三个月，孙权派太中大夫郑泉前往白帝城，向刘备表示和好，刘备也认识到长期与东吴为敌对今后的发展不利，遂回信"求复旧好"，一度遭到破坏的吴蜀联盟得到修复，双方"戮力一心，共讨魏贼"，迫使魏军无功而返。

以后，吴蜀同盟不断得到加强。公元223年刘备病卒，孙权立刻派使前往吊丧，诸葛亮在此后亦派邓芝出使东吴，以求稳固同盟。公元229年孙权即皇帝位，得到蜀汉的承认，双方会盟，中分天下，这表示针对魏国的吴蜀同盟最后稳定下来了。

重新恢复的吴蜀同盟一直维系了四十年，直到蜀亡为止。在这四十年中，东吴依托这种同盟，不仅在强敌面前捍卫了主权和独立，而且与蜀一起共同北伐，多次遥相呼应，频频出击，同魏国展开争斗，在许多方面赢得了主动。

二、多方误敌，钝而击之

《兵经百篇》曰："克敌之要，非徒以力制，乃以术误之也"，说的是要用各种方法，包括制造假象，来造成敌人的失误，然后乘虚而击。孙权及东吴将帅都颇通此道，在长期征战中多次设诈用奇，屡显功效。公元208年赤壁之战，东吴与刘备联手抗曹，以黄盖诈降为计，不仅使曹操更加轻视东吴力量，徒添骄横之气，而且使东吴军队乘虚而入，火烧曹营，自此形成三国鼎足之势。此外，在吴、蜀争夺荆州的战争中，吴方又几设奇诈，骄疲蜀军，钝其锋芒，而后大获全胜，最后奠定吴蜀势力范围。

（一）骄敌之计

随着刘备势力崛起于长江中上游，孙权日益不安，决计对蜀用兵，夺取荆州，以解除威胁，还可以此为跳板，问鼎中原。公元219年，驻守荆州的蜀汉大将关羽引兵北进，围攻驻守樊城的曹魏军队。驻扎在陆口与关羽比邻而居的东吴大将吕蒙认为袭取荆州的有利时机已来到，便开展谋略，实施夺荆计划。

关羽北攻曹魏时，对孙权可能发动的袭击，是有所防备的，在后方留有相当数量的守军。对此，吕蒙致密函给孙权，建议说："关羽进攻樊城，却多留守兵，这一定是怕我袭击他后方。我常生病，将军可以治病为名，把我调回建业。关羽闻此消息，必会撤出后方军队，增援襄樊前线，这时，我大军沿江昼夜兼程西上，袭其空虚，南郡可以拿下，关羽可以擒获。"孙权赞同此计，便公开发令将吕蒙召回建业治病。继吕蒙守陆口的是声名不显的陆逊，他根据吕蒙的骄敌之计，写信恭维关羽："樊城一仗，于禁等被俘获，远近无不佩服将军的功勋，足以流芳百世……我是一介书生，没有能力负此重任，幸得同将军这样德高望众的人相与为邻……"关羽得信后，更加轻视东吴，于是"意大安，无复所嫌"，将后方守军的一部分调往前线，不再防备东吴。孙权得知蜀军调防情况后，便亲自率军沿江西上，派吕蒙为前部，直趋南郡。当时关羽在沿江一带设有巡江的岗哨，为了不让他们发觉，吕蒙把战船假充商船，士兵隐藏在仓中，摇橹的兵士也全部穿上商人衣服，扮作商贾，昼夜不停地溯江而上。关羽在沿江所设的瞭望哨所，全部被吴军破坏，一直到兵临城下，荆州蜀军才发觉。吕蒙利用蜀军内部的矛盾，说降了留守的蜀将，兵不血刃占领了南郡。吕蒙预计关羽得知南郡失守后，会立即回兵来救，所以采取了"攻心为上"的策略，优待和抚慰荆州蜀军家属，并下令不得侵扰百姓。对于关羽派来探听消息的人，则不仅不加以限制，反而厚待他们，允许自由来往，使他们把城中消息带到关羽军中，军中将士得知自己家中平安，遂失斗志，不少人逃归荆州。关羽众叛亲离，在漳乡（今湖北当阳境内）被吴军活捉，被杀。东吴军队遂占原蜀汉据有的全部荆州土地。

（二）疲敌之计

荆州被夺，关羽被杀，消息传到蜀中，刘备悲愤异常，不顾诸葛亮、赵云等的劝阻，决意出兵征吴。公元221年，亲率五六万大军开始出征。

其时，吕蒙已死，年轻的陆逊成为东吴大都督，统兵迎战。针对蜀军兴兵复仇，锐气正盛，陆逊采取疲敌之计，先避其锋芒，待其疲惫，再击其虚弱。

蜀军进攻刚开始，便顺利占领秭归。吴军一些将领要求主动迎击，但陆逊却下令向东实施战略退却，他对诸将说："刘备举兵东下，锐气正盛，而且凭借高处，据守险要，很难一下子攻破，即使攻破，也难以获得全胜，如果出击不利，影响全局，问题就严重了。现在我们可以奖励战士，多多出谋划策，等待形势的变化。蜀军是沿山地行军的，兵力难以施展，自然要拖得很疲乏，我们可慢慢抓住他的弱点对付他。"于是，东吴军队后撤五百里，退出山地；直到夷道、猇亭一线后，才停止退却，转入防御。蜀军迅速占据了这几百里的崇山峻岭。

接下去的半年中，双方陷入僵持中。刘备多次派兵挑战，陆逊坚守营寨，就是不出战。这样，蜀军长期被阻，一直找不到决战的机会，运输困难，天气渐冷，斗志逐渐涣散，士气日益低落。此时，刘备被迫放弃"水陆并进"的计划，将水军移到陆上，命令全军连营，在山林中安营扎寨。看到这种情况后，陆逊决定反攻蜀军。面对一些将领的困惑，他解释道："刘备是个狡猾的敌人，经历多，见识广。他的军队开始集结时，各方面考虑得很细致，士气也旺盛，我们不应同他硬拼。现在他们驻扎很久了，没有得到进攻机会，兵士已经疲困，斗志已经消沉，策划不出好的计谋。所以现在正是我们发动反攻，打败蜀军的好机会。"陆逊上书孙权后，决定采取火攻。东吴诸军全线出击，火攻为先，连破蜀营，刘备带领少数人马，乘黑夜冲出重围，逃归白帝城。此为夷陵战役，以东吴获胜告终，巩固了东吴对荆州的统治。

三国时期，由于魏、蜀、吴三方的最高政治目的，都是统一天下，这就决定了三国之间从无真诚的联盟，都具有浓厚的相互利用的色彩。然而，三国力量是强弱不均的，在东汉十三州中，魏拥有九州之地，吴占有三州，蜀仅一州，魏国国富兵强，人才荟萃，远非蜀、吴可望项背。所以就东吴而论，客观形势决定了只有与蜀结盟，才是生存之道。无论在赤壁大战前夕，还是在夷陵大火之后，孙权一直对此有清醒的认识。虽经金戈铁马，吴、蜀仍能握手言和，强大而又虎视眈眈的曹魏势力一直就是这种联盟的外部条件。但对于吴蜀联盟本身，孙权表现出极大的主动性。他利用蜀汉集团囿于宗法正统观念，坚持"汉、贼不两立"，决不与曹魏妥协的立场，在坚持以吴蜀联盟为主的同时，又不拘泥于一格，根据自身利益的需要，结成暂时的吴魏联盟，使其在夺回荆州的战争中能无后顾之忧，全力西下，保证了最后的胜利。但吴魏联盟只能是短暂地互相利用，因为小国与大国结盟只能是不平等的依附，随时都有可能被吞灭的危险。但孙权君臣根据具体形势的需要，在不同的时期都找到自己的盟友，使其在向另一方的战争中避免了两面作战的危险，不能不说是其正确的谋略起到了引导、推动作用。

利用敌人的麻痹，造成其失误，也就成为我方的战机，乘此进击，必获大胜。"钝敌而击"就是反映了这种谋略思想。关羽是蜀汉大将，久经沙场，声威远著，自视也甚高，骄横不可一世，吕蒙称病离职使其警觉性下降，陆逊谦卑恭维的信更使关羽造成了后方绝无危险的错觉，结果，东吴军队潜夜渡江，一举攻占荆州，捉杀关羽。刘备率军东下，作为复仇之师，讨伐孙权背信弃盟，全军同仇敌忾，有一股哀兵必胜的锐气，加之刘备以皇帝身份亲征，士气大受鼓舞，所以就夷陵之战开始时双方情况而言，蜀军占有上风。但这种气势上的优势被陆逊的战略大退却、长期坚守不出所避开，很快丧失了。进退维谷的蜀军又疲又乏，士气低落，终遭败绩。

"盟随势迁，钝兵而击"体现了孙权领导的东吴在政治、军事上的高超谋略。

宽仁收心以握人和之贵
——刘备鼎足西蜀之方略

今操已拥百万之众，挟天子而令诸侯，此诚不可与争锋。孙权据有江东，已历三世，国险而民附，贤能为之用，此可以为援而不可图也。荆州北据汉、沔，利尽南海，东连吴会，西通巴、蜀，此用武之国，而其主不能守，此殆天所以资将军，将军岂有意乎？益州险塞，沃野千里，天府之土，高祖因之以成帝业。刘璋暗弱，张鲁在北，民殷国富而不知存恤，智能之士思得明君。将军既帝室之胄，信义著于四海，总揽英雄，思贤如渴，若跨有荆、益，保其岩阻，西和诸戎，南抚夷越，外结好孙权，内修政理。天下有变，则命一上将将荆州之军以向宛洛，将军身率益州之众出于秦川，百姓孰敢不箪食壶浆，以迎将军者乎？诚如是，则霸业可成，汉室可兴矣。

——陈寿《三国志·蜀书》

东汉末年，在黄巾起义的沉重打击下，汉室衰微，群雄逐鹿中原。刘备就是在这种背景下，乘乱而起，招兵买马，经三十余年征战，终成霸业，据西南而建蜀汉政权，占天下三分而与曹魏、孙吴成鼎足之势。然而从对刘备、曹操、孙权开创霸业过程的比较来看，历史对刘备显得更加吝啬与残酷。曹操出身于显赫的宦官之家，有相当的政治、经济基础与广泛的社会联系，更兼后来"挟天子以令诸侯"，优势更加突出；孙权亦是世家子弟，其家族世仕于吴，在江东有较稳定的社会基础；唯独刘备既无家世的凭借，又无地域的优势，以区区小吏起家，在中原各个军阀集团混战的夹缝中屡仆屡起，长期颠沛流离，每每寄人篱下，然而最后竟成一方鼎足势力，是由于刘备采取了正确的谋略手段。一方面，刘备宽以待人，"信义著于四海"，获得广大将士、百姓的衷心拥戴；另一方面，采用诸葛亮在《隆中对》中提出的战略，利用天下形势及各方势力之间的矛盾，因势利导，遂成大业。综其二者，可总结为"宽仁以收人心，因势而成霸业。"

一、宽仁以取"人和"

宽仁是刘备一贯的待人接物之道。这不仅是因为刘备出身贫寒，没有世家豪族的骄横之气，更因为刘备从自己力量孤弱、无所凭藉的实际情况出发而制定的一种有意识的谋略。他曾无意中向庞统透露出这种真实意图："……与吾为水火者，曹操也。操以急，吾以宽；操以暴，吾以仁；操以谲，吾以忠：每与操反，事乃可成耳。"虽无天时、地利优势，但刘备以宽仁使其能团结广大将士，受到人民欢迎，达到"人和"，成为改变战略态势对比，最终成就大业的重要原因。

"宽"，在为人上，意为宽厚，不苛求于人，不记宿怨，有政治家广阔的胸怀；在治国上，不用苛政，轻徭薄赋，不急敛于民。"仁"，即厚爱百姓，惜爱部下。

（一）治国尚宽仁，讲信义

早年刘备驻徐州时，因为得人心，在百姓中素有威望，所以当徐州牧陶谦临死时，决定将州政交给刘备，并说："非刘备，不能安此州也。"陶谦死后，州中官吏迎刘备赴任，使其拥有了最早的立足之地。对此，袁绍也不得不承认："刘玄德，弘雅有信义，今徐州乐戴之，诚副所望也。"

建安十三年（公元208年），曹操大军南下，占据荆州的刘琮乞降，有人劝刘备劫持刘琮及荆州吏士南走江陵，刘备拒绝，说："刘荆州（指刘表）临亡，托我以孤遗，背信自济，吾所不为，死何面目以见刘荆州乎！"南撤途中，荆州官吏、百姓多归随同撤，走到当阳时，队伍扩大到十余万人，辎重也有数千辆，因此行动缓慢，日行仅十余里。有人劝告刘备撇下大众，速行以保江陵，否则"曹公兵至，何以拒之？"刘备回答说："夫济大事，必以人为本，今人归吾，吾何忍弃去？"在当时形势下，劫持刘琮南走，抛弃随从士民的拖累，从军事上讲也许更有利，但从道义上必然大失人心，带来更大的损失。虽然刘备这支十余万的杂牌大军终被曹军追击，长坂一战，刘备抛妻别子，仅十余骑脱身而逃，但刘备宽仁待民的声誉却被广为传扬。后来东晋史学家习凿齿对此评论说："先主（指刘备）虽颠沛险难，而信义愈明；势逼事危，而言不失道。追景升（指刘表）之顾，则情感三军，恋赴义之士，则甘与同败……其终济大业，不亦宜乎？"

　　爱民，不仅仅是一味地宽仁，还要有法治。因为忽视法治，就会放纵不法之徒，广大百姓便会深受其苦。刘备喜读《汉书》《礼记》《诸子》《六韬》《商君书》，治国主张王霸并用，恩威并施。建安十八年（公元213年），刘备占领益州。当时蜀中人心未定，更兼曹操在北面虎视眈眈，刘备政权存在种种危机。为安定人心，稳定政局，刘备采取了两个方面的措施。其一，归还田宅以安民。当时有人建议刘备把成都城中的宅舍及城郊的园地、桑田分别赏赐诸将士。大将赵云力谏："现在益州人民遭受兵革之祸，应该把土地房屋都归还他们，使他们安居复业，然后才可以征调赋税徭役，这样才能得民心，也有利于满足我们财政军事的需要。不应夺占他们的田宅以私分给将士。"刘备采纳了赵云这个具有政治远见的建议，还田宅给人民。其二，厉行法治以巩固政权。以前刘璋治蜀时，不讲法治，政令多缺，放纵豪强欺压平民，以致人心浮动，社会动荡，百姓受苦。刘备入成都后，首先命令诸葛亮、法正、刘巴、李严等"共造蜀科"，以健全法律，加强法制。对危害社会的封建豪强严厉打击，杀掉了骄横跋扈、鱼肉百姓的益州士族地主张裕等。由于政策得当，用人得力，令行禁止，不久便稳定了社会秩序，使刘备获得了益州广大人民的拥护。

　　正如刘备刻意追求"每与操反"，刘备的"宽仁"与曹操的残虐寡恩形成鲜明的对比。从历史的记载看，刘备一生，除了战场上的搏杀，从来没有对士兵和百姓滥杀无辜，甚至对敌对者以及部属中的叛逆者，他也尽力不加以杀戮。而曹操一生中多次大肆屠杀，据《曹瞒传》载："自京师遭董卓之乱，人民流移，东出，多依彭城间。遇太祖（指曹操）至，坑杀男女数万口于泗水，水为不流。"又如曹操进攻陶谦，"引军从泗南，攻取虑、睢陵、夏丘诸县，皆屠之，鸡犬亦尽，墟邑无复行人。"

正因为刘备注意以宽仁争取民心，所以虽屡遭失败，但声名却越来越大，为天下百姓所望，为各方势力所重视。刘备投奔曹操，被尊为上宾，目中无人的曹操更把刘备视为唯一可与之相比的豪杰，曾从容对刘备说："今天下英雄，惟使君与操耳。"刘备依投袁绍，袁绍亲出邺城二百里相迎。刘备以宽仁为手段，确立了他在纷起群雄中的特殊地位，因为他的身后，是天下的百姓。

（二）臣心之固

后人曾评三国时各种用人的手段："三国之主，各能用人。"但具体又各有不同：曹操以权术相驭，孙权兄弟以意气相投，而刘备则以性情相契为得人之道。如就尊贤下士、待人宽厚诚挚上，刘备强于曹、孙。这与刘备对自身力量的清醒认识有关。

刘备年轻时就"善下人，喜怒不形于色，好交结豪侠，年少争附之"。对于共同奋斗的谋臣武将，"必与同席而坐，同簋而食，无所简择，众多归焉"。由于上下能坦诚相待，共危难，所以刘备"能得人死力"，建立起一支散而复聚、败而再兴的坚强队伍。刘备与部下的关系同曹操、孙权与部下关系相比，显得格外和谐、亲密。

例如，刘备与关羽、张飞，"义为君臣，恩若兄弟"，举兵之前便已结下深厚友谊。每逢刘备有公私聚会，关、张二人经常"侍立终日，随从周旋，不避艰险"。后来关羽为曹操俘获，虽受优遇，也曾为曹操击败袁绍立下大功，受到重用，但仍旧不忘故主，一旦得知刘备消息，即离开曹操归刘；当阳之败，虽在危急中，张飞仍奋不顾身，率二十骑断后，掩护刘备安全撤退。

刘备与部下不仅关系和谐，感情深厚，为曹、孙所不及，而且上下同心，相知颇深，故部下常能自觉进退，共担大业。赵云，原来隶属于公孙瓒，一见刘备，即受亲切礼遇，逐渐相知，成为刘备日后经得起考验的亲信将领。当刘备被曹操击溃于长坂时，有人说赵云已北去投曹，刘备立即反驳："子龙不弃我走也。"不久，赵云果然抱着刘备幼子阿斗，满身血污，杀回来了。诸葛亮，避乱荆州，躬耕于南阳，四十七岁的刘备三顾茅庐，亲自向二十七岁的诸葛亮请教国家大计，其谦虚热诚，终于感动了诸葛亮，答应出山助刘备夺天下。刘备永安托孤，相告"若嗣子可辅，辅之；如其不才，君可自取"，面对刘备的诚心相待，诸葛亮兢兢业业辅佐刘禅，六出祁山，虽事不济，但做到了死而后已。这在曹魏、孙吴的君臣关系中，是找不到的。

对于失败者，刘备也能宽仁待之，使其能为我所用。如刘备攻打益州，部众伤亡无数，重要谋士庞统也埋骨沙场。然而，刘璋出降后，刘备仍宽待于他，"迁璋于南郡公安，尽归其财物及故佩振威将军印绶"，并封其长子刘循为奉车中郎将；针对益州原来就存在的"土著"与"客籍"的矛盾，刘备注意争取土著和刘璋旧部的支持与合作。一方面，对原来跟随入蜀的文臣武将，如关羽、张飞、赵云、简雍、黄忠、马超等加以重用；另一方面，对土著和刘璋手下的官员，都竭力加以笼络和任用。黄权，曾极力反对迎刘备入蜀，刘备取益州时，许多郡县望风归降，唯独他闭广汉城"坚守"。直到刘璋屈服后才投降。刘备不计往恶，任黄权为偏将军。刘巴，原在荆州，刘备屡招不应，后入蜀投刘璋，与黄权同样反对迎刘备入蜀："刘备，雄人也，入必为害。"刘备对他"深以为恨"，但在围攻成都时，却下令"有害刘巴者，诛及三族"。后刘巴亲自来谢罪，刘备未有半语相责，而且予以重用。由于刘备的大度与宽仁，使蜀中"土著"与"客籍"的文臣武将迅速团结起来，刘备政权得以稳固。

二、正确选择战略目标

刘备在未得诸葛亮之前，虽负天下之望，但势单力弱，没有立足之地，转战二十余年，先后依附过公孙瓒、陶谦、曹操、袁绍、刘表，并无建树。而自公元207年诸葛亮来归后，逐步有计划地开展活动，经十余年，终成鼎足一方。其成功最重要的原因是执行了诸葛亮在《隆中对》中提出的战略计划。

诸葛亮虽隐居隆中，但密切注意时局的发展，所以对天下形势了如指掌。"隆中计划"就是根据具体形势而为刘备谋取天下制定的。按此计划，统一天下分两步走。第一步是夺取荆、益，建立根据地；第二步是待天下之变，夺取天下。其关键在于"外结好孙权"。刘备依据形势的发展，抓住适当的时机，主动推动了"隆中决策"的实行。

（一）结盟孙吴

公元208年，曹操率二十万大军南征，直取荆州，刘备败走樊口，仅剩万余人。此时曹操已占江陵，正准备乘胜顺流东下，并致信孙权，威胁说，要与孙"会猎于江东"。刘备、孙权都面临灭顶之灾，客观上为两家联合抗曹提供了条件。诸葛亮乘机展开外交活动，运用"人谋"，实现了孙刘联盟。

当刘备刚败退樊口时，诸葛亮便请命："事急矣，请奉命求救于孙将军。"恰巧，此时孙权也有与刘备结盟之意，诸葛亮于是赶到柴桑，对孙权分析了敌我情况，他说："豫州（指刘备）军虽败于长坂，今战士还者及关羽率领的精锐水军一万人，刘琦会合江夏战士亦不下万人，曹操之众，远来疲敝。听说当时追击我军时，轻骑一日一夜行三百余里。此所谓'强弩之末，势不能射穿鲁缟'，故兵家忌之……且北方士兵，不习水战。且荆州民众归附曹操，是迫于军威，并不心服。"所以，诸葛亮明确指出战争的关键和前途。"今将军如能派遣一员猛将，统兵数万，与豫州协力同心，那么击破曹操是必然的。操军败，必北还。这样，刘、孙的势力强盛，鼎足分立之势成。成败之机，在于今日。"周瑜、鲁肃也得出同样的结论。孙权在鲁肃的劝告下，总结了曹操各个击破北方军阀的历史教训，认识到"非豫州莫可以当曹操者"，在大敌当前，作了让步，接受了打败曹操后，荆州归刘的条件。这样，孙、刘达成了巩固的同盟。在联军的协同努力下，赤壁一战，曹军大败，曹操势力退回中原，东吴在长江中下游的形势更加巩固了，刘备在战后也乘机掠取了荆州及江南的长沙、零陵、武陵、桂阳四郡，终于结束了他多年来寄人篱下的政治生涯，开始建立起自己的根据地，三国鼎立的局面初步形成。

仅仅几年工夫，刘备便以联孙抗曹、占领荆州，初步实现了"隆中决策"的计划，究其原因，是刘备、诸葛亮利用曹军进攻的威胁展开活动，推动孙刘结盟，才使曹军败退中原。赤壁战前，曹军势大，而孙权、刘备相对较弱。欲以弱胜强，孙、刘结盟是一种必然。王夫之后来评论此事，认为"一时之大计，无有出于此者"，可以说是很中肯的评价。而刘备、诸葛亮率先认识到了这种必然，并积极奔走，推动形势有利发展，则体现了他们在谋略上的高超见解。从战后三方受到的影响看，最大收益者也莫过于刘备。占取荆州后，刘备、诸葛亮根据"隆中计划"，把目光投向了西面富饶的巴蜀之地。

（二）兵进益州

益州所辖主要是现在的四川，也包括云南、贵州的大部分地区，地域广大，土地肥沃，物产丰富。刘备在占有荆州五郡后，开始处心积虑，观察时机，准备一举占有益州，实现诸葛亮"隆中计划"的第一步。正如诸葛亮分析的那样。"刘璋暗弱，张鲁在北，民殷国富，而不知存恤，智能之士，思得明君。"益州统治者的昏庸无能，给刘备进占提供了有利时机。

首先是张松、法正的积极迎合。

益州存在"客籍"的东州兵与"土著"地主集团的矛盾，刘璋依靠东州兵强行压制着"土著"势力，但他又"性宽柔，无威略"，对东州兵侵暴百姓的行为不能限制，引起益州人民的更大不满。同时刘璋用人失当，也引起许多人的不满。益州内部孕育着反叛的因素。刘璋手下的张松、法正，就是在这种情况下投靠刘备的。

公元208年，曹操攻下荆州，刘璋见曹军势大，有心结纳和好，派张松往荆州拜见曹操，却遭曹操冷遇，而当张松前往见刘备时，受到热情款待。张松回益州后劝刘璋结好刘备，得到刘璋同意。赤壁之战后，张松又推荐法正作为使者前去结好刘备。刘备见后，对法正"尽其殷勤之恩"，法正返蜀后，盛赞刘备，并暗中与张松一起，密谋迎刘备入蜀主政。通过张、法二人，刘备得到了益州的地图及府库钱粮、人马兵器等情况，"尽知益州虚实"，为夺占益州作好了准备。

其次，曹操西下益州的威胁成为刘备进军的最好时机。

公元211年，曹操击败马超、韩遂，占据关中，扬言要进攻汉中张鲁。刘璋唯恐唇亡齿寒，心怀恐惧。张松乘机建议邀请刘备入蜀，进击张鲁，捍卫益州，他说："刘豫州同是汉室宗亲，又是曹操的仇敌，善于用兵，如果利用他去讨伐张鲁，必定能取胜。张鲁破灭后，则益州更加强大，曹操虽来，也无能为力了。"刘璋接受了张松的建议，派法正领上千人去迎接刘备入蜀。法正到荆州，秘密献策："以明将军（指刘备）之英才，乘刘牧（指刘璋）之懦弱，张松，州之股肱，响应于内。"刘备的谋士庞统也进言："今益州国富民强，户口百万……今可权借，以定大事。"刘备遂定乘机袭取益州大计，令诸葛亮、关羽部等留守荆州，自率数万人，以庞统为军师，向益州进发。刘璋带兵相迎于涪城，给刘备军队补充了许多物资，希望刘备立刻北攻张鲁。刘备率军北上，但到达葭萌后便停止前进，而是在川北"厚树恩德，以收众心"，待机夺取益州。第二年底，以刘璋供应不足为理由，率军南下，刘璋部下纷纷投降，公元214年，进围成都，刘璋见大势已去，乃出城投降。刘备获得了形势险固、物产富饶的益州，才最终站稳脚跟，形成鼎足一方势力。

刘备出身微贱，没有什么凭藉，完全靠自己不屈不挠的主观努力，借乱世而成英雄，鼎足一方。正如《华阳国志》记载："汉末大乱，雄杰并起……于时先主（指刘备）名微人鲜，而能龙兴凤举，伯豫君徐，假翼荆楚，翻飞梁益之地，克胤汉祚，而吴、魏与之鼎峙。非命世英才，孰克如之！"

针对自己势力弱的特点，又认识到当时中国处于长期战乱中，人民深受其苦，迫切要求有休养生息的安定环境，刘备还吸取了汉高祖战胜项羽的历史经验，深得"得人心者得天下，失人心者失天下"的道理，提出"宽仁"的策略，并坚持实行，得到广大将士及百姓的拥护。同时刘备又是汉室宗亲，奉献帝"衣带之诏"讨汉贼曹操，有较大的号召力，使其政治上占据了一定的优势。陈寿在《三国志》中评论刘备时也肯定了其"宽仁"的优点。"先主之弘毅宽厚，知人待士，盖有高祖之风，英雄之器焉。及其举国托孤于诸葛亮，而心神无贰，诚君臣之至公，古今之盛轨也。"但刘备也并非一味宽仁，在关系到立国大计时，立刻显现枭雄本色，如取占荆州、谋夺益州，刘备对同为汉室宗亲的刘琮、刘璋，并不手软。总之，以宽仁厚结天下人心，为刘备建立王霸之业提供了良好的战略优势。

"隆中计划"是依据天下形势而制定的。当时，曹操统一了北方，三分天下有其二，人力、物力、财力都占了压倒的优势，"此诚不可与争锋"；孙权据有江东，已历三世，"国险而民附，贤能为之用，此可以为援，而不可图也"。可见，曹操稳定了北方，孙权巩固了江东，南北已成对峙之局。但是孙权势力还不足以对抗曹操，而占有地理形胜的荆、益却在庸主之手。所以，曹操、孙权所控制的中原及江南地区都是刘备无力去争夺的，战略目标只有指向曹、孙尚未抢到手而相对空虚的荆、益。这是因势而制定的决策之一；根据孙权比曹操势弱，且二者存在本质上的矛盾的实际情况，刘备、诸葛亮认识到存在联吴的可能性，然后积极奔走，取得与孙吴成功的结盟，成为刘备势力存在并壮大的一个重要外部条件。这是因势而制定的决策之二。后来，刘备为报关羽被杀、荆州被夺之恨，亲自率军攻打东吴，打破了多年的吴蜀同盟，结果兵败身亡，吴蜀裂痕更深。仅一年后，曹魏分三路大举攻吴，三国鼎立局面发生危机，诸葛亮、孙权都意识到了危险。公元223年，双方又改善关系，恢复同盟，曹魏大军再次无功而返。可见，联吴抗曹才能生存，确是因势制定的正确战略。

军事家要善于在广阔的场景中思维
——演义描写兵家斗智斗法之特点综述

《三国演义》这部以描写军阀兼并战争为题材的长篇历史小说,洋洋七十余万言,记述了数百次战役战斗。作者从广阔的场景中,表现了丰富多彩的斗争形式和军事家高超的用兵艺术,无论是文学成就,还是军事价值,都超出了一般。全书一百二十回,就其所描写的战争,可以划分为四个历史阶段。第一回至第三十三回,从黄巾农民战争写到曹操平定北方的战争;第三十四回到第五十回,写著名的赤壁之战;第五十一回到第一百一十五回,写蜀刘集团为争取统一的战争,包括诸葛亮六出祁山、姜维九伐中原等;第一百一十六回到第一百二十回,写三国统归于晋。小说主要描写对象和内容、场面,都是战争,勾画出了一部风云变幻的兼并战争史。那史诗般的军事韵律,铿锵和谐,扣人心弦。

本书从评价《三国演义》的军事价值开始,到魏、蜀、吴三家战略思想浅析,总计百余篇短文,从不同的角度和方面评说了军事家们的谋略思想。由于每篇只是围绕一两个具体情节展开分析,所以奉献给读者的只是些"颗粒"和"火花"。为了使读者能较清楚地看到演义中兵家斗智赛谋的概貌,把握其特点,本文从总体上作一点综合分析。

一、以辩证思维谋策,重在夺敌将之心

战场上的智力比赛,其核心可以说是作战双方的指挥员"斗心眼"。古

人讲："心之官则思。"军事谋略，说到底是指挥员头脑思维开出的花朵。

《孙子兵法》中说："三军可夺气，将军可夺心。"所谓"夺心"，就是要指挥员设法首先从心理上战胜对方。

演义中，像刘备夺西川，孔明开发西南等，都是在战略指导上坚持了攻心为上。除此之外，许多赛智赛谋的具体事例，也都是针对敌手的心理特征展开的；不少奇谋方略的确定，都是以对敌方指挥官的心理分析为基础的。例如，曹操平定河北之后，袁绍的两个儿子走投无路，逃往辽东。诸将曾劝说曹操，乘胜扫平辽东，消灭袁氏兄弟。但曹操却深知袁绍在世之日经常欺压辽东太守公孙康，公孙康此时必不容袁氏兄弟。于是，他针对公孙康的这种心理，听从了郭嘉临终时留下的"隔岸观火"之计，结果兵不血刃地铲除了袁氏后患，一举安定了辽东。

在演义所描写的大大小小的战斗中，谋略家抓住对方思考问题的方式和心理反应作文章的事，更是不胜枚举。在第十八回张绣二次追曹的故事中，描写曹操由安众撤军时，智谋高超的贾诩料到，"操军虽败，必有劲将为后殿，以防追兵"，力劝张绣、刘表勿追。当张、刘第一次追曹碰了钉子大败而归时，贾诩却判断，曹操打败追军以后，"必轻车速回，不复为备"，力劝张绣再次追击，结果得胜而回。两次追曹，一败一胜，充满了军事辩证法。其中的奥妙，就在于贾诩以辩证思维抓住了曹操的心理变化。

对于军事指挥员来说，最大的遗憾是"没有想到"。在谋略斗争中，智力低下的军人，多是由于思想僵化造成的心理定式，使自己连连失着。

战争史上常有这样的现象，一些有战争经验的人，熟读兵书的人，往往容易按照一定的原则和一定的套路去认识情况，思索问题，研究对策，结果铸下大错。在这里，经验和兵书，常常限制了他们的思维之鹰在广阔的天地中飞翔，从而为对方施谋用策留下可乘的心理空隙。孔明智算华容，就是针对曹操熟读兵书战策，习惯于按照"虚则实之""实则虚之"的兵法原则判断情况的心理，反其道而用之，来了个"实则实之"，使曹操终于上当。在诸葛亮火烧藤甲军一例中，孟获与诸葛亮经过多次交手，虽屡战屡败，但积累了经验，对孔明用兵形成了一个确定的看法，所以当藤甲军前来救援时，他特别提醒藤甲军主将兀突骨，"但见山谷之中，林木多处，不可轻进"。可是孔明却一反常法，示虚形于密林深处，在光秃秃的山谷中埋下伏兵，巧妙地诱使藤甲军再次中计上钩。

对手的病态心理常常是精神防线的薄弱处，也是施计夺心的又一突破口。

病态心理，也是一种极端心理。例如，一些足智多谋的将帅，遇事善于思索，习惯用怀疑的目光对待多种新情况。所以常能够从树动、尘扬、鸟飞、兽走等不引人注目的现象中，判断出对手的虚实真伪。然而，疑虑一旦过度，变成狐疑，就成了一种病态心理。这非但不能有助于对情况的判断，反而会处处把自己置于进退两难的境地。诸葛亮假设空城智退司马懿、张翼德立马横矛长坂桥喝退百万曹军等，都是利用了对手的疑心病。

与病态心理相对立的一面，则是富于创造性的心理特质。这是战胜对手，产生奇谋方略的一个重要精神因素。演义中许多反常用兵，特别是逆自己的习惯指挥作战的事例都能说明这一点。例如，猛张飞素以饮酒误事闻名，这一弱点就连他的敌手也十分清楚。但他在夺取汉中的宕渠山之战中，却利用自身的这个弱点，狂喝猛饮，制造假象迷惑敌人，把魏军名将张郃打得大败。这说明，只要在心理上克服思维定式，放开思路，就能够创造性地设谋定计，克敌制胜。

二、"伐谋"与"伐交"交织，军事统帅要善于从战场之外寻求制胜之策

在演义描写的群雄争夺天下的复杂斗争中，凡涉及全局性的谋略、战略上的决策，都往往穿插着政治和外交方面的斗争。

"伐交"，从来都是战略的重要组成部分。就是说，凡战略都包含着联合谁、孤立谁的内容。孔明的隆中对策，在战略目标上首先提出了联吴抗曹的设想。赤壁大战的胜利，在某种意义上，也可以说是孙、刘联盟的成功；孔明、鲁肃等谋略家军事外交的成功。

西蜀政权建立后，三国鼎立之势形成，相互间展开的军事战，更加离

不开外交战的配合。这时，西蜀要想进取，需要积极联吴抗曹，分散曹军的兵力；东吴要想确保自身的安定，也必须同西蜀联合起来，共同对付曹魏；曹魏要想南进或西征，首先必须破坏吴、蜀联盟，方能收取各个击破之效。

《孙子兵法》中讲："上兵伐谋，其次伐交。"其实，"伐谋"与"伐交"相辅相成，"上兵伐谋"的本身也包含着"伐交"的思想。行诸于樽俎之间，决胜于千里之外。运用灵活的军事外交，可以推迟、延缓战争爆发，可以争得对自己有利的形势，真正实现"兵不顿而利可全"。例如，诸葛亮三气周瑜之后，正当刘备率领兵马欲取西川之际，曹操起兵三十万向东吴发起了大规模进攻，东吴慌忙向刘备求救。这可给刘备集团出了一道难题：若不援救孙权，其结果必然使孙、刘联盟破裂，唇亡齿寒；如果援救东吴，就会丧失夺取西川，发展壮大自己的有利时机。这时，足智多谋的孔明投书马超，鼓动他替父报仇，在曹操的屁股后面发动攻势。这样一来，曹操被迫停止南下，去迎战马超。孔明的一封书信使东吴转危为安，刘备顺利入川，这不能不说是十分高明的谋略。再如，当曹操雄兵虎视西蜀时，孔明又灵机一动，主动将"江夏、长沙、桂阳还吴"，驱使东吴出兵进攻曹魏，很快便解除了西蜀的危机。读到这些灵活巧妙的军事外交斗争情节，真令人拍案叫绝。

在封建诸侯割据的时代，由于军阀间各自的根本利益不同，有时尽管能够结成暂时的同盟，但常使联盟难以巩固持久，力量难以全部发挥。因此，要巩固联盟，坚持发挥联合起来的整体力量，必须有积极灵活的外交策略。例如，孔明以"借"字占荆州，就可以说是极为高明的军事外交策略。赤壁大战以后，荆州成了孙、刘矛盾的焦点，如果不能很好地解决这一根本利益上的冲突，有可能很快导致联盟瓦解；但若为了维持联盟，把荆襄让给孙权，刘备则会失掉立足之地。为了两全其美，诸葛亮想出了"借"荆州的妙策。这样，既达到了占据荆襄的目的，又不和东吴撕破脸皮，不给曹操以可乘之机，从而为刘备赢得了发展壮大的时间。相反，后来关羽没有继承坚持诸葛亮这一正确的外交策略，致使孙、刘联盟破裂，造成了荆州之失，自己身亡，使形势恶化。可见，坚持正确的外交策略，对于巩固军事联盟，争取战略主动权，有着何等重要的意义。

军事外交常常直接服务于军事战略，为"伐兵""攻城"创造条件。吴、蜀夷陵之战后，蜀军元气大伤，已无力问鼎中原，诸葛亮便将矛头及时转向西南，去开辟战略大后方，以图后举。但是，要出师西南，必须稳着中原，防止魏、吴乘虚而入。为此，诸葛亮先采取积极的外交手段，派邓芝入吴，与孙权重修旧好，再次结盟，从而解除了开发西南的"后顾之忧"。

为了创造出敌不意、攻其不备的战机，更需要政治、外交伪装迷惑对手。吕蒙偷袭荆州前，曾"托疾辞职"，让年轻的陆逊接替了他的职务。陆逊一上任便给关羽修书送礼，以谦言卑语骄纵关羽，掩盖东吴积极准备、待机进取的军事企图。从这些生动的事例中可以看出，军事家不仅应该懂得军事谋略、战略战术，同时也要懂得军事外交，注意用外交手段配合军事斗争，方能赢得战场上的主动权。

三、示形用诈，是谋略斗争最经常的表现形式

数与形，奇与正，虚与实，这些都是编织奇谋方略的基本思想材料。《孙子兵法》中专设有"计篇"和"形篇"，形成了我国最早完整的军事理论体系。但由于在古代战争中，力量的计算比较简单，因此计算、用数的问题在学术思想发展中没有被军事家普遍重视，而示形用诈，则成了军事家竞争中的热门。翻阅几千年的战争史和军事学术史，可以得出结论说，示形用诈是我国古代军事学术最突出的特点之一，也是古战场上最令人眼花缭乱的智力角逐。有时，军事家的一个诈术，可以使自己的军队由被动转为主动，由危险转为平安，甚至能够转败为胜。演义描写古人示形用诈的谋略艺术，达到了炉火纯青的程度，所反映的思想内容，无论纵的方面，还是横的方面，都超出了一般的兵书。虚则实之，实则虚之，虚而虚之，实而实之，用而示之不用，能而示之不能，以及变正为奇，转奇为正，声东击西，指南打北等这些理性的原则，在演义中都得到了艺术的体现。孔明采用"减兵添灶"法安全撤军，赵云设"空营计"智退曹兵，华容道上的烟火，长坂桥外的飞尘等

耐人寻味的情节，又使人可以悟出许多兵家制胜的真谛。

"兵者，诡道也。"军事谋略斗争就是诡道的比赛。示形用诈正是反映了军事斗争中这一最本质的东西。演义所表现的丰富多彩的权诈之术、诡道之法，对于今天的军事指挥员仍有很宝贵的借鉴意义。在信息时代，人们虽然已经有了先进的侦察技术，然而从侦察到判断，仍存在着一个过程，兵为诡道的思想并没有过时。相反，军事技术的发展，为示形用诈，制造各种假信息来欺骗对方，开辟了更加广阔的天地。

四、把握时代的基本战法，灵活变通

演义中描写了数百次战役战斗，就战术战法的运用来说，最成功、最经常的是火攻和伏击两招。据初步统计，演义中所描写的大小火攻就有四十一次，而各种不同类型的伏击战斗竟达八十八次之多，足见其运用的频繁程度。

火攻和伏击战法如此频繁地运用，反映了技术条件落后的古代战争的特点。正如前文所提到的，在冷兵器时代，军队的杀伤力量弱，要想获取大的作战效益，要想达成歼灭战，必须借助自然力量，依托天然条件。军事谋略家们通过战争的实践，从大自然中找到了可供借助的最好条件和最大的力量——地利和水火，并寻求到了最有效的借助办法——伏击战。

施谋用术，贵在变通。变通，是创造力的具体体现；变通，符合事物发展的客观规律；变通，才有求胜的希望。

演义中描写了那么多的火攻战和伏击战，但次次都各有特色，从来不拘一格。

例如演义中浓墨重笔表现的官渡、赤壁、夷陵三大战役，都是以火攻创造了古战场上的奇观。然而，军事家们临机变通，放火的方式各不相同，并没有按照统一的模式去做。官渡之战是烧粮草，赤壁之战是烧战船，夷陵之战是烧营盘，而诸葛亮火烧藤甲军一战，则创造了火攻的新手段——用火药制成"铁炮""地雷"连烧带打，使敌胆寒。

演义中描写的八十多次伏击战，虽然都是利用有利地形，但式样各异。

就其形式而言，有的是中途设伏，有的是诱敌入"袋"；就其战场而言，或山丘树林，或平原道路，或营寨城池；就其时间而言，时而白昼，时而黑夜，时而雨日，时而雪天；就其方法而言，有的是两面夹击，有的是围三缺一，有的是四面包抄，甚至还有的是"十面埋伏"，真是五花八门，千姿百态，美不胜收！总之，这些变化无穷的战例说明，伏击战，可以最大限度地利用地形达到突然。一定时代的军事家，只能依托他所处时代提供的手段施谋定策。

五、加强将性修养，是正确用谋的必要前提

演义在描写军事谋略家斗智斗法的过程中，展现了各种栩栩如生的人物风貌，也表现了各自不同的将性修养。

将性或曰性格，它和心理特征密切相联。良好的将性修养，是正确用谋用法的必要素质。

刘备的哭与曹操的笑，在演义中形成了两种完全不同的将性。演义描写刘备在危难之时，常常要挤出几点眼泪来，做出一番精彩的"表演"。例如，当他败走江陵时，新野、樊城两县的民众扶老携幼，拖男带女，纷纷渡河，随着刘备的军队一起撤走。刘备为此痛哭流涕地说道："为吾一人而使百姓遭此大难，吾何生哉！"并假装要投江自尽。再如赵云在长坂坡出生入死，从乱军中救出阿斗，找到刘备时，刘备不是惊喜交集，相反却故意把阿斗摔在地上，哭着说什么："为汝这孺子，几损我一员大将！"对于刘备的哭，读者一眼就看出了其真实的用意"刘备摔阿斗——收买人心"。

演义描写曹操的笑更加精彩。曹操在危难之际，特别是在军事行动受到挫折的时候，总是放声大笑，借此来蔑视对手。例如，曹操在濮阳误中吕布之计，被打得大败，"手臂须发，尽被烧伤"，险些丢了性命。突围后众将前来问安，曹操不但没有颓丧，反而仰面大笑道："误中匹夫之计，吾必当报之！"接着，使出了"装死计"，将吕布打了个落花流水。再如，赤壁大战，曹操丧失了几十万大军，在撤退的途中又多次受阻遭难，但演义却描写他连连发笑，充分刻画出了曹操败而不馁的顽强性格。

哭与笑表现了截然相反的两种性格，但目的都是在困难的情况下企图唤起部下的同情，振奋将士的精神，使大众齐心协力地战胜困难。因此这种哭和笑，与其说是一种感情的流露，倒不如说是一种权谋玩弄，是一种富有韬略的将性修养。

演义在反映将军良好性格修养的同时，也反映了一些修养不成熟的将军在性格上的缺欠。性格上有缺欠的将军，必然在用兵指挥、施谋定策上造成失误。周瑜在和孔明斗智中，由于气量狭小，嫉妒心强，使他常常在"失招"中气昏头脑；同时也使他在运筹帷幄时视野不宽，处处被孔明所制。与此形成鲜明对照，曹孟德宽宏大量，因而把许多有用之才吸引到了自己身边。另外，关羽的盛气凌人，司马仲达的多疑，既是一种心理上的病态，又可以说是性格上的缺欠，这些弱点促使他们产生了错误的军事行动。

将性，是一种综合的军事素养。它是由各个相互制约的因素所构成的。事实证明，单一的性格往往难以保持将军心理上的平衡。例如胆大和细心，只有在相互统一和制约中，才能使将军保持健全的心理。如果只单纯强调细心，则容易限制将军创造和利用战机的主观能动性的发挥。反过来，一味强调大胆冒险，又容易使指挥员变得鲁莽无谋。诸葛亮应该说是性格比较完美的军事谋略家，但是由于他过分谨慎和事无巨细，也造成了他在用兵上不敢大胆出奇，在用人上不能全面量才等一些明显的缺陷。

从演义描写的战争故事看，将帅性格上的优势最重要的是保持头脑的冷静和情绪上的镇定。正如苏洵在《权书·心术》中所言："为将之道，当先治心，泰山崩于前而色不变，麋鹿兴于左而目不瞬。然后可以制利害，可以待敌。"演义中描写刘备"喜怒不形色"的性格，虽然带有一些政治权术糟粕，但作为一个军事统帅，不分场合地外露情绪，必定会影响自己理智的思索。军事统帅为了鼓舞部队的士气，在一些情况下，当笑则开怀大笑，当哭则痛哭流涕；而在另一些情况下，"喜怒不形色"也是十分必要的。喜怒无形于色，其实是一种抑制自己内心感情的调节方式，也是性格刚强的一种表现。它通过忍耐和克制，使内心的感情之火自我排泄，始终保持情绪上的稳定。刘备从军阀混战到建立西蜀政权的大半生中，较好地做到了这一点。

但后来随着军事力量的壮大，头脑有些飘飘然起来，特别是在关羽死后，他再也抑制不住内心中悲愤的感情，贸然率军伐吴，结果导致了夷陵之败、白帝托孤的悲剧。这也说明，军事统帅的性格并不是一成不变的。它可以随着地位、环境的改变而改变，也可以在学习和实际斗争中，不断得到陶冶和完善。东吴当年的阿蒙，只能在战场上勇猛冲杀，后来他在孙权的诱导下，一直刻苦学习，加强修养，终于成为深谋远虑的将帅。性格鲁莽的张飞，开始用谋并不高明，虽然在长坂桥上施展小计，喝拒曹操百万兵，但终因拆桥露了"馅"。然而，张飞却善于在战争中学习战争，结合实际潜心研究作战规律和制敌良策，到后来，他的用谋水平愈来愈高明。他在入西川夺巴都作战中所用的一连串计谋，和宕渠山前的醉酒败张郃，都表现了成熟的谋略修养和性格陶冶。老将黄忠一生征战，久经沙场，争强好胜的性格始终未变，虽然诸葛亮利用他的这种性格，激励他一鼓作气，夺取天荡山，刀斩夏侯渊，但可惜的是，黄忠一直没有注意加强自身修养，克服性格上的这种毛病，结果被他的敌人所利用，死于非命。

演义在描写军事家斗智赛谋时，还有一点反映得比较突出，这就是军事统帅善于利用"外脑"，充分发挥谋士、幕僚人物的作用。在三国鼎立的形势下，军事斗争和政治斗争、经济斗争、外交斗争交织在一起，情况错综复杂。因此，一些大的军事决策，常常需要发挥各种谋略人才的积极作用。例如官渡之战，曹操大破袁绍，就先后采纳了荀彧和许攸等谋略家出的好主意。在赤壁之战中，孙、刘联盟抗曹的成功，不仅有孔明、鲁肃、周瑜的共同智谋，同时还融进了庞统、黄盖、阚泽等军事人才的智慧。

发挥"智囊"人物的作用，在军事上早有体现。凡是诸侯争雄的时代，谁能最充分利用"外脑"，谁就可能在竞争中占据上游。

在演义所描写的孙、刘、曹三大集团的麾下，都曾云集着一班幕僚智士，主帅凡遇大的决策都要请他们出谋献计，听取他们的意见，以使对策和策略思考得更周到、更高明。当然，这种对"外脑"的利用，与今天的"智囊团"发挥作用的方式有所不同。它是以各个谋士独立活动的方式发挥作用的，主帅只要选择一个谋士所出的一个主意就可以定乾坤，主帅的帐下虽有不少"智多星"，但还没有形成一个整体，协同一致地发挥作用。当今的"智囊团"，则是集中了一批有丰富的现代科学知识的专家、学者和有突出创造力的谋略人才，在统一的组织下，围绕一个目标、课题，经过集体运筹、共同论证，再提出可行性方案和最佳对策。尽管古今统帅人物利用"外脑"的形式不同，不过，有一点可以启示我们，凡是有"外脑"发挥作用的场合，统帅的选择能力，就显得尤为重要。作为统帅，必须具有很强的决断能力和选择能力，否则，"外脑"的作用就发挥不出来。当初，河北袁绍地广兵多，战将林立，谋士如云，颇有统一华夏、成就霸业的条件。但是他最后还是被曹操打败了。袁绍帐下有那么多"智多星"，为什么还是在决策上连连失误呢？一个重要原因就是他"好谋而少决"，或者遇事听不进谋士们的意见；或者出尔反尔，随意改变决心；或者在谋士们提出两种意见时，因无主见而左右徘徊。加上他内荏嫉贤，以致造成后来的人才流失，按照"失士者亡"的逻辑收场了。

总之，一部《三国演义》给我们提供了创造奇谋方略的思维方法，展现出活生生的军事辩证法，同时也汇集了识才、选才、聚才、用才的丰富经验。今天，世界正趋于多极化，国际政治、经济、科技、军事竞争日益激烈，我们处于一个非常复杂的国际环境中。在这样一个不进则退的历史时代，只有正确地施韬展略、谋势布局，才能使自己立于不败之地。《三国演义》这部形象的兵书，在这方面给了我们许多宝贵的启迪。我们坚信，那一道道谋略思想的光电一旦射进我们的心田，仍会萌生出智慧的新芽。